"十三五"国家重点出版物出版规划项目

卓越工程能力培养与工程教育专业认证系列规划教材

（电气工程及其自动化、自动化专业）

普通高等教育智能建筑规划教材

建筑电气工程安装与造价

袁丽卿　　邵兰云　编著

机械工业出版社

本书根据《建设工程工程量清单计价规范》（GB 50500—2013）、《通用安装工程工程量计算规范》（GB 50856—2013）、《建筑电气工程施工质量验收规范》（GB 50303—2015）等编写，在内容上力求结合电气安装工程造价的特点及最新文件，引入了电气安装工程定额计价和工程量清单计价的新内容、新方法、新规定，以案例为主线，理论联系实际。本书共分10章，包括建筑电气工程造价基础知识、变配电工程、电缆敷设工程、配管配线工程、照明器具安装工程、防雷与接地装置工程、建筑电气工程工程量清单与计价、建筑电气工程工程量清单项目设置及工程量计算规则、建筑电气电气工程工程量清单计价案例、建筑安装工程造价软件的应用等内容。

本书可作为普通高等院校电气工程及其自动化、建筑电气与智能化、工程造价等专业的教材，也可供建筑、安装、机电、监理、房地产等企业中从事建筑电气工程设计、安装施工、调试等的专业技术人员参考使用。

本书配有电子课件，欢迎选用本书作教材的老师登录 www.cmpedu.com 注册下载，或发 jinacmp@163.com 索取。

图书在版编目（CIP）数据

建筑电气工程安装与造价/袁丽卿，邵兰云编著. —北京：机械工业出版社，2019.3（2024.8重印）

"十三五"国家重点出版物出版规划项目. 卓越工程能力培养与工程教育专业认证系列规划教材. 电气工程及其自动化、自动化专业

ISBN 978-7-111-62069-3

Ⅰ.①建… Ⅱ.①袁… ②邵… Ⅲ.①房屋建筑设备-电气设备-建筑安装-工程造价-教材 Ⅳ.①TU723.3

中国版本图书馆 CIP 数据核字（2019）第 033305 号

机械工业出版社（北京市百万庄大街22号　邮政编码100037）
策划编辑：吉　玲　责任编辑：吉　玲　臧程程　于伟蓉　王　康
责任校对：刘志文　封面设计：鞠　杨
责任印制：张　博
北京建宏印刷有限公司印刷
2024 年 8 月第 1 版第 6 次印刷
184mm×260mm · 17 印张 · 417 千字
标准书号：ISBN 978-7-111-62069-3
定价：43.00 元

前　言

随着建筑产业和建筑科技迅猛发展，新材料、新工艺、新技术、新设备不断涌现并被采用，电气安装工程的自动化程度越来越高，其分部分项工程越来越多，造价编制难度越来越大。目前在用的电气工程造价教材需要根据市场需求进行修订，电气工程及其自动化、建筑电气与智能化等专业的学生，也迫切需要一本适应新形势的需求，全面介绍电气安装工程识图、施工、造价方面的教材。因此，我们根据《建设工程工程量清单计价规范》（GB 50500—2013）、《通用安装工程工程量计算规范》（GB 50856—2013）、《建筑电气工程施工质量验收规范》（GB 50303—2015）等现行相关最新专业规范编写了本书。

电气安装工程造价所涉及的知识面宽，理论性、政策性和实用性较强，本书在编写过程中注重理论联系实际，以最新的国家标准和规范为依据，紧密结合电气安装工程实际案例和编者多年的教学改革成果，具有很强的针对性和适用性。全书以电气安装工程的识图、施工、造价、实际工程案例为主线共编写了10章，包括：建筑电气工程造价基础知识、变配电工程、电缆敷设工程、配管配线工程、照明器具安装工程、防雷与接地装置工程、建筑电气工程工程量清单与计价、建筑电气工程工程量清单项目设置及工程量计算规则、建筑电气工程工程量清单计价案例、建筑安装工程造价软件的应用。

本书在编写过程中参阅了一些电气专家的著作，在此表示诚挚的谢意。本书编写过程中得到了山东建筑大学信息与电气工程学院的领导、老师和学生的大力支持，最后一章的编写得到了广联达公司李水老师的大力支持和帮助，在此表示衷心感谢。由于编者水平有限，书中不足之处在所难免，敬请广大读者批评指正。

编　者

目 录 Contents

前 言

第一章　建筑电气工程造价基础知识 …… 1
　第一节　基本建设与工程造价 ………… 1
　第二节　建筑电气工程施工概述 ……… 6
　第三节　建筑电气工程识图 …………… 10
　第四节　建筑电气安装工程定额 ……… 12
　第五节　建筑安装工程费用构成 ……… 19
　第六节　建筑电气工程造价计价方法 … 24
　复习练习题 …………………………… 29

第二章　变配电工程 ……………………… 30
　第一节　变配电工程识图 ……………… 30
　第二节　变配电工程施工 ……………… 41
　第三节　变配电工程定额简介 ………… 46
　第四节　变配电工程计价 ……………… 51
　复习练习题 …………………………… 59

第三章　电缆敷设工程 …………………… 60
　第一节　电缆敷设工程识图 …………… 60
　第二节　电缆敷设工程施工 …………… 69
　第三节　电缆敷设工程定额简介 ……… 77
　第四节　电缆敷设工程计价 …………… 82
　复习练习题 …………………………… 89

第四章　配管配线工程 …………………… 90
　第一节　配管配线工程识图 …………… 90
　第二节　配管配线工程施工 ………… 102
　第三节　配管配线工程定额简介 …… 109
　第四节　配管配线工程计价 ………… 113
　复习练习题 ………………………… 120

第五章　照明器具安装工程 …………… 122
　第一节　照明器具安装工程识图 …… 122
　第二节　照明器具安装工程施工 …… 126
　第三节　照明器具安装工程定额简介 … 130
　第四节　照明器具安装工程计价 …… 135
　复习练习题 ………………………… 144

第六章　防雷与接地装置安装工程 …… 146
　第一节　防雷与接地装置安装工程识图 … 146
　第二节　防雷与接地装置安装工程施工 … 157

　第三节　防雷与接地装置安装工程定额
　　　　　简介 ………………………… 164
　第四节　防雷与接地装置安装工程计价 … 167
　复习练习题 ………………………… 173

**第七章　建筑电气工程工程量清单与
　　　　　计价** …………………………… 175
　第一节　建筑电气工程工程量清单 … 175
　第二节　建筑电气工程招标工程量清单的
　　　　　编制 ………………………… 177
　第三节　建筑电气工程工程量清单计价的
　　　　　编制 ………………………… 186
　第四节　建筑电气工程工程量清单与计价
　　　　　计算实例 …………………… 191
　复习练习题 ………………………… 201

**第八章　建筑电气工程工程量清单项目
　　　　　设置及工程量计算规则** …… 202
　第一节　变配电装置安装工程 ……… 202
　第二节　蓄电池、电机、滑触线装置安装
　　　　　工程 ………………………… 206
　第三节　电缆安装工程 ……………… 209
　第四节　防雷及接地装置安装工程 … 211
　第五节　10kV 以下架空配电线路 … 212
　第六节　配管、配线安装工程 ……… 213
　第七节　照明器具安装工程 ………… 215
　第八节　附属工程及电气调整试验 … 216
　复习练习题 ………………………… 219

**第九章　建筑电气工程工程量清单
　　　　　计价案例** …………………… 220
　复习练习题 ………………………… 248

**第十章　建筑安装工程造价软件的
　　　　　应用** …………………………… 251
　第一节　建筑安装工程造价软件概述 … 251
　第二节　广联达计价软件应用 ……… 253
　复习练习题 ………………………… 263

参考文献 ………………………………… 265

第一章

建筑电气工程造价基础知识

第一节　基本建设与工程造价

一、基本建设

凡固定资产扩大再生产的新建、改建、扩建恢复工程及与之连带的工作称为基本建设。在 60 多年的基本建设实际工作中，逐渐将基本建设视为：通过新建，扩建，改建，迁建和恢复等主要途径形成固定资产的活动过程。从本质和属性看，基本建设是指社会主义经济中形成固定资产的活动过程。基本建设这项经济活动，既是微观经济活动，又是宏观经济活动，是由若干个阶段和环节组成，在各个不同的阶段里，有着不同的工作内容，它影响着投资的效益。

1. 基本建设的内容

基本建设的内容包括建筑工程，安装工程，设备、工具、器具购置，其他建设工作。

建筑工程包括各种厂房、仓库、住宅等建筑物和矿井、铁路、公路、码头等构筑物；各种管道、电力和电信导线的敷设工程；设备基础、支柱、工作台、金属结构等工程；水利工程及其他特殊工程等。

安装工程包括生产、动力、电信、起重、运输、传动、医疗、实验等设备的安装工程；被安装设备的绝缘、保温、油漆和管线敷设工程；安装设备的测试和无负荷试车；与设备相连的工作台、梯子等的装设工程。

设备、工具、器具购置包括一切需要安装与不需要安装设备的购置；车间、实验室等需配备的各种工具、器具及家具的购置等。

其他建设工作包括上述内容以外的如土地征用，建设场地原有建筑物拆迁赔偿，青苗补偿，建设单位日常管理，生产工人培训等。

一个建设项目的工程造价应包括组成该项目的建筑工程、安装工程，设备、工具、器具购置以及其他建设工作中所发生的一切费用。

2. 基本建设项目的划分

为了实现对基本建设分级管理，统一基本建设过程中的各项管理工作，国家统计部门还统一规定将基本建设工程划分为建设项目、单项工程、单位工程、分部工程和分项工程。图 1.1 为建设项目划分示意图。

建设项目是指基本建设工程中按照总体设计进行施工，并在经济上进行独立核算，在行政上具有独立组织形式的建设工程。建设项目也可称作建设单位，一般以一个企业或事业单位作为一个建设项目。工厂、学校、住宅、医院等单位均可作为一个建设项目。

单项工程是建设项目的组成部分，凡是具有独立的设计文件，建成后可以独立发挥生产能

2

力或使用效益的工程，称为一个单项工程。一个建设项目，可以由一个或多个单项工程组成。在工业建设项目中，如各个独立的生产车间、辅助车间、仓库等，民用建筑中的教学楼、图书馆、住宅等，这些都各自为一个单项工程。

单位工程是单项工程的组成部分，一般是指具有独立的设计文件和独立的施工条件，但不能独立发挥生产能力和使用效益的工程。例如：楼内的电气工程、生活给水排水工程、煤气工程、采暖工程等是单位工程。建筑安装工程预算都是以单位工程为基本单元进行编制的。

分部工程是单位工程的组成部分，指在单位工程中，按照不同的结构、不同的工种、不同材料和机械设备而划分的工程。电气设备安装单位工程又划分为变配电工程、电缆工程、配管配线、照明器具、防雷接地装置等分部工程；给水排水单位工程又划分为管道安装、栓类阀门安装、卫生器具的制作安装等分部工程。

分项工程是分部工程的组成部分，它是指分部工程中，按照不同的施工方法、不同的材料、不同的规格而进一步划分的最基本的工程项目。例如：照明器具分部工程又分为普通灯具的安装、荧光灯具的安装、工厂用灯及防水防尘灯的安装等分项工程；电缆工程分部工程又分为电缆沟铺砂盖砖、盖板，电缆保护管、电缆敷设，电缆头的制作安装，电缆沟支架制作安装，电缆桥架安装等分项工程。

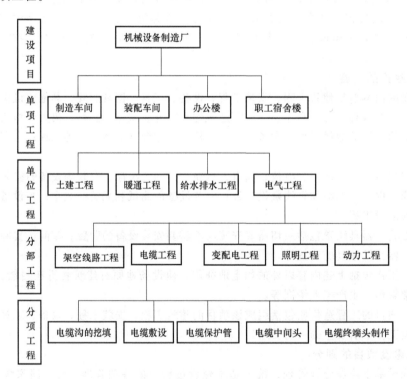

图 1.1　建设项目划分示意图

3. 基本建设程序

基本建设程序是指基本建设项目从前期的决策到设计、施工、竣工验收、投产这一全过程，其程序就是各项工作必须遵循的先后顺序，按照科学的规律进行。项目建设程序是科学的实践经验总结，它正确反映了建设工作所固有的宏观自然规律，这是宏观必然性。建设工程单位不承认建设程序，违反建设程序，就会使建设工程蒙受重大经济损失。

一般的建设项目，其建设程序可以概括为以下几个环节：投资决策阶段、规划设计阶段、施工阶段、竣工验收和投产阶段。

投资决策阶段的主要任务包括：提出项目建议书（或立项报告）；建设项目的可行性研究；编制计划任务书，选定建设地点。建设项目立项后，建设单位提出建设用地申请。建设任务书报批后，任务书必须附有城市规划行政主管部门的选址意见书。建设地点的选择要考虑工程地质、水文地质等自然条件是否可靠。

设计是对建设项目实施的计划与安排，决定建设项目的轮廓与功能。设计是根据可行性研究报告进行的。根据不同的建设项目，设计采用不同的阶段。一般项目采用两阶段设计，即：初步设计和施工图设计。对于技术复杂又缺乏经验的建设项目采用三阶段设计，即初步设计、扩大初步设计和施工图设计。

施工阶段的主要任务是进行工程招投标、施工准备以及组织施工。建设组织施工阶段是按照规范的施工顺序、设计文件，编制施工组织设计进行施工，将建设项目的设计变成可供人们进行生产和生活活动的建筑物、构筑物等固定资产。

竣工验收是全面考核建设成果，检查设计和施工质量的重要环节。根据国家规定，由建设单位、施工单位、工程监理部门和环境保护部门等共同进行工程验收。对于不合格的建设项目，不能办理验收和移交手续。生产准备是衔接工程建设和生产的一个重要环节。建设单位要根据工程项目的生产技术特点，抓好生产前的准备工作。

二、工程造价

1. 工程造价的含义

工程造价就是工程的实际建造价格，可以从两个方面来理解。一种是从投资方和项目法人进行投资管理的角度出发，工程造价是指建设项目经过分析决策、设计施工到竣工验收、交付使用的各个阶段，完成建筑工程、安装工程、设备工器具购置及其他相应的建设工作，最后形成固定资产，期间投入的所有费用总和。另一种理解是指建设工程的承发包价格，它是通过承发包市场，由需求主体投资者和供给主体建筑商共同认可的价格。

对工程造价两种含义的理解角度不同，其包含的费用项目也不同。建设成本含义的造价是指工程建设的全部费用，其中包括征地费、拆迁补偿费、勘察设计费、供电配套费、项目贷款利息、项目法人的项目管理费等；而工程承发包价格中，即使是"交钥匙"工程，其承包价格中也不包括项目的贷款利息、项目法人管理费等。尽管如此，工程造价两种含义的实质是相同的，是站在不同的角度对同一事物的理解。

2. 工程造价的分类

按建设项目所处的建设阶段不同，造价有不同的表现形式。根据建设阶段的不同，建设工程造价有以下的分类：投资估算、设计概算、施工图预算、施工预算、合同价、结算价以及竣工决算总造价等。根据建设程序，造价人员应相应编制各个阶段的工程造价，其包含的内容不同，在工程建设中所起的作用也不同。

（1）投资估算

投资估算是在整个项目的投资决策阶段，以方案设计或可行性研究文件为依据，按照规定的程序、方法和依据，对拟建项目所需总投资及其构成进行的预测和估计。投资估算的成果文件称作投资估算书，也简称投资估算。投资估算是项目建议书或可行性研究报告的重要组成部分，是项目决策的重要依据之一。投资估算既是建设项目技术经济评价和投资决策的重要依据，又是该项目实施阶段投资控制的目标值，投资估算在建设工程的投资决策、造价控制、筹集资金等方面都有重要作用。

建设项目投资估算的编制依据指在编制投资估算时所遵循的计量规则、市场价格、费用标准及工程计价有关参数，主要包括：国家、行业和地方政府有关法律、法规或规定；政府有关部门、金融机构等发布的价格指数、利率、汇率、税率等有关参数；行业部门、项目所在地工程造价管理机构或行业协会等编制的投资估算指标、概算指标（定额）、工程建设其他费用定额、综合单价、价格指数和有关造价文件等；类似工程的各种技术经济指标和参数；工程所在地同期的人工、材料、机具市场价格，建筑、工艺及附属设备的市场价格和有关费用；与建设项目有关的工程地质资料、设计文件、图样或有关设计专业提供的主要工程量和主要设备清单等；委托单位提供的其他技术经济资料。

（2）设计概算

设计概算是以初步设计文件为依据，按照规定的程序、方法和依据，对建设项目总投资及其构成进行的概略计算。设计概算的成果文件称作设计概算书，也简称设计概算。政府投资项目的设计概算经批准后，一般不得调整。

设计概算的主要作用是控制以后各阶段的投资，具体表现为：设计概算是编制固定资产投资计划、确定和控制建设项目投资的依据；设计概算是进行施工图设计和编制施工图预算的依据；设计概算是衡量设计方案技术经济合理性和选择最佳设计方案的依据；设计概算是编制招标控制价（招标标底）和投标报价的依据；设计概算是签订建设工程合同和贷款合同的依据；设计概算是考核建设项目投资效果的依据。

设计概算的编制依据：国家、行业和地方有关规定；相应工程造价管理机构发布的概算定额（或指标）；工程勘察与设计文件；拟定或常规的施工组织设计和施工方案；建设项目资金筹措方案；工程所在地编制同期的人工、材料、机具台班市场价格，以及设备供应方式及供应价格；建设项目的技术复杂程度，新技术、新材料、新工艺以及专利使用情况等；建设项目批准的相关文件、合同、协议等；政府有关部门、金融机构等发布的价格指数、利率、汇率、税率以及工程建设其他费用等；委托单位提供的其他技术经济资料。

（3）施工图预算

施工图预算是施工单位以施工图设计文件为依据，按照规定的程序、方法，在项目施工前对工程项目的工程费用进行的预测与计算。施工图预算的成果文件称作施工图预算书，也简称施工图预算，它是施工图设计阶段对工程建设所需资金做出较精确计算的设计文件。

施工图预算在工程建设实施过程中具有十分重要的作用，施工图预算对投资方的作用：施工图预算是控制施工图设计不突破设计概算的重要措施；施工图预算是控制造价及资金合理使用的依据；施工图预算是确定工程招标控制价的依据；施工图预算可作为确定合同价款、拨付工程进度款及办理工程结算的基础。施工图预算对施工企业的作用：施工图预算是建筑施工企业投标报价的基础；施工图预算是建筑工程预算包干的依据和签订施工合同的主要内容；施工图预算是施工企业安排调配施工力量、组织材料供应的依据；施工图预算是施工企业控制工程成本的依据；施工图预算是进行"两算"对比的依据。

施工图预算的编制必须遵循以下依据：国家、行业和地方有关规定；相应工程造价管理结构发布的预算定额；施工图设计文件及相关标准图集和规范；项目相关文件、合同、协议等；工程所在地的人工、材料、设备、施工机具预算价格；施工组织设计和施工方案；项目的管理模式、发包模式及施工条件；其他应提供的资料。

（4）合同价

实行招投标的工程，承包合同价是指在工程招投标阶段，通过招投标签订总承包合同、建筑安装工程合同、设备材料采购合同以及技术和咨询服务合同时，由承发包双方共同议定和认可并记录在合同内的价格。对于非招标的工程，在签订承包合同前，承包人也应先对工程造价进行计价，编制拟建工程的预算书或报价单，或者发包人编制工程预算，然后承发包双方协商一致，签订工程承包合同。合同价按照现行的有关规定，有固定合同价，可调合同价和工程成本加酬金合同价三种合同形式。

工程承包合同是发包和承包交易双方根据招投标文件及有关规定，为完成商定的建筑安装工程任务，明确双方权利、义务关系的协议。在承包合同中，有关工程价款方面的内容、条款构成的合同价是工程造价的另一种表现形式。

（5）结算价

工程结算是指发承包双方根据合同约定，对合同工程在实施中、终止时、已完工后进行的合同价款计算、调整和确认。工程结算包括期中结算、终止结算、竣工结算。其中工程竣工结算是指工程项目完工并经竣工验收合格后，发承包双方按照施工合同的约定对所完成的工程项目进行的合同价款的计算、调整和确认。

竣工结算价是发承包双方依据国家有关法律、法规和标准规定，按照合同约定确定的，包括在履行合同过程中按合同约定进行的合同价款调整，是承包人按合同约定完成全部承包工作后，发包人应付给承包人的合同总金额。工程竣工结算分为单位工程竣工结算和建设项目竣工总结算，其中，单位工程竣工结算和单项工程竣工结算也可看作分阶段结算。竣工结算价是确定承包工程最终实际造价的经济文件，以它为依据办理竣工结算后，就标志着发包方和承包方的合同关系和经济责任关系的结束。

工程竣工结算由承包人或其委托具有相应资质的工程造价咨询人编制，由发包人或受其委托具有相应资质的工程造价咨询人核对。工程竣工结算的主要依据有：《建设工程工程量清单计价规范》（GB 50500—2013）；工程合同；发、承包双方实施过程中已确认的工程量及其结算的合同价款；发、承包双方实施过程中已确认调整后追加（减）的合同价款；建设工程设计文件及相关资料；招标文件；其他依据。

（6）竣工决算总造价

竣工决算是指在建设项目或单项工程竣工验收，准备交付使用时，由业主或项目法人全面汇集在工程建设过程中实际花费的全部费用的经济文件。建设项目竣工决算应包括从筹集到竣工投产全过程的全部实际费用，即包括建筑工程费、安装工程费、设备工器具购置费用及预备费等费用。

建设项目竣工决算是综合全面地反映竣工项目建设成果及财务情况的总结性文件；是办理交付使用资产的依据，也是竣工验收报告的重要组成部分；是分析和检查设计概算的执行情况，考核建设项目管理水平和投资效果的依据。

建设项目竣工决算应依据下列资料编制：《基本建设财务规则》（财政部第81号令）等法律、法规和规范文件；项目计划任务书及立项批复文件；项目总概算书和单项工程概算书文件；经批准的设计文件及技术交底、图样会审资料；招标文件和最高投标限价；工程合同文件；项目竣工结算文件；工程签证、工程索赔等合同价款调整文件；设备、材料调价文件记录；会计核算及财务管理资料；其他有关项目管理的文件。

项目建设各阶段造价之间的关系如图1.2所示。

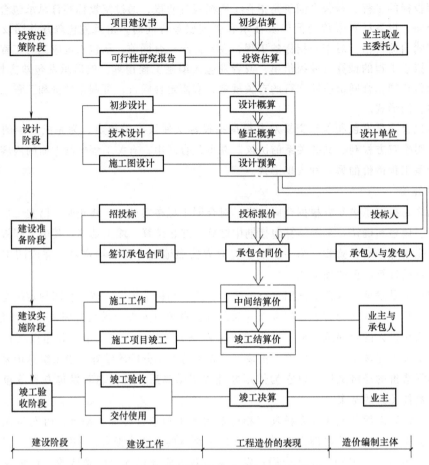

图 1.2　项目建设各阶段造价之间的关系

第二节　建筑电气工程施工概述

建筑电气工程是为实现一个或几个具体目的，且特性相配合的，由电气装置、布线系统和用电设备电气部分构成的组合，这种组合能满足建筑物预期的使用功能和安全要求，也能满足使用建筑物的人的安全需要。电气装置是指变配电所及分配电所和接地分散的动力、照明配电箱，例如：变压器、成套高低压配电柜、备用不间断电源柜、照明配电箱、动力配电箱，以及备用柴油发电机组等。布线系统是指以 220/380V 为主的电缆、电线及桥架、线槽和导管等。例如：电线、电缆、封闭母线、低压插接式母线、电缆桥架、金属或塑料线槽、金属或塑料导管等。用电设备电气部分是指电动机和照明灯具等直接消耗电能部分。例如给水泵、排水泵、消火栓泵、喷淋泵、排烟风机、送风机、灯具、开关插座等。

建筑电气工程是建筑工程的重要组成部分，《建筑工程施工质量验收统一标准》（GB 50300—2013）将建筑工程分成十个分部工程：地基与基础工程、主体结构工程、建筑装饰装修工程、屋面工程、建筑给水排水及供暖工程、通风与空调工程、建筑电气工程、智能建筑工程、建筑节能工程、电梯工程等。智能建筑工程俗称其为建筑电气工程中的弱电工程，单独成为一个分部工程，智能建筑工程又分为智能化集成系统、信息接入系统、用户电话交换系统、信息网络系统、综合布线系统、移动通信室内信号覆盖系统、卫星通信系统、有线电视及卫星电视接收系统、公共广播系统、会议系统、信息导引及发布系统、时钟系统、信息化应用系统、建筑设备监控系统、火灾自动报警系统、安全技术防范系统、应急响应系统、机房、防雷与接地十九个子分部工程。建筑电气工程又分为室外电气安装、变配电室安装、供电干线安装、电气动力安装、电气照明安装、备用和不间断电源安装、防雷及接地装置安装七个子分部工程。

一、建筑电气工程施工依据

1. 建筑电气施工图

建筑电气施工图是建筑工程施工图的主要组成部分，将电气工程设计内容全面、正确地表示出来，是施工技术人员及工人安装电气设备的依据。建筑电气施工图主要有目录、设计说明、图例及设备材料表、系统图、平面图、剖面图、大样图、接线图等。

2. 建筑电气施工验收规范、标准

建筑电气安装工程常用的施工验收规范、标准如下所示。

1）GB 50147—2010《电气装置安装工程　高压电器施工及验收规范》。
2）GB 50148—2010《电气装置安装工程　电力变压器、油浸电抗器、互感器施工及验收规范》。
3）GB 50149—2010《电气装置安装工程　母线装置施工及验收规范》。
4）GB 50150—2016《电气装置安装工程　电气设备交接试验标准》。
5）GB 50168—2006《电气装置安装工程　电缆线路施工及验收规范》。
6）GB 50169—2016《电气装置安装工程　接地装置施工及验收规范》。
7）GB 50170—2006《电气装置安装工程　旋转电机施工及验收规范》。
8）GB 50171—2012《电气装置安装工程　盘、柜及二次回路接线施工及验收规范》。
9）GB 50172—2012《电气装置安装工程　蓄电池施工及验收规范》。
10）GB 50173—2014《电气装置安装工程　66kV及以下架空电力线路施工及验收规范》。
11）GB 50254—2014《电气装置安装工程　低压电器施工及验收规范》。
12）GB 50255—2014《电气装置安装工程　电力变流设备施工及验收规范》。
13）GB 50256—2014《电气装置安装工程　起重机电气装置施工及验收规范》。
14）GB 50257—2014《电气装置安装工程　爆炸和火灾危险环境电气装置施工及验收规范》。
15）GB 50303—2015《建筑电气工程施工质量验收规范》。
16）GB 50575—2010《1kV及以下配线工程施工与验收规范》。
17）GB 50586—2010《铝母线焊接工程施工及验收规范》。
18）GB 50300—2013《建筑工程施工质量验收统一标准》。

二、建筑电气安装工程施工过程

建筑电气施工图是建筑电气施工的主要依据，施工及验收的有关规范是施工技术的法律性文件。

1. 施工准备阶段

施工准备是指工程施工前将施工必需的技术、物资、劳动组织、生活等方面的工作事先做好，以备正式施工时组织实施。施工准备工作通常包括项目前期准备、技术准备、物资准备、劳动组织准备、施工准备、资金准备、工程实施准备。准备工作是项目施工的前提和基础，也是加强项目管理和目标控制的关键。电气安装专业技术准备一般主要包括以下各项内容：

1）熟悉和审查图样。熟悉和审查图样包括学习图样、了解图样设计意图、掌握设计内容和技术条件、会审图样、核对土建与安装图之间有无矛盾和错误、明确各专业间的配合关系。

2）编制施工组织计划和施工方案。编制施工组织计划和施工方案是做好施工准备的核心内容，建筑电气安装工程必须根据工程的具体要求和施工条件，采用合理的施工方法。施工方案的编制内容主要包括：工程概况、主要施工方法和技术措施、保证工程质量和安全施工的措施、施工进度计划、主要材料、劳动力、机具、加工件进度计划、施工平面规划。

3）编制施工预算。施工单位依据施工图、施工定额、施工组织设计（或施工方案）、有关费用规定等，编制出详细的施工预算。施工预算在建筑电气施工过程中具有十分重要的作用，是施工企业安排调配施工力量、组织材料供应的依据。

4）进行技术交底。某一单位工程或一个分项工程施工前，由相关专业技术人员向参与施工的人员进行的技术性交待，其目的是使施工人员对工程特点、技术质量要求、施工方法与措施和安全等方面有一个较详细的了解，以便于科学地组织施工，避免技术质量等事故的发生。技术交底是施工企业技术管理的一项主要内容，也是施工技术准备的重要措施。

2. 建筑电气工程的施工

建筑电气工程的施工实质就是建筑电气设计的实施和实现过程。建筑电气工程施工是与土建工程及其他安装工程施工相互配合进行的，因此建筑电气工程施工与其他专业工程施工的配合非常重要。

1）主要设备、材料进场验收。主要设备、材料、成品和半成品应进场验收合格，并应做好验收记录和验收资料归档。验收工作应有施工单位、监理单位或供货商参加，施工单位报验，监理单位确认。当设计有技术参数要求时，应核对其技术参数，并应符合设计要求。

2）配合土建工程预留预埋。施工前期主要为土建工程配合的阶段，例如配合土建施工进度，及时协调做好尺寸小于300mm、土建施工图上未标明的预留孔洞及需在底板和基础垫层内暗配的管线及稳盒的施工。对需要预埋的铁件、吊卡、木砖、吊杆基础螺栓及配电柜基础型钢等预埋件，电气施工人员应配合土建，提前做好准备，土建施工及时埋入，不得遗漏。

3）电气设备安装。电气设备等安装前必须检查并确认土建工程是否符合电气安装条件，只有验收合格，才能开展安装工作，电气设备均需按照设计图进行安装、接线，并按照相关规范要求进行试验，保留有关的试验记录。

4）各类导管的敷设，桥架等的安装。各类管路的敷设应按设计图施工，并符合施工验收规范的要求。

5）电线穿管、电缆敷设、封闭式插接母线安装。各类线缆敷设应按设计图施工，并符合施工验收规范的要求。

6）电线、电缆、封闭式插接母线绝缘检查并与设备器具连接。

7）做电气交接试验。试运行前，相关电气设备和线路应按《建筑电气工程施工质量验收规范》（GB 50303—2015）的规定试验合格。发电机、现场单独安装的低压电器交接试验项目应符合本规范的规定。

8）电气试运行。施工的最终阶段为试运行阶段，安装调试好的电气设备，在移交建设单位之前，应该规定试运行。试运行合格后由建设单位、质检单位、施工单位、监理单位签字作为交工验收的资料。

三、建筑电气工程的质量验收

建筑电气分部工程的质量验收，应按检验批、分项工程、子分部工程逐级进行验收，各子分部工程、分项工程和检验批的划分应符合表1.1的规定。

表 1.1 各子分部工程所含的分项工程和检验批

子分部工程 / 分项工程		01 室外电气安装工程	02 变配电室安装工程	03 供电干线安装工程	04 电气动力安装工程	05 电气照明安装工程	06 自备电源安装工程	07 防雷及接地装置安装工程
序号	名称							
04	变压器、箱式变电所安装	■	■					
05	成套配电柜、控制柜(台、箱)和配电箱(盘)安装	■	■		■	■	■	
06	电动机、电加热器及电动执行机构检查接线				■			
07	柴油发电机组安装						■	
08	UPS 及 EPS 安装						■	
09	电气设备试验和试运行			■	■			
10	母线槽安装		■					
11	梯架、托盘和槽盒安装	■	■		■	■	■	
12	导管敷设	■		■	■	■	■	
13	电缆敷设	■		■	■	■	■	
14	管内穿线盒槽盒内敷线	■		■	■	■		
15	塑料护套线直敷布线					■		
16	钢索配线					■		
17	电缆头制作、导线连接和线路绝缘测试	■		■	■	■	■	
18	普通灯具安装	■						
19	专用灯具安装	■						
20	开关、插座、风扇安装				■			
21	建筑物照明通电试运行					■		
22	接地装置安装	■	■				■	■
23	接地干线敷设			■				
24	防雷引下线及接闪器安装							■
25	建筑物等电位联结							■

注：1. 本表有■号者为该子分部工程所含的分项工程。

2. 每个分项工程至少含一个及以上检验批。

建筑电气工程项目质量评定和验收是按检验批、分项工程、分部工程、单位工程依次进行。

1) 检验批质量验收合格。要求主控项目的质量经抽样检验均应合格；一般项目的质量经抽样检验合格；具有完整的施工操作依据、质量验收记录。当采用计数抽样时，合格点率应符合有关专业验收规范的规定，且不得存在严重缺陷。对于计数抽样的一般项目，正常检验的一次、二次抽样可按《建筑工程施工质量验收统一标准》(GB 50300—2013)附录 D 判定。

2) 分项工程质量验收合格。要求所含检验批的质量均应验收合格；所含检验批的质量验收记录应完整。

3) 分部工程质量验收合格。要求所含分项工程的质量均应验收合格；质量控制资料应完整；有关安全、节能、环境保护和主要使用功能的抽样检验结果应符合相应规定。观感质量应符合要求。

4) 单位工程质量验收合格。要求所含分部工程的质量均应验收合格；质量控制资料应完整；所含分部工程中有关安全、节能、环境保护和主要使用功能的检验资料应完整；主要使用功能的抽查结果应符合相关专业验收规范的规定；观感质量应符合要求。

当建筑电气工程施工质量不符合规定时，应按下列要求进行处理：经返工或返修的检验批，应重新进行验收；经有资质的检测机构检测鉴定能够达到设计要求的检验批，应予以验收；经有资质的检测机构检测鉴定达不到设计要求，但经原设计单位核算认可能够满足安全和使用功能的检验批，可予以验收；经返修或加固处理的分项、分部工程，满足安全及使用功能要求时，可按技术处理方案和协商文件的要求予以验收。

经返修或加固处理仍不能满足安全或使用要求的分部工程及单位工程，严禁验收。

第三节 建筑电气工程识图

民用建筑工程一般应分为方案设计、初步设计和施工图设计三个阶段；对于技术要求相对简单的民用建筑工程，经有关主管部门同意，且合同中没有做初步设计的约定，可在方案设计审批后直接进入施工图设计。各阶段的设计文件成果分别称为：方案设计文件、初步设计文件、施工图设计文件。施工图设计文件是设计工作的最后成果，是进行工程施工、编制施工图预算和施工组织设计的依据，也是进行施工技术管理的重要技术文件。

一、建筑电气施工图的组成

在施工图设计阶段，建筑电气专业设计文件图样是阐述建筑电气系统的工作原理，用来指导各类电气设备、线路的安装、运行、维护和管理的图样，是编制建筑电气施工方案和施工预算，并用于指导建筑电气施工的重要依据。建筑电气专业设计文件图样部分包括图样目录、设计说明、设计图、主要设备表，电气计算部分出计算书。

1. 图样目录

图样分别以系统图、平面图等按图样序号排列，先列新绘制图样，后列选用的重复利用图和标准图。

2. 设计说明

设计说明主要说明设计图中交代不清或没有必要用图表示的要求、标准、规范等。主要包含以下内容：工程概况；设计依据；设计范围；设计内容（应包括建筑电气各系统的主要指标）；各系统的施工要求和注意事项（包括线路选型、敷设方式及设备安装等）；设备主要技术要求（亦可附在相应图样上）；防雷、接地及安全措施（亦可附在相应图样上）；电气节能及环保措施；绿色建筑电气设计；与相关专业的技术接口要求；智能化设计；其他专项设计、深化设计。

3. 图例及设备材料表

图例是用表格的形式列出该系统中使用的图例符号或文字符号，此外还应包括设备选型、规格及安装等信息。设备材料表一般要列出系统主要设备及主要材料的名称、型号、规格、单位、数量、具体要求或产地。但表中数量一般只作为概算估计数，不作为设备和材料的供货数据。

4. 电气系统图

用规定的符号表示系统的组成和连接关系，它用单线将整个工程的供电线路示意连接起来，主要表示整个工程或某一项目的供电方案和方式，也可以表示某一装置各部分的关系。系统图包括供配电系统图（强电系统图）、电气消防及报警联动控制系统图、智能化系统图。

供配电系统图（强电系统图）是表示供电方式、供电回路、电压等级及进户方式；标注回路个数、设备容量及启动方法、保护方式、计量方式、线路敷设方式。

5. 电气设备平面图

电气设备平面图是表示各种电气设备与线路平面布置位置的，是进行电气设备安装的主要依据。电气平面图包括外电总平面图和各专业电气平面图。

外电总平面图是以建筑总平面图为基础，绘制出变电所、架空线路、地下电力电缆的具体位置并注明有关施工方案的图样，仅有单体设计时，可无此项内容。通过电气总平面图可了解该项工程的概况，掌握电气负荷分布及电源装置。

专业电气平面图是在建筑平面图的基础上绘制，主要有电力配电平面图、照明配电平面图、变电所电气平面图、防雷接地平面图、电气消防及消防报警平面图、各智能化系统平面图等，用来表示设备、器具、管线实际安装位置的水平投影图，是表示装置、器具、线路具体平面位置的图样。

6. 控制原理图

控制原理图表示某一具体设备或系统电气工作原理，用来指导某一设备或系统的安装、接线、调试、使用与维护。

7. 二次接线图

二次接线图是与控制原理图配套的图样，用来表示某一设备元件外部接线以及设备元件之间的接线。通过接线图可以指导电气安装、接线、查线。

8. 安装大样图

安装大样图是详细表示电气设备安装方法的图样，对安装部件的各部位注有具体图形和详细尺寸，是进行安装施工和编制工程材料计划时的重要参考。一般非标准的控制柜、箱、检测元件和架空线路的安装等都要用到大样图，大样图通常采用标准通用图集。

二、建筑电气工程识图程序与要点

阅读建筑电气工程图必须熟悉电气图基本知识（表达形式、通用画法、图形符号、文字符号）和建筑电气工程图的特点。常用的电气工程图例及文字符号可参见国家颁布的相关电气图形符号标准。

1. 建筑电气施工图识图的一般程序

针对一套建筑电气施工图，一般应先按以下顺序阅读，然后再对某部分内容进行重点识读。

1）看图样目录。了解工程名称、项目内容、设计日期及图样内容、数量等。

2）看设计说明及图例。了解工程概况、设计依据等，了解图样中未能表达清楚的各有关事项。

3）看系统图。如供电系统图、电力系统图、照明系统图等，看系统图的目的是了解系统基本组成，主要电气设备、元件之间的连接关系以及它们的规格、型号、参数等，掌握该系统的组成概况。

4）看平面布置图。如电力配电平面图、照明配电平面图、防雷接地平面图等，了解电气设备的规格、型号、数量及线路的起始点、敷设部位、敷设方式和导线根数等。平面图的阅读可按照以下顺序进行：电源进线、总配电箱、干线、支线、分配电箱、电气设备。

5）看控制原理图。了解系统中用电设备的电气自动控制原理，用以指导设备的安装和控制系统的调试工作。

6）看安装接线图。了解电气设备的布置与接线，与控制原理图对应阅读，进行控制系统的配线和调试。

7）看安装大样图。了解电气设备的具体安装方法、安装部件的具体尺寸等，安装大样图大多参考《全国通用电气装置标准图集》。

2. 建筑电气施工图的识图方法

1）熟悉电气图例符号，弄清图例、符号所代表的内容。

2）抓住电气施工图要点进行识读。在识图时，应抓住要点进行识读，如阅读照明配电系统图时，应掌握以下内容：

① 各级照明配电箱和供电回路，表示其相互连接形式。

② 配电箱型号或编号，总照明配电箱及分照明配电箱所选用计量装置、开关和熔断器等器件的型号、规格。

③ 各供电回路的编号、导线型号、根数、截面和线管直径，以及敷设导线长度等。

④ 照明器具等用电设备或供电回路的型号、名称、计算容量和计算电流等。

3）结合土建施工图进行阅读。电气施工与土建施工结合得非常紧密，施工中常常涉及各工种之间的配合问题。电气施工平面图只反映了电气设备的平面布置情况，结合土建施工图的阅读还可以了解电气设备的立体布设情况。

4）熟悉施工顺序，便于阅读电气施工图。如识读配电系统图、照明与插座平面图时，就应首先了解室内配线的施工顺序。

① 根据电气施工图确定设备安装位置、导线敷设方式、敷设路径及导线穿墙或楼板的位置。

② 结合土建施工进行各种预埋件、线管、接线盒、保护管的预埋。

③ 装设绝缘支持物、线夹等，敷设导线。

④ 安装灯具、开关、插座及电气设备。

⑤ 进行导线绝缘测试、检查及通电试验。

⑥ 工程验收。

5）识读时，施工图中各图样应协调配合阅读。对于具体工程来说，为说明配电关系时需要有配电系统图；为说明电气设备、器件的具体安装位置时需要有平面布置图；为说明设备工作原理时需要有控制原理图；为表示元件连接关系时需要有安装接线图；为说明设备、材料的特性、参数时需要有设备材料表等。这些图样各自的用途不同，但相互之间是有联系并协调一致的。在识读时应根据需要，将各图样结合起来识读，以达到对整个工程或分部项目全面了解的目的。

第四节　建筑电气安装工程定额

一、工程定额简介

定额从本意上讲，定是规定，额就是额度或者限度，定额就是规定的额度或限度。定额的定义可表达为：在合理的劳动组织和合理使用材料和机械的条件下，完成单位合格产品所消耗的资源数量标准。

1. 工程定额的概念

所谓工程定额是指在正常施工条件下，完成一定计量单位的合格产品所必须消耗的劳动力、材料和机械台班的数量标准。正常施工条件，是指生产过程按生产工艺和施工验收规范操作，施工条件完善，劳动组织合理，机械运转正常，材料储备合理，在这样的条件下完成单位合格产品资源消耗的数量标准，同时还规定所完成的产品规格或工作内容，以及所要达到的质量标准和安全要求。定额反映了一定条件下产品生产和消耗之间的关系，它属于现代管理科学中的重要内容和基本环节。

2. 工程定额的分类

工程定额是一个综合概念，是建设工程造价计价和管理中各类定额的总称，建设工程定额种类很多，按生产要素、编制程序及用途、专业和费用性质、主编单位及适用范围等因素，有以下四种分类方式：

1）按生产要素消耗内容分类。建设工程定额按照生产要素消耗内容划分，可分为劳动消耗定额、材料消耗定额和机械台班消耗定额，这也是生产单位合格产品所必须具备的"三要素"。

2）按编制程序和用途分类。建设工程定额按编制程序和用途分类，又分为施工定额、预算定额、概算定额、概算指标、投资估算指标等。其中施工定额是施工企业（建筑安装企业）组织生产和加强管理在企业内部使用的一种定额，属于企业定额的性质，为了适应组织生产和管理的需要，施工定额的项目划分很细，是工程定额中分项最细、定额子目最多的一种定额，也是工程定额中的基础性定额。预算定额是一种计价性定额，从编制程序上看，预算定额是以施工定额为基础综合扩大编制的，同时也是编制概算定额的基础。

3）按编制管理部门和适用范围分类。建设工程定额按颁布定额的政府部门及适用范围，可划分为全国统一定额、地区统一定额、行业统一定额、企业定额、补充定额五种。全国统一定额是由国家建设行政主管部门综合全国工程建设中技术和施工组织管理的情况编制，并在全国范围内适用的定额。行业统一定额是考虑到各行业部门专业工程技术特点，以及施工生产和管理水平编制的，一般只在本行业和相同专业性质的范围内使用。地区统一定额包括省、自治区、直辖市定额。地区统一定额主要是考虑地区性特点和全国统一定额水平做适当调整和补充编制的。

4）按工程专业和性质分类。建筑工程定额按不同的专业分别进行编制和执行，分为建筑工程定额和安装工程定额。安装工程定额按专业对象分为电气设备安装工程定额、机械设备安装工程定额、热力设备安装工程定额、通信设备安装工程定额、化学工业设备安装工程定额、工业管道安装工程定额、工艺金属结构安装工程定额等。

以上各种定额虽然适用于不同的情况和用途，但是它们是一个相互联系的、有机的整体，在实际工作中配合使用。

各种定额间关系的比较见表 1.2。

表 1.2　各种定额间关系的比较

	施工定额	预算定额	概算定额	概算指标	投资估算指标
对象	施工过程或基本工序	分项工程或结构构件	扩大的分项工程或扩大的结构构件	单位工程	建设项目、单项工程、单位工程
用途	编制施工预算	编制施工图预算	编制扩大初步设计概算	编制初步设计概算	编制投资估算
项目划分	最细	细	较粗	粗	很粗
定额水平	平均先进	平均			
定额性质	生产型定额	计价性定额			

3. 工程预算定额的作用

安装工程预算定额主要有以下几方面的作用：

1）安装工程预算定额是对设计方案进行经济评价，是对新结构、新材料进行技术经济分析的依据。

2）安装工程预算定额是编制施工图预算、确定工程预算造价的依据。

3）安装工程预算定额是施工企业编制人工、材料、机械台班需要量计划，统计完成工程量，考核工程成本，实行经济核算的依据。

4）安装工程预算定额是在建筑工程招标、投标中确定标底和投标价，实行招标承包制的重要依据。

5）安装工程预算定额是建设单位拨付工程价款和竣工结算的依据。

6）安装工程预算定额是编制地区估价表、概算定额和概算指标的基础资料。

二、全国统一安装工程消耗量定额

目前，我国统一执行的《通用安装工程消耗量定额》（TY02-31-2015）是由中华人民共和国住房和城乡建设部组织修订的一套较完整、较适用的安装工程预算定额，该定额于2015年9月1日起施行，同时，2000年发布的《全国统一安装工程预算定额》废止。本定额是完成规定计量单位分部分项工程所需的人工、材料、施工机械台班的消耗量标准；是各地区、部门工程造价管理机构编制建设工程定额确定消耗量、编制国有投资工程投资估算、设计概算、确定最高投标限价的依据。

1. 全国统一安装工程消耗量定额的组成

《通用安装工程消耗量定额》（TY02-31-2015）由十二个专业安装工程消耗量定额组成，共分十二册，包括：《第一册 机械设备安装工程》《第二册 热力设备安装工程》《第三册 静置设备与工艺金属结构制作安装工程》《第四册 电气设备安装工程》《第五册 建筑智能化工程》《第六册 自动化控制仪表安装工程》《第七册 通风空调工程》《第八册 工业管道工程》《第九册 消防工程》《第十册 给排水、采暖、燃气工程》《第十一册 通信设备及线路工程》《第十二册 刷油、防腐蚀、绝热工程》。

2. 全国统一安装工程消耗量定额的编制依据

《通用安装工程消耗量定额》适用于工业与民用建筑的新建、扩建通用安装工程。其编制依据如下：

1）本定额以国家和有关部门发布的国家现行设计规范、施工及验收规范、技术操作规程、质量评定标准、产品标准和安全操作规程，现行工程量清单计价规范、计算规范和有关定额为依据编制，并参考了有关地区和行业标准、定额，以及典型的工程设计、施工方案和其他资料。

2）本定额按正常施工条件下，按国内大多数施工企业采用的施工方法，机械化程度和合理劳动组织及工期进行编制。设备、材料、成品、半成品、构配件完整无损，符合质量标准和设计要求，附有合格证书和实验记录。安装工程和土建工程之间的交叉作业正常。正常的气候、地理条件和施工环境。安装地点、建筑物、设备基础、预留孔洞等均符合安装要求。

三、地区电气工程预算定额

地区预算定额是由国家和地方政府授权的主管部门，在充分考虑本地区自然气候、经济技术发展、地方物质资源和交通运输等条件的情况下，参照全国统一定额水平编制的。

1. 山东省安装工程消耗量定额简介

山东省安装工程消耗量定额以《通用安装工程消耗量定额》（TY02-31-2015）为基础，以国家和山东省有关部门发布的现行设计规范、施工及验收规范、技术操作规程、质量评定标准、产品标准和安全操作规程，及现行工程量清单计价规范、计算规范和有关定额为依据。2016年11月山东省建设厅颁布《山东省安装工程消耗量定额》（SD02-31-2016），自2017年3月1日起施行。《山东省安装工程消耗量定额》共分十二册，共18000个定额子目。

《山东省安装工程消耗量定额》（SD02-31-2016）是完成规定计量单位分部分项工程所需的人工、材料、施工机械台班的消耗量标准，是山东省安装工程计价活动中统一安装工程量的计算、项目划分、计量单位的依据；是编制国有投资估算、设计概算、最高投标限价的依据，也可作为制定企业定额的基础。本定额适用于山东省行政区域内工业与民用建筑的新建、扩建通用安装工程。

在《山东省安装工程消耗量定额》中，建筑电气安装工程主要使用以下三册定额：《第四册　电气设备安装工程》《第五册　建筑智能化工程》《第九册　消防工程》。下面主要介绍《第四册　电气设备安装工程》。

1）消耗量定额概况。《第四册　电气设备安装工程》主要包括10kV以下（变配电、动力、照明）电气安装工程，共计十六章，190节，2381个子目。

2）适用范围。本册定额适用于一般工业与民用新建、扩建工程中10kV以下变配电设备及架空线路、电缆、动力、照明电气设备及器具、防雷及接地装置、配管、配线、起重、输送设备电气装置、电气设备调试等的安装工程。

3）与各册的界限划分。下列情况执行电力建设工程相关定额（专业定额）：

① 电压等级大于10kV的输变电设备及线路安装。

② 50000kW以上发电机接线、系统调试，燃煤发电厂、变电站、配电室、输电线路、太阳能光伏电站的整套启动调试。

③ 厂区或居民生活小区以外的变配电设备安装。

下列情况执行市政工程相关定额：厂区或居民生活小区以外的路灯照明工程，景观（艺术）照明工程，户外保护管道沟、电缆沟、接地沟土石方工程，应执行市政工程相关定额。

4）与清单的衔接情况。清单计量单位均是基本单位，与定额计量单位有多处不同，但清单工程量计算规则与定额工程量计算规则相同。

2. 电气设备安装工程估价表

各地区编制的安装工程单位估价表又称为地区估价表。它是在《通用安装工程消耗量定额》规定的各分部分项工程或结构部件的人工、材料及施工机械台班的消耗数量的基础上，结合本地区的工资标准、材料预算价格和施工机械台班单价，计算出相应的人工、材料、施工机械台班等定额单价，单位估价表具有地区性和时间性，是地区编制施工图预算，确定工程造价的基础资料。

单位估价表由定额编号、项目名称、定额单位和预算价格四部分组成，其中前三部分与消耗量定额完全相同。表1.3为2017年山东省济南市电气设备安装工程单位估价表（部分）。

表1.3　2017年山东省济南市单位估价表

定额编号	项目名称	定额单位	增值税（简易计税）				增值税（一般计税）			
			单价（含税）	人工费	材料表（含税）	机械费（含税）	单价（含税）	人工费	材料表（含税）	机械费（含税）
普通灯具安装										
1. 吸顶灯具										
4-14-1	圆球吸顶灯　灯罩直径250mm以下	套	16.52	14.21	2.31		16.20	14.21	1.99	
4-14-2	圆球吸顶灯　灯罩直径300mm以下	套	16.52	14.21	2.31		16.20	14.21	1.99	

（续）

定额编号	项目名称	定额单位	增值税（简易计税）				增值税（一般计税）			
			单价（含税）	人工费	材料表（含税）	机械费（含税）	单价（含税）	人工费	材料表（含税）	机械费（含税）
4-14-3	半圆球吸顶灯　灯罩直径250mm 以下	套	17.14	14.21	2.93		16.73	14.21	2.52	
4-14-4	半圆球吸顶灯　灯罩直径300mm 以下	套	17.14	14.21	2.93		16.73	14.21	2.52	
4-14-5	半圆球吸顶灯　灯罩直径350mm 以下	套	17.14	14.21	2.93		16.73	14.21	2.52	
4-14-6	方形吸顶灯　矩形罩	套	16.92	14.21	2.71		16.54	14.21	2.33	
4-14-7	方形吸顶灯　大口方罩	套	19.56	16.58	2.98		19.14	16.58	2.56	
2. 其他普通灯具										
4-14-8	软线吊灯	套	13.41	9.22	4.14		12.84	9.27	3.52	
4-14-9	吊链灯	套	16.91	18.39	3.52		16.42	13.39	3.03	
4-14-10	防水吊灯	套	13.83	9.27	4.56		13.19	9.27	3.92	
4-14-11	一般弯脖灯	套	17.48	18.39	4.09		16.92	13.39	3.53	
4-14-12	一般壁灯	套	15.18	18.39	1.79		14.93	13.39	1.54	
4-14-13	座灯头	套	9.66	8.03	1.63		9.44	8.03	1.41	
4-14-14	三头吊花灯	套	61.13	59.53	1.60		60.59	59.33	1.36	
4-14-15	五头吊花灯	套	69.16	67.24	1.90		68.59	67.26	1.63	

地区单位估价表一般按行政区域来编制，按省、自治区、直辖市驻地中心的工资标准、材料预算价格、施工机械台班单价来编制。根据需要也可以按特定的经济区域来编制，如按某经济开发区、某重点建设区中心的工资标准、材料预算价格、施工机械台班单价来编制。地区单位估价表经当地基本建设主管部门批准颁发后，供在规定区域范围内施工的工程使用，如果需修改或补充，应取得定额批准机关的同意，未经批准不得任意变动。

四、设备与材料的划分

设备与材料的划分是建设工程计价的基础，在编制工程造价有关文件时，应依据《建设工程计价设备材料划分标准》（GB/T 50531—2009）的规定，对属于设备范畴的相关费用应列入设备购置费，对属于材料范畴的相关费用应按专业分类分别列入建筑工程费或安装工程费。参照《建设工程计价设备材料划分标准》（GB/T 50531—2009），建筑安装工程营业税计税营业额中设备与材料按以下原则进行划分。

设备是指经过加工制造，由多种部件按各自用途组成独特结构，具有生产加工、动力、传送、储存、运输、科研、容量及能量传递或转换等功能的机器、容器和成套装置等。

材料为完成建筑、安装工程所需的，经过工业加工的原料和设备本体以外的零配件、附件、成品、半成品等。

另外在进行工程计价文件编制时，未明确由建设单位供应的设备，其中建筑设备费用应作为计算营业税的基数；工艺设备和工艺性主要材料费用不应作为计算建筑安装工程营业税的基数。明确由建设单位供应的设备，其设备费用不应作为计算建筑安装工程营业税的基数。

1. 电气工程设备与材料

电气设备安装工程中的设备包括发电机、电动机、变频调速装置；变压器、互感器、调压器、移相器、电抗器、高压断路器、高压熔断器、稳压器、电源调整器、高压隔离开关、油开关；装置式（万能式）空气开关、电容器、接触器、继电器、蓄电池、主令（鼓形）控制器、电磁起动器、电磁铁、电阻器、变阻器、快速断路器、交直流报警器、避雷器；成套供应高低压、直流、动力控制柜、屏、箱、盘及其随设备带来的母线、支持瓷瓶；太阳能光伏，封闭母线，35kV 及以上输电线路工程电缆；舞台灯光、专业灯具等特殊照明装置。

电气设备安装工程中的材料包括电缆、电线、母线、管材、型钢、桥架、立柱、托臂、线槽、灯具、开关、插座、按钮、电扇、封闭式开关熔断器组、电笛、电铃、电表；刀开关、保险器、杆上避雷针、绝缘子、金具、电线杆、铁塔，锚固件、支架等金属构件；照明配电器、电度表箱、插座箱、户内端子箱的壳体；防雷及接地导线；一般建筑、装饰照明装置和灯具，景观亮化饰灯。

2. 未计价材料与已计价材料

消耗量定额中的材料包括施工中消耗的主要材料、辅助材料、周转材料和其他材料。对构成工程实体的主要材料称为未计价材料，其价格没有计入定额的材料费中，定额中只列出了材料的名称、规格、品种和消耗量，不列出单价。对消耗的辅助材料、周转材料和其他材料称为计价材料，其价格计入定额的材料费中，其特点是在定额表中列有材料的消耗量和单价。

1）定额中的未计价材料。定额中的未计价主材又分两种，一种是定额中列出含量的主材，另外一种是定额中未列出含量的主材，其计算方法不同。定额中列出含量的主要材料用"（ ）"的方式表示，计算未计价主材有多种方法，常用的方法是：

$$未计价主材单位价值 = 带括号的定额含量 \times 主材预算价格$$

定额中未列出含量的主材可按施工图图示设计用量，然后按照定额规定的施工损耗率计算出主材施工用量，最后再计算出主材的价值，计算公式如下：

$$定额中未列含量的主材施工用量 = 设计用量 \times (1+施工损耗率)$$

$$定额中未列含量的主材价值 = 定额中未列含量的主材用量 \times 主材预算价格$$

2）定额中的已计价材料。定额中的已计价主材，在消耗量定额中其含量不带括号，表明它的价值已计入安装单价内，编制造价时不另再加计算。

五、电气安装工程消耗量定额的应用

1. 电气安装工程消耗量定额的使用方法

为了熟练正确地选用或参考安装工程消耗量定额，正确编制施工图工程造价，编制施工企业计划和工程招、投标书以及进行工程设计技术经济分析，要求有关从事工程造价的人员应努力学习掌握安装工程消耗量定额和有关建设工程工程量清单计价规则。

1）学习了解定额的有关说明。要认真学习工程预算定额的总说明、册说明、章说明，充分学习了解说明中有关定额的编制原则，编制依据，所涉及的有关标准、规范和适用范围，以及定额中包括和未包括的工作内容；学习了解有关取费条件的规定，以及某些分项工程定额换算的方法等。

2）学习掌握有关定额项目的工作内容。要学习掌握有关定额项目表中常用分项工程定额所包括的工作内容、计量单位以及未计价材料的定额含量或损耗率。要通过工作实践不断加深对分项工程定额的理解，达到正确套用定额和运用自如的目的，以避免对某一分项工程项目中已包括的工作内容、未包括的工作内容等出现重复计算或漏算的错误。

3）学习掌握各分项工程量的计算规则及其计量单位。只有在正确理解和熟练掌握预算定额的基础上，才能根据图样迅速、准确地确定工程子目，正确地选择计量单位，根据有关工程量计算规则计算工程量，选用或换算定额单价，防止错套、重套或漏套有关定额，真正做到正确使用预算定额。

2. 关于措施费

措施项目费是指为完成建设工程施工，发生于该工程施工前和施工过程中的技术、生活、安全、环境保护等方面的费用。在安装工程计价依据中，措施项目费的计取方法主要有三种：一是定额中列有项目的按定额计价，如组装平台铺设与拆除；二是定额总说明、册说明中列有计取系数的项目，按系数计取，如脚手架搭拆费、安装与生产（使用）同时进行施工增加费、在有害身体健康环境中施工增加费、地下室（暗室）施工增加费（工程量计算规范中为非夜间施工增加费）、 建筑物超高增加费（工程量计算规范中为高层施工增加费）；三是安装工程费用项目组成及计算规则中按费率计取的项目，如夜间施工费、二次搬运费、冬雨季施工增加费、已完工程及设备保护费。

建筑物超高增加费是指在建筑物层数大于6层或建筑物高度大于20m的工业与民用建筑上进行安装时，因建筑物超高增加的费用，内容包括高层施工引起人工、机械降效，材料、工器具垂直运输增加的机械费用，操作工人所乘坐的升降设备以及通信联络设备的费用。该费用的计算按包括六层或20m以下全部工程人工费乘以表1.4中的系数计取，其中人工占65%。

表1.4　建筑物超高增加系数

建筑高度/m	≤40	≤60	≤80	≤100	≤120	≤140	≤160	≤180	≤200
建筑层数	≤12	≤18	≤24	≤30	≤36	≤42	≤48	≤54	≤60
按人工费的百分比(%)	6	10	14	21	31	40	49	58	68

计算建筑物超高增加费时应注意：高层建筑中地下室部分不计层数和高度，也不计建筑物超高增加费；屋顶单独水箱间、电梯间不计层数和高度；同一建筑物高度不同时，可按垂直投影以不同高度分别计算；建筑物坡形顶可按平均高度计算；层高不超过2.2m时，不计层数，层高超过3.3m时，可按3.3m折算层数；为高层建筑供电的变电所和供水泵站等动力工程，如装在建筑的底层，不计取建筑物超高增加费，如装在6层以上的动力工程计取建筑物超高增加费；建筑层数大于60层或建筑檐高大于200m时，每增加6层或20m，费用增加10%。

脚手架搭拆费包括材料搬运，搭、拆脚手架，拆除脚手架后材料的堆放。分别在各册说明中规定了脚手架搭拆费的计取系数。各册定额规定的脚手架搭拆费系数不相同。如电气设备安装工程规定：脚手架搭拆费按人工费5%计算，其中人工工资占35%。注意：定额中已考虑了脚手架搭拆因素的项目不再计算脚手架搭拆费，如10kV以下架空配电线路、路灯工程、单独承担的室外直埋电缆工程等。

安装与生产（使用）同时进行施工增加费是指改扩建工程在生产车间或装置一定范围内施工时，因生产操作或生产条件限制（如不准动火等）干扰了安装工程正常进行而增加的费用，包括火灾防护、噪声防护及降效费用。按定额人工费的10%计算，其中人工占70%，材料占30%。

在有害身体健康环境中施工增加费是指改扩建工程由于生产车间、装置一定范围内有害物质超过国家标准以至影响身体健康而增加的费用，包括有害化合物防护、粉尘防护、有害气体防护、高浓度氧气防护及降效费用。按定额人工费的10%计算，其中人工占70%，材料占30%。

地下室（暗室）施工增加费是指地下室（包括地下车库、半地下室）、暗室施工时所采取的照明设备的安拆、维护及照明用电及通风等措施，以及施工降效费用。按定额人工费的15%计算，其中人工占70%，材料占30%。

3. 关于操作高度增加费

操作高度增加费是指操作物高度超过定额考虑的正常操作高度（各册正常操作高度见各册说明）时计取的人工、机械降效费用。在电气设备安装工程消耗量定额中，操作物高度是按距楼地面或地面5m以内考虑的。

操作高度增加费的计算方法是，当操作物高度超过5m时，以超过部分工程量的定额人工、机械均乘以表1.5中的系数。消耗量定额中规定的各专业工程的超高系数是不同的，使用时一定要根据各定额册的规定正确选择。

表 1.5　超高费系数

操作高度/m	≤10	≤30	≤50
系数	1.1	1.2	1.5

已考虑了超高因素的定额项目，如小区路灯、投光灯、气灯、烟囱或水塔指示灯、装饰灯具、竖直通道电缆、10kV 以下架空线路工程不执行本条规定。

第五节　建筑安装工程费用构成

一、建筑安装工程费用的构成内容

1. 建筑安装工程费用内容

建筑安装工程费用是指为完成工程项目建造、生产性设备及配套工程安装所需的费用。

（1）建筑工程费用内容

各类房屋建筑工程和列入建筑工程预算的供水、暖通、卫生、通风、煤气等设备费用及其装设、油饰工程的费用，列入建筑工程预算的各种管道、电力、电信和电缆导线敷设的费用。设备基础、支柱、工作台、烟囱、水塔、水池、灰塔等建筑工程以及各种炉窑的砌筑工程和金属结构工程的费用。为施工而进行的场地平整，工程和水文地质侦察，原有建筑物和障碍物的拆除以及施工临时用水、电、暖、气、路、通信和完工后的场地清理，环境绿化、美化等工作的费用。矿井开凿、井巷延伸、露天矿剥离，石油、天然气钻井，修建铁路、公路、水库、堤坝、灌渠及防洪等工程的费用。

（2）安装工程费用内容

生产、动力、起重、运输、传动和医疗、实验等各种需要安装的机械设备的装配费用，与设备相连的工作台、梯子、栏杆等设施的工程费用，附属于被安装设备的管线敷设工程费用，以及被安装设备的绝缘、防腐、保温、油漆等工作的材料费和安装费。为测定安装工程质量，对单台设备进行单机试运转、对系统设备进行系统联动无负荷试运转工作的调试费。

2. 我国现行建筑安装工程费用的组成

为适应深化工程计价改革的需要，根据国家有关法律、法规及相关政策，在总结原建设部、财政部《关于印发<建筑安装工程费用项目组成>的通知》（建标〔2003〕206号）（以下简称《通知》）执行情况的基础上，2013年中华人民共和国住房和城乡建设部、财政部修订完成了《建筑安装工程费用项目组成》（以下简称《费用组成》）。其具体构成如图1.3所示。

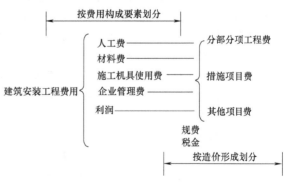

图 1.3　建筑安装工程费用组成

二、按费用构成要素划分建筑安装工程费用

建筑安装工程费用按照费用构成要素划分由人工费、材料（包含工程设备，下同）费、施工机具使用费、企业管理费、利润、规费和税金组成。其中人工费、材料费、施工机具使用费、

企业管理费和利润包含在分部分项工程费、措施项目费、其他项目费中（见图1.4）。

1. 人工费

建筑安装工程费中的人工费是指按工资总额构成规定，支付给从事建筑安装工程施工的生产工人和附属生产单位工人的各项费用。人工费由计时工资或计件工资、奖金、津贴补贴、加班加点工资、特殊情况下支付的工资组成。

计时工资或计件工资是指按计时工资标准和工作时间或对已做工作按计件单价支付给个人的劳动报酬。

奖金是指对超额劳动和增收节支支付给个人的劳动报酬，如节约奖、劳动竞赛奖等。

津贴、补贴是指为了补偿职工特殊或额外的劳动消耗和因其他特殊原因支付给个人的津贴，以及为了保证职工工资水平不受物价影响支付给个人的物价补贴，如流动施工津贴、特殊地区施工津贴、高温（寒）作业临时津贴、高空津贴等。

加班加点工资是指按规定支付的在法定节假日工作的加班工资和在法定日工作时间外延时工作的加点工资。

特殊情况下支付的工资是指根据国家法律、法规和政策规定，因病、工伤、产假、计划生育假、婚丧假、事假、探亲假、定期休假、停工学习、执行国家或社会义务等按计时工资标准或计时工资标准的一定比例支付的工资。

2. 材料费

建筑安装工程费中的材料费，是指施工过程中耗费的原材料、辅助材料、构配件、零件、半成品或成品、工程设备的费用。材料费包括材料原价、运杂费、运输损耗费、采购及保管费、工程设备。

材料原价是指材料、工程设备的出厂价格或商家供应价格。运杂费是指材料、工程设备自来源地运至工地仓库或指定堆放地点所发生的全部费用。运输损耗费是指材料在运输装卸过程中不可避免的损耗。采购及保管费是指组织采购、供应和保管材料、工程设备的过程中所需要的各项费用。包括采购费、仓储费、工地保管费、仓储损耗。工程设备是指构成或计划构成永久工程一部分的机电设备、金属结构设备、仪器装置及其他类似的设备和装置。

3. 施工机具使用费

施工机具使用费是指施工作业所发生的施工机械、仪器仪表使用费或其租赁费。施工机具使用费的组成内容包括施工机械使用费和仪器仪表使用费两个方面。

施工机械使用费用施工机械台班耗用量乘以施工机械台班单价来表示。施工机械台班单价应由下列七项费用组成：①折旧费，指施工机械在规定的使用年限内，陆续收回其原值的费用。②大修理费，指施工机械按规定的大修理间隔台班进行必要的大修理，以恢复其正常功能所需的费用。③经常修理费，指施工机械除大修理以外的各级保养和临时故障排除所需的费用。包括为保障机械正常运转所需替换设备与随机配备工具附具的摊销和维护费用，机械运转中日常保养所需润滑与擦拭的材料费用及机械停滞期间的维护和保养费用等。④安拆费及场外运费，安拆费指施工机械（大型机械除外）在现场进行安装与拆卸所需的人工、材料、机械和试运转费用以及机械辅助设施的折旧、搭设、拆除等费用；场外运费指施工机械整体或分体自停放地点运至施工现场或由一施工地点运至另一施工地点的运输、装卸、辅助材料及架线等费用。⑤人工费，指机上司机（司炉）和其他操作人员的人工费。⑥燃料动力费，指施工机械在运转作业中所消耗的各种燃料及水、电等。⑦税费，指施工机械按照国家规定应缴纳的车船使用税、保险费及年检费等。

仪器仪表使用费是指工程施工所需使用的仪器仪表的摊销及维修费用。

4. 企业管理费

企业管理费是指建筑安装企业组织施工生产和经营管理所需的费用。企业管理费由管理人员工资、办公费、差旅交通费、固定资产使用费、工具用具使用费、劳动保险和职工福利费、劳动保护费、检验试验费、工会经费、职工教育经费、财产保险费、财务费、税金等组成。

管理人员工资是指按规定支付给管理人员的计时工资、奖金、津贴补贴、加班加点工资及特殊情况下支付的工资等。

办公费是指企业管理办公用的文具、纸张、账表、印刷、邮电、书报、办公软件、现场监控、会议、水电、烧水和集体取暖降温（包括现场临时宿舍取暖降温）等费用。

差旅交通费是指职工因公出差、调动工作的差旅费、住勤补助费，市内交通费和误餐补助费，职工探亲路费，劳动力招募费，职工退休、退职一次性路费，工伤人员就医路费，工地转移费以及管理部门使用的交通工具的油料、燃料等费用。

固定资产使用费是指管理和试验部门及附属生产单位使用的属于固定资产的房屋、设备、仪器等的折旧、大修、维修或租赁费。

工具用具使用费是指企业施工生产和管理使用的不属于固定资产的工具，器具，家具，交通工具和检验、试验、测绘、消防用具等的购置、维修和摊销费。

劳动保险和职工福利费是指由企业支付的职工退职金、按规定支付给离休干部的经费，集体福利费、夏季防暑降温、冬季取暖补贴、上下班交通补贴等。

劳动保护费是企业按规定发放的劳动保护用品的支出。如工作服、手套、防暑降温饮料以及在有碍身体健康的环境中施工的保健费用等。

检验试验费是指施工企业按照有关标准规定，对建筑以及材料、构件和建筑安装物进行一般鉴定、检查所发生的费用，包括自设试验室进行试验所耗用的材料等费用。不包括新结构、新材料的试验费，对构件做破坏性试验及其他特殊要求检验试验的费用和建设单位委托检测机构进行检测的费用，对此类检测发生的费用，由建设单位在工程建设其他费用中列支。但对施工企业提供的具有合格证明的材料进行检测不合格的，该检测费用由施工企业支付。

工会经费是指企业按《中华人民共和国工会法》（简称《工会法》）规定的全部职工工资总额比例计提的工会经费。

职工教育经费是指按职工工资总额的规定比例计提，企业为职工进行专业技术和职业技能培训，专业技术人员继续教育、职工职业技能鉴定、职业资格认定以及根据需要对职工进行各类文化教育所发生的费用。

财产保险费是指施工管理用财产、车辆等的保险费用。

财务费是指企业为施工生产筹集资金或提供预付款担保、履约担保、职工工资支付担保等所发生的各种费用。

税金是指企业按规定缴纳的房产税、非生产性车船使用税、土地使用税、印花税、城市维护建设税、教育费附加、地方教育附加等各项税费。

其他包括技术转让费、技术开发费、投标费、业务招待费、绿化费、广告费、公证费、法律顾问费、审计费、咨询费、保险费等。

5. 利润

利润是指施工企业完成所承包工程获得的盈利。施工企业根据企业自身需求并结合建筑市场实际自主确定，列入报价中。工程造价管理机构在确定计价定额中利润时，应以定额人工费或定额人工费与施工机具使用费之和作为计算基数，其费率根据历年积累的工程造价资料，并结合建筑市场实际确定，以单位（单项）工程测算，利润在税前建筑安装工程费中的比重不可低于5%且不高于7%。利润应列入分部分项工程和措施项目中。

22

6. 规费

规费是指按国家法律、法规规定，由省级政府和省级有关权力部门规定必须缴纳或计取的费用。规费包括社会保险费、住房公积金和工程排污费。

社会保险费包括养老保险费、失业保险费、医疗保险费、生育保险费、工伤保险费。养老保险费是指企业按照规定标准为职工缴纳的基本养老保险费。失业保险费是指企业按照规定标准为职工缴纳的失业保险费。医疗保险费是指企业按照规定标准为职工缴纳的基本医疗保险费。生育保险费是指企业按照规定标准为职工缴纳的生育保险费。根据"十三五"规划纲要，生育保险与基本医疗保险合并的实施方案已在12个试点城市行政区域进行试点。工伤保险费是指企业按照规定标准为职工缴纳的工伤保险费。

住房公积金是指企业按规定标准为职工缴纳的住房公积金。

工程排污费是指按规定缴纳的施工现场工程排污费。

7. 税金

建筑安装工程费用中的税金是指国家税法规定的应计入建筑安装工程造价内的增值税额，按税前造价乘以增值税税率确定。

三、按工程造价形成划分建筑安装工程费用

建筑安装工程费用按照工程造价形成由分部分项工程费、措施项目费、其他项目费、规费、税金组成，分部分项工程费、措施项目费、其他项目费包含人工费、材料费、施工机具使用费、企业管理费和利润（见图1.4）。

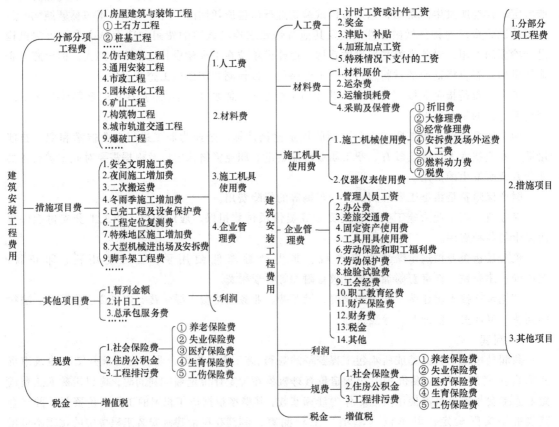

图 1.4　建筑安装工程费用项目组成

1. 分部分项工程费

分部分项工程费是指各专业工程的分部分项工程应予列支的各项费用。

其中的"专业工程"是指按现行国家计量规范划分的房屋建筑与装饰工程、仿古建筑工程、通用安装工程、市政工程、园林绿化工程、矿山工程、构筑物工程、城市轨道交通工程、爆破工程等各类工程。

其中的"分部分项工程"指按现行国家计量规范对各专业工程划分的项目。如房屋建筑与装饰工程划分的土石方工程、地基处理与桩基工程、砌筑工程、钢筋及钢筋混凝土工程等。分部分项工程费的计算公式如下：

$$分部分项工程费 = \sum (分部分项工程量 \times 综合单价)$$

式中，综合单价包括人工费、材料费、施工机具使用费、企业管理费和利润以及一定范围的风险费用。

2. 措施项目费

措施项目费是指为完成建设工程施工，发生于该工程施工前和施工过程中的技术、生活、安全、环境保护等方面的费用，包括安全文明施工费，夜间施工增加费，非夜间施工照明费，二次搬运费，冬雨季施工增加费，已完工程及设备保护费，地上、地下设施和建筑物的临时设施费，大型机械设备进出场及安拆费，脚手架工程费等十多项。

安全文明施工费包括环境保护费、文明施工费、安全施工、临时设施费。其中环境保护费是指施工现场为达到环保部门要求所需要的各项费用。文明施工费是指施工现场文明施工所需要的各项费用。安全施工费是指施工现场安全施工所需要的各项费用。临时设施费是指施工企业为进行建设工程施工所必须搭设的生活和生产用的临时建筑物、构筑物和其他临时设施费用。包括临时设施的搭设、维修、拆除、清理费或摊销费等。

夜间施工增加费是指因夜间施工所发生的夜班补助费、夜间施工降效、夜间施工照明设备摊销及照明用电等费用。

非夜间施工照明费是指为保证工程施工正常进行，在地下室等特殊施工部位施工时所采用的照明设备的安拆、维护及照明用电等费用。

二次搬运费是指因施工场地条件限制而发生的材料、构配件、半成品等一次运输不能到达堆放地点，必须进行二次或多次搬运所发生的费用。

冬雨季施工增加费是指在冬季或雨季施工需增加的临时设施、防滑、排除雨雪，人工及施工机械效率降低等费用。

已完工程及设备保护费是指竣工验收前，对已完工程及设备采取的必要保护措施所发生的费用。

地上、地下设施和建筑物的临时设施费是在工程施工过程中，对已建成的地上、地下设施和建筑物进行的遮盖、封闭、隔离等必要保护措施所发生的费用。

大型机械设备进出场及安拆费是指机械整体或分体自停放场地运至施工现场或由一个施工地点运至另一个施工地点，所发生的机械进出场运输及转移费用及机械在施工现场进行安装、拆卸所需的人工费、材料费、机械费、试运转费和安装所需的辅助设施的费用。

脚手架工程费是指施工需要的各种脚手架搭、拆、运输费用以及脚手架购置费的摊销（或租赁）费用。

当单层建筑物檐口高度超过20m，多层建筑物超过6层时，可计算超高施工增加费。还有垂直运输费，混凝土模板及支架（撑）费，施工排水、降水费等其他费用。

根据项目的专业特点或所在地区不同，可能会出现其他的措施项目，如工程定位复测费和特殊地区施工增加费等。

3. 其他项目费

其他项目费包括暂列金额、计日工及总承包服务费。

暂列金额是指建设单位在工程量清单中暂定并包括在工程合同价款中的一笔款项。用于施工合同签订时尚未确定或者不可预见的所需材料、工程设备、服务的采购，施工中可能发生的工程变更、合同约定调整因素出现时的工程价款调整以及发生的索赔、现场签证确认等的费用。暂列金额由建设单位根据工程特点，按有关计价规定估算，施工过程中由建设单位掌握，扣除合同价款调整后如有余额，归建设单位。

计日工是指在施工过程中，施工企业完成建设单位提出的施工图以外的零星项目或工作所需的费用。计日工由建设单位和施工企业按施工过程中的签证计价。

总承包服务费是指总承包人为配合、协调建设单位进行的专业工程发包，对建设单位自行采购的材料、工程设备等进行保管以及施工现场管理、竣工资料汇总整理等服务所需的费用。总承包服务费由建设单位在招标控制价中根据总包服务范围和有关计价规定编制，施工企业投标时自主报价，施工过程中按签约合同价执行。

4. 规费和税金

规费和税金的构成和计算与按费用构成要素划分建筑安装工程费用项目组成部分是相同的。建设单位和施工企业均应按照省、自治区、直辖市或行业建设主管部门发布的标准计算规费和税金，不得将其作为竞争性费用。

第六节　建筑电气工程造价计价方法

一、建筑安装工程类别划分标准

计算电气安装工程造价时，管理费、利润等费用的费率与工程类别有关，工程类别不同，取费就不同。因此，安装工程类别划分正确与否，直接影响工程预算造价的准确性。

1. 说明

1）工程类别的确定，以单位工程为划分对象。

一个单项工程的单位工程，包括：建筑工程、装饰工程、水卫工程、暖通工程、电气工程等若干个相对独立的单位工程。一个单位工程只能确定一个工程类别。

2）工程类别划分标准中有两个指标的，确定工程类别时，需满足其中一项指标。

工程类别划分标准缺项时，拟定为Ⅰ类工程的项目，由省工程造价管理机构核准；Ⅱ、Ⅲ类工程项目，由市工程造价管理机构核准，并同时报省工程造价管理机构备案。

2. 安装工程类别划分标准

根据安装工程专业特点，分为民用安装工程、工业安装工程两类。

1）民用安装工程：指直接用于满足人们物质和文化生活需要的非生产性安装工程。包括：电气、给水排水、采暖、燃气、通风空调、消防、建筑智能、通信工程，以及民用换热站、锅炉房、泵站、变电站等。

2）工业安装工程：指从事物质生产和直接为物质生产服务的安装工程。包括：机械设备、热力设备、静置设备与工艺金属结构、工业管道工程，以及以上工程附属的电气、仪表、刷油、防腐蚀、绝热等工程。

二、建筑电气工程造价计价办法

我国的工程造价计价方法分为定额计价法和工程量清单计价法两种，其中定额计价法包括

"单价法"和"实物法",工程量清单计价法又称之为"综合单价法"。

根据我国国情,现阶段我国工程造价计价的原则和方法是定额计价和工程量清单计价并存,在按照定额计价的同时,大力推行工程量清单计价,是改革工程造价计价方法和招标投标中报价方法的一种全新方式,也是与国际惯例接轨的一种借鉴。一般在估价阶段用定额计价,在交易阶段用工程量清单计价。就是在投资估算、设计概算、施工图预算时使用定额计价,在招投标、实施、竣工结算的时候使用工程量清单计价。

1. 定额计价法

预算定额计价模式是长期以来我国沿袭苏联工程造价计价模式,建筑工程项目或建筑产品实行"量价合一、固定取费"的政府指令性计价模式。这种方法按预算定额规定的分部分项子目,逐项计算工程量,套用定额单价(或单位估价表)确定分部分项工程人材机费,然后计算措施项目人材机费,最后按规定的取费标准计算管理费、利润、规费、税金,加上材料价差和适当的不可预见费,经汇总即成为工程预算价,用作标底和投标报价。

这种方法千人一面,重复"算量、套价、取费、调差(扯皮)"的模式,使本来就千差万别的工程造价,却统一在预算定额体系中;这种方法计算出的标价看起来似乎很准确详细,但其中的弊端也是显而易见的,其表现在:第一,浪费了大量的人力物力,好几套人马都在做工程量计算的重复劳动。第二,违背了我国工程造价实行"控制量、指导价、竞争费"的改革原则,与市场经济的要求极不适应。第三,导致业主和承包商没有市场经济风险意识。第四,标底的保密难于保证。第五,不利于施工企业技术的进步和管理水平的提高。

2. 工程量清单计价法

工程量清单计价模式,是我国改革现行的工程造价计价方法和招标投标中报价方法与国际通行惯例接轨所采取的一种方式。工程量清单计价法是招标人依据施工图、招标文件要求和统一的工程量计算规则以及统一的施工项目划分规定,为投标人提供工程量清单。投标人根据本企业的消耗标准、利润目标,结合工程实际情况、市场竞争情况和企业实力,并充分考虑各种风险因素,自主填报清单所列项目,包括工程直接成本、间接成本、利润和税金在内的单价和合价,并以所报的单价作为竣工结算时增减工程量的计价标准调整工程造价。

对同一个工程而言,不同的计价方法就使得我们在工程量的计算过程中应遵循不同计算规则。工程量清单计价的计算规则取自于全国统一的《工程量清单计价规范》划分分部分项工程和计算工程量,而定额计价法用各地区的预算消耗量定额和相应定额基价来划分和计算。

3. 定额计价与工程量清单计价的区别

工程量清单计价与定额计价的不同之处具体表现在以下几个方面。

1)两种计价方法的比较。定额计价以定额为基础,突出政府的作用,强调工程总造价的计算;工程量清单计价以清单为基础,强调甲乙双方的责任在工程总造价的基础上,更加强调分项工程综合单价的计算。

2)单位工程造价构成的比较。按定额计价时,单位工程造价由直接费、管理费、利润、规费和税金组成。直接费为分部分项工程人材机费与措施项目人材机费之和。管理费、利润以直接费为计算基数,最后将直接费、管理费、规费和税金汇总即为单位工程造价。

工程量清单计价时,单位工程造价由分部分项工程费、措施项目清单费用、其他项目清单费用、规费、税金五部分组成。这种划分将工程实体性消耗和施工措施性消耗分离开。对于工程实体性消耗费用,投标人根据招标文件中的工程量清单数量报出每个清单项目的综合单价;对于措施性项目消耗费用招标人只给出工程项目名称,投标人根据招标文件要求和施工现场情况、施工方案再结合自身队伍的技术、管理水平自行确定,体现竞争费的市场竞争。

3）分部分项工程单价构成比较。综合定额计价时分部分项工程的单价是工料单价，由人工费、材料费、机械费构成。工程量清单计价的分部分项工程单价是综合单价，包括人工费、材料费、机械使用费、管理费、利润和一定的风险费。综合单价是投标人根据自己企业的技术专长、材料采购渠道、机械装备水平、管理能力、投标策略等确定的价格，综合单价的报出是一个自主报价、市场竞争的过程。

4）单位工程项目划分比较。按定额计价的工程项目划分，即预算定额中的项目划分有好几千个，单电气设备安装工程消耗量定额就有 1800 个，它的划分十分详细，划分原则是工程的不同部位、不同材料、不同工艺、不同施工机械、不同施工方法和材料规格型号。工程量清单计价的项目划分有较大的综合性，规范中电气安装工程只有 148 个项目，它的划分考虑了工程部位、材料、项目特征，但不考虑具体的施工方法、措施，如挖土方只给出工程项目特征，没有给出是人工挖土还是机械挖土或者是人机配合挖及机械的型号等。同时，对同一项目不再按阶段或过程分为几项，而是综合到一起。

5）风险处理的方式比较。定额计价，风险只在投资一方，所有的风险在不可预见费中考虑；结算时，按合同约定，可以调整。可以说投标人没有风险，不利于控制工程造价。工程量清单计价，使招标人与投标人风险合理分担，投标人对自己所报的成本、综合单价负责，还要考虑各种风险对价格的影响，综合单价一经合同确定，结算时不可以调整（除非工程量有变化），且对工程量的变更或计算错误不负责任；招标人相应在计算工程量时要准确，对于这一部分风险应由招标人承担，从而有利于控制工程造价。

三、建筑安装工程计价程序

建筑安装工程计价程序是计算建筑安装工程费用的依据。其中，包括定额计价和工程量清单计价两种计价方式。

1. 定额计价程序

建筑安装工程定额计价程序见表 1.6。

表 1.6　定额计价程序

序号	费用名称	计算方法
一	分部分项工程费	Σ{[Σ（定额工日消耗量×人工单价）+Σ（定额材料消耗量×材料单价）+Σ（定额机械台班消耗量×台班单价）]×分部分项工程量}
	JD1 计费基础	详见表 1.8
二	措施项目费	2.1+2.2
	2.1 单价措施费	Σ{[Σ（定额工日消耗量×人工单价）+Σ（定额材料消耗量×材料单价）+Σ（定额机械台班消耗量×台班单价）]×单价措施项目工程量}
	2.2 总价措施费	JD2×相应费率
	计费基础 JD2	详三、计费基础说明
三	其他项目费	3.1+3.3+…+3.8
	3.1 暂列金额	
	3.2 专业工程暂估价	
	3.3 特殊项目暂估价	
	3.4 计日工	按本章第五节相应规定计算
	3.5 采购保管费	
	3.6 其他检验试验费	
	3.7 总承包服务费	
	3.8 其他	

（续）

序号	费用名称	计算方法
四	企业管理费	（JD1+JD2）×管理费费率
五	利润	（JD1+JD2）×利润率
六	规费	4.1+4.2+4.3+4.4+4.5
	4.1 安全文明施工费	（一+二+三+四+五）×费率
	4.2 社会保险费	（一+二+三+四+五）×费率
	4.3 住房公积金	按工程所在地设区市相关规定计算
	4.4 工程排污费	按工程所在地设区市相关规定计算
	4.5 建设项目工伤保险	按工程所在地设区市相关规定计算
七	设备费	$\sum$（设备单价×设备工程量）
八	税金	（一+二+三+四+五+六+七）×税率
九	工程费用合计	一+二+三+四+五+六+七+八

2. 工程量清单计价程序

建筑安装工程工程量清单计价程序见表 1.7。

表 1.7 工程量清单计价程序

序号	费用名称	计算方法
一	分部分项工程费	$\sum$（J_i×分部分项工程量）
	分部分项工程综合单价	$J_i = 1.1+1.2+1.3+1.4+1.5$
	1.1 人工费	$\sum$（每计量单位工日消耗量×人工单价）
	1.2 材料费	$\sum$（每计量单位材料消耗量×材料单价）
	1.3 施工机械使用费	$\sum$（每计量单位机械台班消耗量×台班单价）
	1.4 企业管理费	JQ1×管理费费率
	1.5 利润	JQ1×利润率
	计费基础 JQ1	详见表 1.8
二	措施项目费	2.1+2.2
	2.1 单价措施费	$\sum$｛［$\sum$（每计量单位工日消耗量×人工单价）+$\sum$（每计量单位材料消耗量×材料单价）+$\sum$（每计量单位机械台班消耗量×台班单价）+JQ2×（管理费费率+利润率）］×单价措施项目工程量｝
	计费基础 JQ2	详三、计费基础说明
	2.2 总价措施费	$\sum$［（JQ1×分部分项工程量）×措施费费率+（JQ1×分部分项工程量）×省发措施费率×H×（管理费费率+利润率）］
三	其他项目费	3.1+3.3+…+3.8
	3.1 暂列金额	按本章第五节相应规定计算
	3.2 专业工程暂估价	
	3.3 特殊项目暂估价	
	3.4 计日工	
	3.5 采购保管费	
	3.6 其他检验试验费	
	3.7 总承包服务费	
	3.8 其他	
四	规费	4.1+4.2+4.3+4.4+4.5
	4.1 安全文明施工费	（一+二+三）×费率
	4.2 社会保险费	（一+二+三）×费率
	4.3 住房公积金	按工程所在地设区市相关规定计算
	4.4 工程排污费	按工程所在地设区市相关规定计算
	4.5 建设项目工伤保险	按工程所在地设区市相关规定计算
五	设备费	$\sum$（设备单价×设备工程量）
六	税金	（一+二+三+四+五）×税率
七	工程费用合计	一+二+三+四+五+六

3. 计费基础说明

各专业工程计费基础的计算方法见表1.8。

表1.8　安装工程计费基础的计算方法

专业工程	计费基础			计算方法
建筑、装饰、安装、园林绿化工程	人工费	定额计价	JD1	分部分项工程的省价人工费之和
				∑［∑(分部分项工程定额工日消耗量×省人工单价)×分部分项工程量］
			JD2	单价措施项目的省价人工费之和+总价措施费中的省价人工费之和
				∑［∑(单价措施项目定额工日消耗量×省人工单价)×单价措施项目工程量］+∑(JD1×省发措施费率×H)
			H	总价措施费中人工费含量(%)
		工程量清单计价	JQ1	分部分项工程每计量单位的省价人工费之和
				分部分项工程每计量单位工日消耗量×省人工单价
			JQ2	单价措施项目每计量单位的省价人工费之和
				∑(单价措施项目每计量单位工日消耗量×省人工单价)
			H	总价措施费中人工费含量(%)

四、安装工程费用费率

建筑安装工程费用费率见表1.9。

表1.9　建筑安装工程费用费率　　　　　　　　　　　　　　　　（%）

工程名称及类别 费用名称		民用安装工程		工业安装工程	
		一般计税方法	简易计税方法	一般计税方法	简易计税方法
措施费	夜间施工增加费	2.50	2.66	3.10	3.30
	二次搬运费	2.10	2.28	2.70	2.93
	冬雨季施工增加费	2.80	3.04	3.90	4.23
	已完工程设备保护费	1.20	1.32	1.70	1.87
	总承包服务费	3			
	采购保管费　材料	2.5			
	采购保管费　设备	1			
企业管理费		55	54.19	51	50.13
利润		32	32	32	32
规费	安全文明施工费	4.98	4.86	4.38	4.31
	其中：1. 安全施工费	2.34	2.16	1.74	1.61
	2. 环境保护费	0.29	0.30	0.29	0.30
	3. 文明施工费	0.59	0.60	0.35	0.60
	4. 临时设施费	1.76	1.8	1.25	1.8
	社会保险费	1.52	1.40	1.52	1.40
	住房公积金	按工程所在地社区相关规定计算			
	工程排污费				
	建设项目工伤保险				
税金		11	3	11	3

注：1. 措施费中人工费含量：夜间施工增加费为50%，二次搬运费及冬雨季施工增加费均为40%，已完工程及设备保护费为25%。

2. 企业管理费费率中，不包括总承包服务费费率。

3. 甲供材料、甲供设备不作为计税基础。

复习练习题

1. 建设项目、单项工程、单位工程、分部工程、分项工程的含义及区别是什么？

2. 简述一个建设项目的建设程序。

3. 工程造价在建设项目所处的不同建设阶段，有哪些不同的表现形式？

4.《建筑工程施工质量验收统一标准》（GB 50300—2013）将建筑工程分成哪几个分部工程？其中建筑电气工程由哪几个子分部工程组成？

5. 简述建筑电气施工图的组成。

6. 简述建筑电气安装工程的施工过程。

7. 建筑电气施工图的识读一般按照怎样的顺序进行？

8. 简述我国现行建筑安装工程费用的组成。

9. 简述目前执行的《山东省安装工程消耗量定额 第四册 电气设备安装工程》适用范围，及编制内容。

10. 什么是电气安装工程估计表？与消耗量定额的关系如何？

11. 如何划分电气安装工程中的材料和设备？

12. 什么是定额中的计价材料？什么是定额中的未计价材料？举例说明。

13. 简述定额计价与工程量清单计价的区别。

14. 税金的定义是什么？我国目前税金的计算方法有几种？适用范围如何？

第二章

变配电工程

第一节　变配电工程识图

一、供配电系统组成

电能由发电厂生成，通常把发电机发出的电能经变压器变换后再送至用户，由发电、变电、送配电和用电构成的一个整体，即电力系统。建筑供配电系统是电力系统的组成部分，该系统确保建筑物所需电能的供应和分配。

1. 电力系统简介

电力系统是发电、输电及配电的所有装置和设备的组合，它包括不同类型的发电厂、各种电压等级的变电所及广大电力用户。电力系统组成如图 2.1 所示。

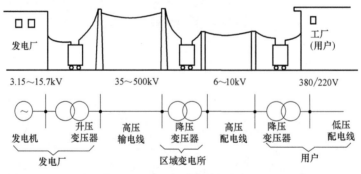

图 2.1　电力系统组成示意图

1）发电厂。发电厂是把其他形式的能量，如水能、太阳能、风能、核能等转换成电能的工厂。根据所利用能量形式不同，发电厂可分为水力发电厂、火力发电厂、风力发电厂、核能发电厂、地热发电厂等。目前，我国发电厂多为水力发电厂和火力发电厂。

2）变电所。变电所是接受电能改变电能电压并分配电能的场所，主要由电力变压器与开关设备组成，是电力系统的重要组成部分。装有升压变压器的变电所叫升压变电所，装有降压变压器的变电所叫降压变电所。接受电能，不改变电压，并进行电能分配的场所叫配电所。

3）电力线路。电力线路是输送电能的通道，其任务是把电能输送并分配给用户，把发电厂、变配电所和电能用户联系起来。它由不同电压等级和不同类型的线路构成，建筑供配电线路的额定电压等级多为 10kV 和 380V，并有架空线路和电缆线路之分。

4）电力用户。一般由配电网供电的电能使用者称为电力用户。电力用户按其性质不同可分为工业用户、商业用户、农业用户、城镇居民用户等。其中工业用户用电量约占我国全年总发电量的 64%，是最大的电力用户。电力用户的用电设备按其使用功能不同又可分为电力设备、电制热（冷）设备、照明设备等。

2. 用户供配电系统的组成

电力用户的供配电系统由外部电源进线、用户变电所或配电所、高低压配电线路和用电设备组成，某些用户还具有自备电源。按供电容量的不同，可分为大型、中型和小型。一般大型电力用户的用户供配电系统，采用的外部电源进线供电电压等级为 35~110kV。这里只介绍中型和小型电力用户配电系统。

中型电力用户（如大型综合楼用电）一般采用 10kV 的外部电源进线供电电压，经高压配电所和 10kV 用户内部高压配电线路馈电给各配电变电所，再将电压变换成 220/380V 的低压电压供负载使用。

一般的小型电力用户（如小型住宅楼群）也采用 10kV 外部电源进线，通常只设有一个相当于配电变电所的降压变电所。容量特别小的小型电力用户（小型办公楼或住宅楼）可不设专用变电所，由城市公用变电所采用低压 220/380V 直接供电，也即低压配电系统。低压配电系统由配电装置及配电线路组成。低压配电系统的配电方式有三种：放射式、树干式及混合式，如图 2.2 所示。

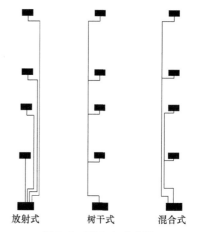

放射式配电方式中各个负荷独立受电，发生故障时互不影响，供电可靠性高。其缺点是所需开关设备和有色金属消耗量较多，致使投资费用相应增加。因此放射式供电一般多用于容量大、负荷集中或重要的用电设备。

树干式配电方式与放射式配电方式相比较，具有结构简单、投资费用和有色金属较节省的特点，但供电可靠性较低，因此树干式供电线路多用于一般负荷，在高层建筑内，当向楼层各配电点进行供电时，宜采用树干式供电，可采用封闭式母线，灵活方便。

图 2.2　配电方式分类

放射式和树干式相结合的配电方式即为混合式配电，该方式综合了放射式和树干式的优点，故得到了广泛的应用。

二、变配电工程的电气设备

变配电工程就是对变配电系统中的变配电设备进行检查、安装的施工过程。变配电设备是变电设备和配电设备的总称，由变压器、配电装置两大部分组成，其主要作用是变换电压和分配电能。变电设备主要是变压器等。配电装置主要有控制电器、保护电器、测量电器、载流导体等。

1. 电力变压器

电力变压器是用来变换电压等级的设备，是变电所设备的核心。其功能是变换电压和传输电能，将一次侧电能通过电磁能量转换的方式传输到二次侧，同时根据应用的需要将电压升高或降低，完成电能的输送和分配。根据电力变压器的用途和结构等特点，电力变压器可分如下几类。

电力变压器按用途分有升压变压器（使电力从低压升为高压，然后经输电线路向远方输送）、降压变压器（使电力从高压降为低压，再由配电线路对近处或较近处负荷供电）。电力变压器按相数分有单相变压器、三相变压器。建筑物内变电所一般采用三相变压器。电力变压器按绕组分有单绕组变压器（为两级电压的自耦变压器）、双绕组变压器、三绕组变压器。用户供配电系统大多采用双绕组变压器。电力变压器按绕组材料分有铜线变压器、铝线变压器。电力变压器按调压方式分有无载调压变压器、有载调压变压器。配电变压器一般采用无励磁调压方式。

电力变压器按冷却介质和冷却方式分有：①油浸式变压器。冷却方式一般为自然冷却、风冷却（在散热器上安装风扇）、强迫风冷却（在前者基础上还装有潜油泵，以促进油循环）等。此外，大型变压器还有采用强迫油循环风冷却、强迫油循环水冷却等。②干式变压器。绕组置于气体中（空气或六氟化硫气体），或是浇注环氧树脂绝缘。它们大多在部分配电网内用作配电变压器。目前已可制造到35kV级，其应用前景很广。

变压器的型号表示分两部分，前部分由汉语拼音字母组成，代表变压器的类别、结构特征和用途，后一部分由数字组成，表示产品的容量（kV·A）和高压绕组电压（kV）等级。变压器的型号标识及含义表示如图2.3所示。

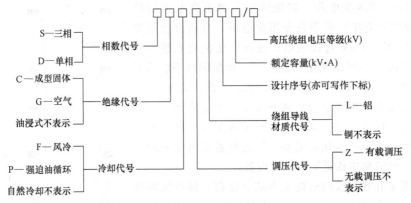

图2.3 变压器型号标识

建筑供配电系统中的配电变压器均为三相电力变压器，分为油浸式和干式。10kV油浸式电力变压器的容量有250kV·A、500kV·A、1000kV·A、2000kV·A、4000kV·A、8000kV·A、10000kV·A等。干式变压器的容量有100kV·A、250kV·A、500kV·A、800kV·A、1000kV·A、2000kV·A、2500kV·A等。环氧树脂浇注干式变压器（简称干变）的主要特点是耐热等级高、可靠性高、安全性好、无爆炸危险、体积小、质量轻，因此在国内高层建筑中，10kV电压等级的变压器普遍采用干式变压器。

2. 高压一次设备

变配电工程中，承担传输和分配电能到各用电场所的线路称为一次电路或主电路，一次电路中所有电气设备称为一次设备。6~10kV及以下供配电系统中常用的高压一次设备有高压断路器、高压熔断器、高压隔离开关、高压负荷开关、高压开关柜等。

高压断路器是配电装置中最重要的控制和保护设备。正常时用以接通和切断负荷电流。断路器一般与隔离开关配合使用，"刀闸操作"原则是：断开电路时，先断断路器，后拉隔离开关；接通电路时，先合隔离开关，后合断路器。高压断路器按其采用的灭弧方式不同可分为油断路器、空气断路器、六氟化硫断路器、真空断路器等。其中使用最广泛的是油断路器，在高层建筑内则多采用真空断路器。高压断路器分为户外式和户内式。

高压负荷开关具有简单的灭弧装置，专门用在高压装置中通断负荷电流，但因灭弧能力不够，故不能切断短路电流。高压负荷开关必须和高压熔断器串联使用，短路时由熔断器切断短路电流。常用的户内负荷开关有FN2型和FN3型。如FN2-10R型负荷开关，带有KN1型熔断器，其常用的操作机构有手动的 CS4 型或电动的 CS4-4T 型等。

高压隔离开关主要用于隔离高压电源，以保证其他设备和线路的安全检修。隔离开关没有灭弧装置，所以不能带负荷操作，否则可能发生严重的事故。隔离开关按极数可分为单极和三极；按装设地点分为户内和户外；按电压分为低压和高压。

高压熔断器主要用作高压电力线路及其设备的短路保护。按其使用场所不同可分为户内式和户外式，在 6~10kV 系统中，户内广泛采用 RN1、RN2 型管式熔断器，户外则广泛采用 RW4 等跌落式熔断器。

避雷器是用来保护电力系统中各种电器设备免受雷电过电压、操作过电压、工频暂态过电压冲击而损坏的一个电器。避雷器的类型主要有保护间隙、阀型避雷器和氧化锌避雷器。保护间隙主要用于限制大气过电压，一般用于配电系统、线路和变电所进线段保护。

互感器是发电厂、变电所、配电所进行电压、电流、电能测量和设置继电保护的必要设备。互感器按照功能可分为电压互感器和电流互感器两种。电流互感器的作用是将一次回路的大电流变换为二次回路的小电流，提供测量仪表和继电保护装置用的电流电源。电流互感器二次侧电流均为 5A。电流互感器一般安装在成套配电柜、金属构架上，也可安装在母线穿过墙壁或楼板处。电压互感器的作用是将一次回路的高电压变换为二次回路的低电压，提供测量仪表和继电保护装置用的电压电源。电压互感器二次侧电压均为 100V。电压互感器按绝缘及冷却方式分为干式和油浸式；按相数分为单相和三相；按安装地点分为户内式和户外式。电压互感器一般安装在成套配电柜内或直接安装在混凝土台上。

3. 高压开关柜

高压开关柜是按一定的接线方案将有关的一、二次设备（开关设备、保护设备、测量仪表及操作辅助设备）组装而成的一种高压成套配电装置。高压开关柜用于电厂和变配电所中，用于控制和保护发电机、变压器及电力线路。按照高压断路器接入主电路的工艺过程不同，高压开关柜可分为固定式和移动式（手车式）两大类。

传统的固定式高压开关柜目前使用仍较为普遍，这种开关柜具有"五防"功能，所谓"五防"即防止误跳、误合断路器，防止带负荷拉、合隔离开关，防止带电挂接地线，防止带地线误合隔离开关，防止人员误入带电区。图 2.4 为 GC-10（F）型手车式高压开关柜的结构，其高压断路器等主要电气设备装在可以拉出和推入开关柜的手车上，当断路器发生故障时，可方便拉出，推入备用手车后继续供电。它具有检修方便、安全、缩短停电时间等优点，但加工困难，价格较高。

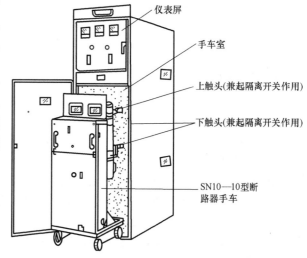

仪表屏

手车室

上触头(兼起隔离开关作用)

下触头(兼起隔离开关作用)

SN10—10型断路器手车

图 2.4　GC-10（F）型手车式高压开关柜的结构

4. 低压一次设备

低压一次设备就是用来接通或断开1000V 以下的交流和直流电路的电气设备。建筑电气工程中低压一次设备主要有低压熔断器，低压断路器，低压刀开关、隔离开关盒熔断器组合电器，低压成套开关设备和控制设备。

刀开关又称低压隔离开关。由于刀开关没有任何防护，一般只能安装在低压配电柜中使用。

主要用于隔离电源和分断交直流电路。低压刀开关按其操作方式分为单投和双投；按其极数分为单极、双极和三极；按其灭弧结构分为不带灭弧罩和带灭弧罩。常用的刀开关有 HD 系列单掷刀开关和 HS 系列双掷刀开关。

低压断路器用作交、直流线路的过载、短路或欠压保护，被广泛应用于建筑低压配电系统中照明、动力配电线路，也可用于不频繁起动电动机以及操作或转换电路。低压断路器有装置式和框架式两种形式。

低压熔断器是低压配电系统中用于保护电气设备免受短路电流损害的一种保护电器。常用的低压熔断器有瓷插式（RCIA 型）、螺旋式（RL1 系列）和管式（RM10、RTO 系列）等。瓷插式熔断器用于交流 380~220V 的低压电路中，作为电气设备的短路保护。螺旋式熔断器用于交流 500V 以下，电流至 200A 的电路中，作为短路保护元件。管式熔断器的断流能力强，保护性能好，可作为短路保护用。

低压成套开关设备是一种成套配电装置，它按照一定的接线方案将有关低压一、二次设备组装起来，适用于三相交流系统中，额定电压 500V、额定电流 1500A 及以下低压配电室的电力及照明配电等。低压成套开关设备按用途分类，有低压配电柜（屏）、动力配电（控制）箱、照明配电箱、住宅楼层配电（计量）箱、户内电表箱等。

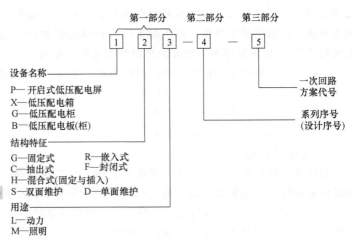

图 2.5　低压配电屏的型号表示及含义

低压配电屏按开关（断路器）安装方式分为：①固定式：结构简单，价格便宜，缺点是故障维修影响其他回路；②抽屉式：操作安全，易于检修及维护，可以缩短停电时间；③混合式：采用固定式和抽屉式组合的形式，小开关用固定式，大开关用抽屉式，其型号表示及含义如图 2.5 所示。

三、变配电所主接线图

变电所的功能是变换电压和分配电能，由电源进线、电力变压器、母线和出线四部分组成，配电所的功能是接收电能和分配电能，只有电源进线、母线和出线三部分组成，两者相比，前者比后者多了一个电压变换功能。

1. 电源进线

电源进线可分为单进线和双进线。单进线一般适用于三级负荷，双进线可适用于一、二级负荷，对于一级负荷，一般要求双进线分别来自不同的电源。《电力装置电测量仪表装置设计规范》（GB/T 50063—2017）规定，"电力用户处的电能计量装置，宜采用全国统一标准的电能计量柜"，因此，在配电所的进线端装有高压计量柜和高压开关柜，便于控制、计量和保护。

2. 母线

母线是大电流低阻抗导体，在配电装置中起着汇聚电流和分配电流的作用，又称汇流排，一般由铝排和铜排构成。在用户变配电所中，它又有单母线接线（见图 2.6）、分段单母线接线（见图 2.7）和双母线接线（见图 2.8）。单母线接线的优点是简单、清晰、设备少、运行操作方

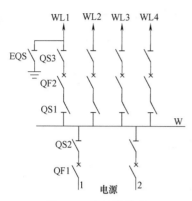

图 2.6　单母线接线

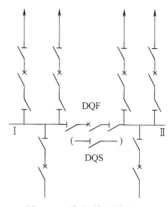

图 2.7　分段单母线接线

便，缺点是可靠性和灵活性不高（如母线故障或检修，会造成全部出线停电），适用于出线回路少的小型变配电所。分段单母线保留了单母线接线的优点，又在一定程度上克服了它的缺点，如缩小了母线故障的影响，分别从两段母线上引出两路出线可保证对一级负荷的供电等。双母线接线的优点是可靠性高、运行灵活、扩建方便，缺点是设备多、操作频繁、造价高，一般仅用于有大量一、二级负荷的大型变电所。

3. 电力变压器

电力变压器把进线的电压等级变换为另一个电压等级，如车间变电所就是把 6~10kV 的电压变换为 0.38kV 的负载设备额定电压。

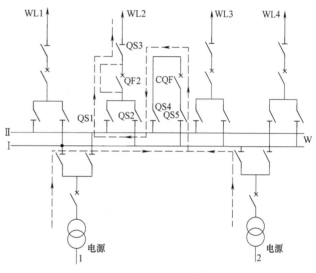

图 2.8　双母线接线

4. 出线

出线起到分配电能的作用，并把母线的电能通过出线的高压开关柜和输电线送到车间变电所。

四、变配电工程识图

变配电工程图主要包括系统图，二次回路电路图及接线图，变配电所设备安装平、剖面图（见图 2.9），变配电所照明系统图和平面图，变电所接地平面图。这里主要介绍变配电所设备安装平、剖面图以及配电系统图。

1. 变配电所的布置

变配电所的位置应靠近用电负荷中心，设置在尘埃少、腐蚀介质少、周围环境干燥和无剧烈振动的场所，并宜留有发展余地。一般 6~10kV 室内变电所，主要由三部分组成，高压配电室、变压器室、低压配电室。此外，还有值班室等。有人值班的变电所，应设单独的值班室。值班室应与配电室直通或经过通道相通，且值班室应有直接通向室外或通向变电所外走道的门。当低

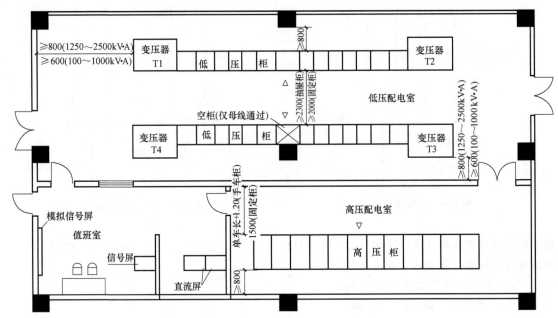

图 2.9　变配电所平面布置示意图

压配电室兼作值班室时，低压配电室的面积应适当增大。大、中型和重要的变电所宜设辅助生产用房。

变电所宜单层布置。当采用双层布置时，变压器应设在底层，设于二层的配电室应设搬运设备的通道、平台或孔洞。高、低压配电室内，宜留有适当的配电装置备用位置。低压配电装置内，应留有适当数量的备用回路。

（1）高压配电室

高压配电室是安装配电设备的场所，其布置方式取决于高压开关柜的数量和形式，运行维护时的安全和方便。当数量较少时，采用单列布置；当台数较多时，为双列布置，固定式高压开关柜净空高度一般为 4.5m 左右，手车式开关柜净高一般为 3.5m。高压配电室布置如图 2.10 所示。高压配电室内成排布置的高压配电装置，其各种通道的最小宽度，应符合表 2.1 的规定。

表 2.1　高压配电室内各种通道的最小宽度　　　　（单位：mm）

开关柜布置方式	柜后维护通道	柜前操作	
		固定式开关柜	移开式开关柜
单排布置	800	1500	单手车长度+1200
双排面对面布置	800	2000	双手车长度+900
双排背对背布置	800	1500	单手车长度+1200

注：1. 固定式开关柜为靠墙布置时，柜后与墙净距应大于50mm，侧面与墙净距宜大于200mm。

2. 通道宽度在建筑物的墙面有柱类局部凸出时，凸出部位的通道宽度可减少200mm。

3. 当开关柜侧面需设置通道时，通道宽度不应小于800mm。

4. 对全绝缘密封式成套配电装置，可根据厂家安装使用说明书减少通道宽度。

（2）低压配电室

低压配电室是安装低压配电柜（屏）的场所，其布置方式也取决于低压开关柜的数量和形式，运行维护时的安全和方便。当数量少时，采用单列布置，当台数较多时，采用双列布置，如图 2.11 所示。

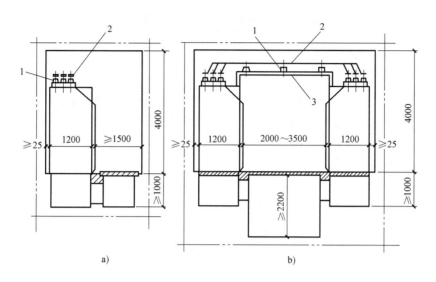

图 2.10　高压配电室布置

a）单列布置　b）双列布置

1—高压支柱绝缘子　2—高压母线　3—母线桥

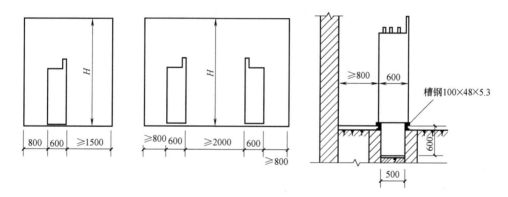

图 2.11　低压配电室布置

　　成排布置的配电屏，其长度超过 6m 时，屏后的通道应设 2 个出口，并宜布置在通道的两端；当两出口之间的距离超过 15m 时，其间尚应增加出口。配电室内的电缆沟，应采取防水和排水措施。配电室的地面高出本层地面 50mm 或设置防水门槛。

　　低压配电室的高度应和变压器室综合考虑，一般可参考下列尺寸：与抬高地坪变压器室相邻时，高度 4~4.5m；与不抬高地坪变压器室相邻时，高度 3.5~4m；配电室进线为电缆时，高度 3m。

　　（3）变压器室

　　变压器室是安装变压器的房间，变压器的结构形式，与变压器的形式、容量、安放方向、进出线方向及电气主接线方案等有关。户内变电所每台油量大于或等于 100kg 的油浸三相变压器应设在单独的变压器室内，并应有储油或挡油、排油等防火设施。油浸变压器外廓与变压器室墙壁和门的最小净距，应符合表 2.2 的规定。

表 2.2　油浸变压器外廓与变压器室墙壁和门的最小净距　　（单位：mm）

变压器容量/kV·A	100~1000	1250 及以上
变压器外廓与后壁、侧壁	600	800
变压器外廓与门	800	1000

变压器在室内安放的方向根据设计来确定，通常有宽面推进和窄面推进。宽面推进的变压器低压侧宜向外；窄面推进的变压器油枕宜向外。变压器室的地坪有抬高和不抬高两种。地坪抬高的高度一般有 0.8m、1.0m、1.2m 三种，相应变压器室高度应增加到 4.8~5.7m。

变压器室布置如图 2.12 所示。

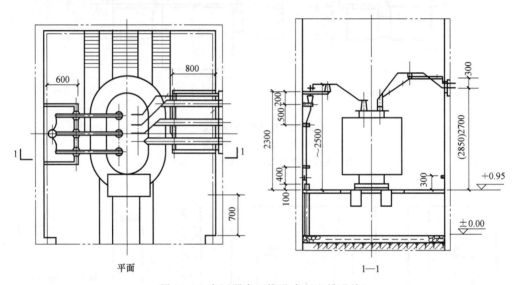

图 2.12　变压器窄面推进式（电缆进线）

2. 变配电工程识图实例

下面以某个工程的高低压配电室为例学习识图。图 2.13~图 2.17 为某变配电所平、剖面图。该变电所采用两路独立 10kV 电源供电，且两路电源同时工作，互为备用。

（1）变配电室平面图

图 2.13 为该变电所设备布置平面图，其中高压配电室、低压配电室、变压器室共用一个变

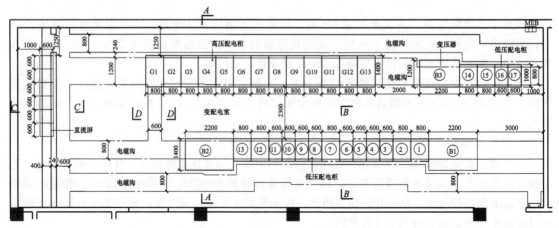

图 2.13　变电所设备布置平面图

配电室，其中值班室略。变配电室内装有 13 台高压开关柜；装有 3 台变压器；装有 17 台低压配电柜以及 6 台直流屏，所有配电柜均离墙安装。

（2）变配电室剖面图

图 2.14~图 2.17 为变配电室各剖面图，可了解配电柜（屏）的安装方式。配电柜（屏）下，都设有电缆沟，以便于布线。

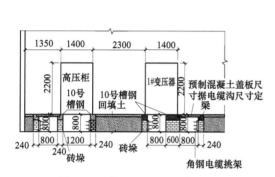

图 2.14　变配电室 A—A 剖面图

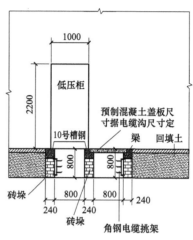

图 2.15　变配电室 B—B 剖面图

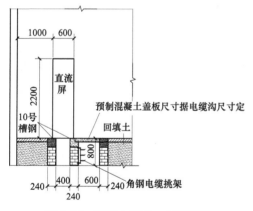

图 2.16　变配电室 C—C 剖面图

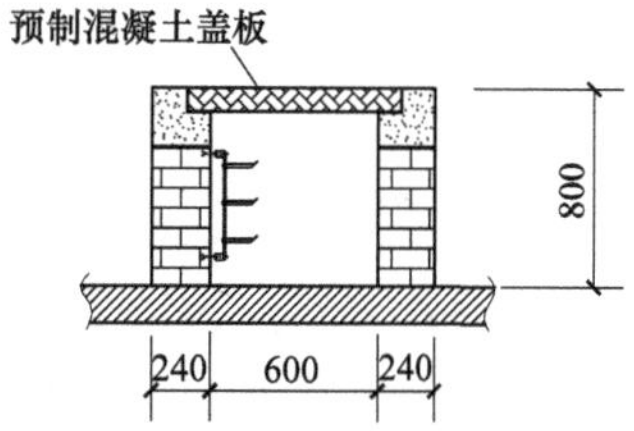

图 2.17　变配电室 D—D 剖面图

（3）高压配电系统图

了解了该变电所一次设备的布置之后，还要了解其连接关系。图 2.18 为该变电所主接线图的高压配电系统图，本工程为高供高计，在低压侧集中补偿。高压配电采用单母线分段运行，两段母线之间设有联络，且在任何情况下两路高压不得并列运行。高压配电柜选用 ZSG-10 型手车柜，由左至右，10kV 高压埋地进线，经过 1 号计量柜进行高压计量，2 号配电柜为变电所用电，3 号是电压互感器、避雷器柜，用于仪表、继电保护及避雷保护，4 号柜通过断路器馈电给 1 号变压器，6 号柜是备用柜，7 号柜是母联柜，通过母联柜，两路高压可以实现单母线分段运行。

（4）低压配电系统图

低压配电采用三段母线，三台变压器各带一段，并且 1 号、2 号变压器所带母线之间设有联络柜，正常情况下单母线分段运行。图 2.19 为 3 号变压器的电气主接线图，为 0.23~0.4kV 低

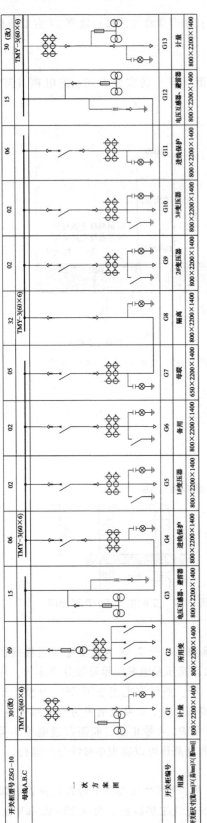

图 2.18 某变电所高压配电系统图

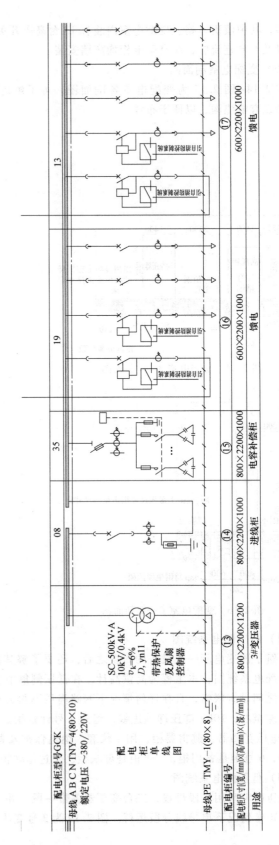

图 2.19 某变电所低压配电系统图（部分）

压受电、控制及分配的电气图，1 号、2 号变压器的电气主接线图略。图中由 10 号高压柜将高压馈电至 3 号变压器的高压侧，经变压器变压后，经 14 号进线柜、15 号电容器补偿柜，低压送至其他 16 号、17 号的低压母线上，再引出 7 条回路供给用电设备。

（5）设备材料表

该变电所主要一次设备名称、型号及规格、数量见表 2.3。通过以上图样的阅读，对该变电所工程概况、系统组成及其连接关系都已经清楚，下一步，即可依据图样施工和造价。

表 2.3　主要设备

编号	设备名称	型号及规格	单位	数量	编号	设备名称	型号及规格	单位	数量
1	变压器	SC-800kV·A	台	2	7	高压开关柜	ZSG-10-15	台	2
2	变压器	SC-500kV·A	台	1	8	高压开关柜	ZSG-10-30	台	2
3	高压开关柜	ZSG-10-02	台	4	9	高压开关柜	ZSG-10-32	台	1
4	高压开关柜	ZSG-10-05	台	1	10	低压配电柜	GCK-08	台	4
5	高压开关柜	ZSG-10-06	台	2	11	低压配电柜	GCK-19	台	10
6	高压开关柜	ZSG-10-09	台	1	12	低压配电柜	GCK-35	台	3

第二节　变配电工程施工

变配电工程施工的主要依据有《建筑电气工程施工质量验收规范》（GB 50303—2015）、《20kV 及以下变电所设计规范》（GB 50053—2013）等。本节主要介绍变压器、箱式变电所，成套配电柜、控制柜（屏、台）的安装以及变配电系统调试。

一、变压器、箱式变电所的安装

变压器、箱式变电所安装前应具备的条件符合下列规定：

1）变压器、箱式变电所安装前，室内顶棚、墙体的装饰面应完成施工，无渗漏水，地面的找平层应完成施工，基础应验收合格，埋入基础的导管和变压器进线、出线预留孔及相关预埋件等经检查应合格。

2）变压器、箱式变电所通电前，变压器及系统接地的交接试验应合格。

1. 变压器安装

油浸式变压器安装的工艺流程：设备点件检查→变压器二次搬运→变压器本体及附件安装（变压器干燥、绝缘油处理）→变压器交接试验→送电试运行。干式变压器的安装工艺与之相同，只是不需要绝缘油处理和器身检查等内容。这里主要介绍变压器本体及附件安装。《电气设备安装工程消耗量定额》（SD-02-31—2016）中明确指出：干式变压器安装内容包括开箱检查，本体就位，垫铁及止轮器制作、安装，附件安装，接地，补漆，配合电气试验。

（1）变压器就位安装

变压器经过设备点件检查、二次搬运、变压器干燥、变压器绝缘油处理等工作后，若无异常情况，即可就位安装。中小型变压器一般是在整体组装状态下运输的，或者只拆卸少量附件。

（2）变压器试验

新装电力变压器试验的目的是验证变压器性能是否符合有关标准和技术文件的规定，制造上是否存在影响运行的各种缺陷，在交换运输过程中是否遭受损伤或性能发生变化。变压器试验项目主要有线圈直流电阻的测量、变压比测量、线圈绝缘电阻和吸收比的测量、接线组别试验、交流耐压试验、变压器油的耐压试验等。

（3）变压器试运行

变压器安装工作全部结束后，在投入试运行之前应进行全面的检查和试验，确认其符合运行条件时，方可投入试运行。变压器试运行，是指变压器开始通电，并带一定负荷即可能的最大负荷运行 24h 所经历的过程。试运行是对变压器质量的直接考验。新装电力变压器如在试运行中不发生异常情况，方可正式投入生产运行。

变压器第一次受电后，持续时间应不少于 10min，如变压器无异常情况，即可继续进行。往往采取全电压冲击合闸的方法。一般变压器应进行 5 次空载全电压冲击合闸，无异常情况，即可进行空载运行 24h，正常运行后，再带负荷运行 24h 以上，无任何异常情况，则可认为试运行合格。

2. 箱式变电所安装

箱式变电站又称户外成套变电站，也称作组合式变电站、预装式变电站。其功能组合灵活，运输、迁移、安装方便，施工周期短，运行费用低，无污染，免维护，且具有防雨、防晒、防锈、防尘、防潮、防凝露等优点。目前国内箱式变电所主要有两种产品，前者由高压柜、低压柜、变压器三个独立的单元组合而成，后者为把引进技术生产的高压开关设备和变压器设在一个油箱内的箱式变电所。

箱式变电所的安装工艺流程：测量定位→基础施工→开箱检查→设备就位→设备安装→接线→试验及验收。

进行箱式变电所的基础施工，预埋相应的构件和电缆保护钢管，基础达到设计强度的 70% 以上后，箱式变电装置到达现场后需先进行检查，附件齐全、设备完好、无锈蚀或机械损伤后，方可进行设备的安装（见图 2.20）。

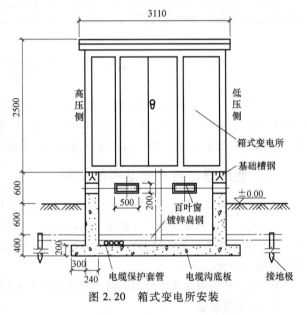

图 2.20　箱式变电所安装

二、成套配电柜、控制柜（屏、台）安装

成套配电柜、控制柜（台、箱）和配电箱（盘）的安装前应具备的条件如下：

1）成套配电柜（台）、控制柜安装前，室内顶棚、墙体的装饰工程应完成施工，无渗漏水，室内地面的找平层应完成施工，基础型钢和柜、台、箱下的电缆沟等经检查应合格，落地式柜、台、箱的基础及埋入基础的导管应验收合格。

2）墙上明装的配电箱（盘）安装前，室内顶棚、墙体、装饰面应完成施工，暗装的控制（配电）箱的预留孔和动力、照明配线的线盒及导管等经检查应合格。

3）电源线连接前，应确认电涌保护器（SPD）的型号、性能参数符合设计要求，接地线与 PE 排连接可靠。

4）试运行前，柜、台、箱、盘内 PE 排应完成连接，柜、台、箱、盘内的元件规格、型号应符合设计要求，接线应正确且交接试验合格。

成套配电柜、控制柜（屏、台）安装工艺流程如下：设备开箱检查→二次搬运→**基础型钢制作安装**→**柜（盘）稳装**→**柜（盘）母线配制**→柜（盘）二次回路接线→试验调整→送电运行验收。

1. 基础型钢安装

配电柜（屏）通常是安装在槽钢或角钢制成的基础上，如图 2.21 所示。安装基础型钢是安装配电柜（屏）的基本工序，施工中常采用两步安装，即土建预埋铁件，电气施工时再安装槽钢。

按图样、配电柜（屏）基础资料提供的尺寸预制加工基础型钢架，并刷防锈漆做好防腐处理；按图样施工位置，将预制好的基础型钢架放在预留铁件上，用水平仪或水平尺找平、找正，然后将基础型钢架、预埋件等用电焊焊牢；基础型钢应做良好接地，一般采用扁钢将其与接地网焊接，且接地不应少于两处，基础型钢露出地面的部分应涂一层防锈漆。

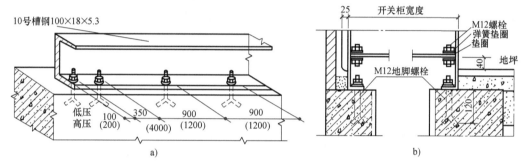

图 2.21　基础槽钢的安装

基础型钢应按设计图样或设备尺寸制作，其尺寸应与盘、柜相符，安装允许偏差应符合表 2.4 的规定。

表 2.4　基础型钢安装允许偏差

项　目	允许偏差/mm	
	每米	全长
不直度	1.0	5.0
水平度	1.0	5.0
不平行度	—	5.0

2. 配电柜（屏）安装

按施工图布置，按柜体布置图将柜（屏）安放在基础型钢上，按配电柜（屏）安装固定螺栓尺寸在基础型钢上用手电钻钻孔；配电柜（屏）就位、找正、找平后，柜体与基础型钢固定，柜体与柜体，柜体与侧挡板均用螺钉连接固定；每台柜（盘）单独与基础型钢连接。

配电柜（屏）一般落地安装，基础高度一般如图 2.22 所示。

配电柜（屏）布置中的安全措施如下：

1）落地式配电箱的底部应抬高，**高出地面的高度，室内不应低于 50mm，室外不应低于 200mm**；其

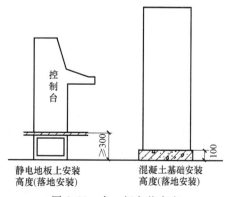

图 2.22　盘、柜安装高度

底座周围应采取封闭措施，并应能防止鼠、蛇类等小动物进入箱内（见图 2.23、图 2.24）。

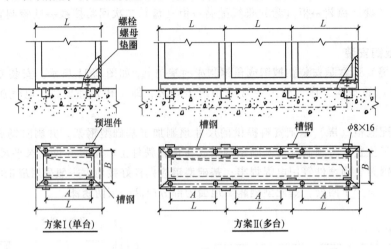

图 2.23　落地式配电柜安装示意图

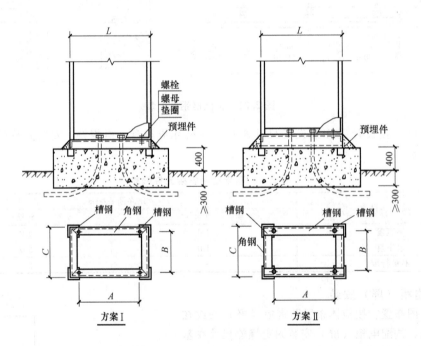

图 2.24　室外落地式配电柜安装示意图

2）高压及低压配电设备设在同一室内，且两者有一侧柜顶有裸露的母线时，两者之间的净距不应小于 2m。

3）成排布置的配电屏，其长度超过 6m 时，屏后的通道应设 2 个出口，并宜布置在通道的两端；当两出口之间的距离超过 15m 时，其间尚应增加出口。

4）当防护等级不低于现行国家标准《外壳防护等级（IP 代码）》（GB/T 4208—2017）规定的 IP2X 级时，成排布置的配电屏通道最小宽度应符合表 2.5 的规定。

表 2.5　成排布置的配电屏通道最小宽度　　　　　　　　　　（单位：m）

配电屏种类		单排布置			双排面对面布置			双排背对背布置			多排同向布置			屏侧通道
		屏前	屏后		屏前	屏后		屏前	屏后		屏间	前、后排屏距墙		
			维护	操作		维护	操作		维护	操作		前排屏前	后排屏后	
固定式	不受限制时	1.5	1.0	1.2	2.0	1.0	1.2	1.5	1.5	2.0	2.0	1.5	1.0	1.0
	受限制时	1.3	0.8	1.2	1.8	0.8	1.2	1.3	1.3	2.0	1.8	1.3	0.8	0.8
抽屉式	不受限制时	1.8	1.0	1.2	2.3	1.0	1.2	1.8	1.0	2.0	2.3	1.8	1.0	1.0
	受限制时	1.6	0.8	1.2	2.1	0.8	1.2	1.6	0.8	2.0	2.1	1.6	0.8	0.8

注：1. 受限制时是指受到建筑平面的限制，通道内有柱等局部突出物的限制。
　　2. 屏后操作通道是指需在屏后操作运行中的开关设备的通道。
　　3. 背靠背布置时屏前通道宽度可按本表中双排对背布置的屏前尺寸确定。
　　4. 控制屏（柜）、落地式配电箱前后的通道最小宽度可按本表确定。
　　5. 挂墙式配电箱的箱前通道宽度，不宜小于 1m。

3. 配电箱（盘）安装

根据设计要求找出配电箱位置，并按照箱外形尺寸进行弹线定位。配电箱安装底口距地一般为 1.2~1.5m，明装电度表板底口距地不小于 1.8m。在同一建筑物内，同类箱（盘）高度应一致，允许偏差 10mm。配电箱（盘）的安装方式有三种：明装、暗装和落地式安装。

明装配电箱可明装在混凝土墙或柱上，在混凝土墙上安装示意图如图 2.25 所示。待箱（盘）找准位置后，将线端头引至箱内或盘上，逐个剥削导线端头，再逐个压接到器具上。同时将保护地线压在明显的地方，并将箱（盘）调整平直后用钢架或金属膨胀螺栓固定。

暗装配电箱安装需要在墙体内做好预留预埋措施。在墙体的预留孔洞中将箱体找好标高及水平尺寸，稳住箱体后用水泥砂浆填实周边并抹齐，待水泥砂浆凝固后再安装盘面和贴脸。如箱底与外墙平齐时，应在外墙固定金属网后再做墙面抹灰，不得在箱底板上直接抹灰。安装盘面要求平整，周边间隙均匀对称，贴脸（门）平整，不歪斜，螺钉垂直受力均匀。在混凝土墙上安装时，暗敷配电箱的进出线如图 2.26 所示，当箱体宽度大于 600mm 时，宜加预制混凝土过梁。

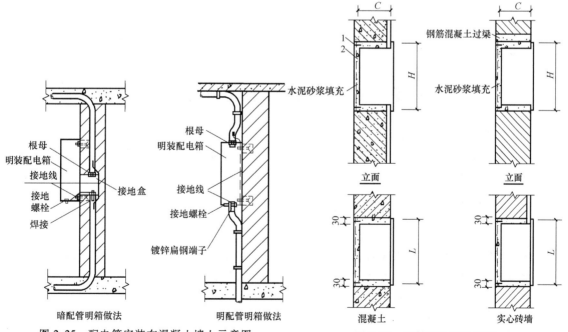

图 2.25　配电箱安装在混凝土墙上示意图　　　图 2.26　暗敷配电箱示意图

46

三、变配电系统调试

1. 电力变压器系统调试

所谓三相电力变压器系统，即指变压器本体、断路器、隔离开关、互感器、风冷及油循环装置等的一、二次回路。电力变压器系统调试的工作内容包括：变压器，断路器，互感器，隔离开关，风冷及油循环冷却系统的电气装置、常规保护装置等一、二次回路的调试及空投试验。

（1）三相电力变压器的调试

三相电力变压器的调试内容较多，有绝缘电阻和吸收比的测量、直流电阻的测量、绕组连接组别的测试、变压器的变比测量、变压器空载试验、工频交流耐压试验、额定电压冲击合闸试验。

（2）互感器的调试

电压互感器的交接试验包括：电压互感器的绝缘电阻测试、电压互感器的变压比测定、电压互感器工频交流耐压试验。电流互感器的交接试验包括：电流互感器的绝缘电阻测试、电流互感器变流比误差的测定、电流互感器的伏安特性曲线测试。

（3）室内高压断路器调试

少油高压断路器的调试包括：断路器安装垂直度检查；总触杆总行程和接触行程检查调整；三相触头同期性的调整；少油高压断路器的交接试验。高压断路器操作机构的调试包括：支持杆的调整；分、合闸铁心的调整；短路器及操作机构的电气检查试验。

2. 送配电装置系统调试

送配电装置系统是指送配电用的开关，控制设备及一、二次回路。系统调试即指对上述的各个电气设备及电气回路的调试。送配电装置系统调试的工作内容包括：自动开关或断路器，隔离开关，常规保护装置，电测量仪表，电力电缆等一、二次回路系统的调试。

低压断路器调试包括：欠压脱扣器的合闸、分闸电压测定试验；过电流脱扣器的长延时、短延时和瞬时动作电流的整定试验。

线路的检测与通电试验包括：绝缘电阻试验；测量重复接地装置的接地电阻；检查电度表接线；线路通电检查。

第三节　变配电工程定额简介

《山东省安装工程消耗量定额》（2016）的《第四册　电气设备安装工程》中涉及变配电工程内容的有四章：第一章变压器安装工程；第二章配电装置安装工程；第四章配电控制、保护、直流装置安装工程；第七章金属构件、穿通板、箱盒制作安装工程。

一、变配电工程定额设置内容

1. 变压器安装工程

变压器安装工程定额主要设置了油浸式变压器安装，干式变压器安装，单相变压器安装，消弧线圈安装，变压器干燥、绝缘油过滤，组合式成套箱式变电站安装，共六节54个定额子目。定额子目编号：4-1-1～4-1-54。

（1）油浸式变压器安装

油浸式变压器安装定额区分变压器容量编制了7个定额子目，计量单位：台。定额工作内容：开箱检查，本体就位，器身检查，套管、油枕及散热器清洗，油柱试验，风扇油泵电机检查接线，附件安装，垫铁止轮器制作、安装，补充柱油及安装后整体密封试验，接地，补漆，配合电气试验。

（2）干式变压器安装

干式变压器安装定额区分变压器容量编制了 8 个定额子目，计量单位：台。定额工作内容：开箱检查，本体就位，垫铁及止轮器制作、安装，附件安装，接地，补漆，配合电气试验。

（3）单相变压器安装

单相变压器安装定额区分变压器容量编制了 2 个定额子目，计量单位：台。定额工作内容：开箱检查，本体就位，器身检查，垫铁制作、安装，附件安装，接地，补漆，配合电气试验。

（4）消弧线圈安装

消弧线圈油浸式安装定额区分变压器容量编制了 8 个定额子目，计量单位：台。定额工作内容：开箱检查，本体就位，器身检查，垫铁及止轮器制作、安装，附件安装，补充柱油及安装后整体密封试验，接地，补漆，配合电气试验。消弧线圈干式安装定额区分变压器容量编制了 8 个定额子目，计量单位：台。定额工作内容：开箱检查，本体就位，器身检查，垫铁及止轮器制作、安装，附件安装，接地，补漆，配合电气试验。

（5）变压器干燥、绝缘油过滤

变压器干燥定额区分变压器容量编制了 7 个定额子目，计量单位：台。定额工作内容：准备、干燥及维护、检查、记录整理、清扫、收尾及注油。绝缘油过滤定额编制了 1 个定额子目，计量单位：t。定额工作内容：过滤前的准备及过滤后的清理、油过滤、取油样、配合试验。

（6）组合式成套箱式变电站安装

组合式成套箱式变电站安装定额区分变压器容量编制了 13 个定额子目，计量单位：座。定额工作内容：开箱清点、检查、就位、找正、固定、联锁装置检查、导体接触面检查、接地。

2. 配电装置安装工程

配电装置安装工程定额适用于 10kV 以下高、低压配电装置的安装以及变配电主站、子站、远方终端等智能配电装置的安装，编制了断路器、真空接触器安装，隔离开关、负荷开关安装，互感器，高压熔断器、避雷器安装，电抗器安装，电抗器干燥，电容器、成套低压无功自动补偿装置及电容器柜安装，交流滤波装置组架（TJL 系列）安装，开闭所成套配电装置安装，高压成套配电柜安装，低压成套配电柜（屏）、集装箱式配电室安装，成套配电箱安装，低压封闭母线插接箱安装，配电智能设备安装，配电板制作、安装，共计十五节 130 个定额子目，定额子目编号：4-2-1～4-2-130。

（1）断路器、真空接触器安装

油断路器安装定额区分断路器电流编制了 4 个定额子目，计量单位：台。定额工作内容：开箱、解体检查、组合、安装及调整、传动装置安装调整、动作检查、消弧室干燥、注油、接地。真空断路器、SF6 断路器安装定额区分断路器电流编制了 4 个定额子目，计量单位：台。定额工作内容：开箱清点检查、安装及调整、传动装置安装调整、动作检查、接地。空气断路器、真空接触器安装定额编制了 6 个定额子目，计量单位：台。定额工作内容：开箱检查、划线、安装固定、绝缘柱杆组装、传动机构及接点调整、接地。

（2）隔离开关、负荷开关安装

隔离开关、负荷开关安装定额编制了 8 个定额子目，计量单位：组。定额工作内容：开箱检查、安装固定、调整、拉杆配制和安装、操作机构联锁装置和信号装置接头检查、安装、接地。

（3）互感器安装

互感器安装定额编制了 6 个定额子目，计量单位：台。定额工作内容：开箱检查、打眼、安装固定、接地。

（4）高压熔断器、避雷器安装

高压熔断器、避雷器安装定额编制了 3 个定额子目，计量单位：组。定额工作内容：开箱检查、打眼、安装固定、接地。

（5）电抗器安装

干式电抗器安装定额编制了 4 个定额子目，计量单位：组。定额工作内容：开箱检查、安装固定、接地、补漆。油浸电抗器安装定额编制了 4 个定额子目，计量单位：台。定额工作内容：开箱检查、安装固定、补充注油及安装后整体密封试验、接地、补漆。

（6）电抗器干燥

干式电抗器干燥定额编制了 4 个定额子目，计量单位：组。定额工作内容：准备、通电干燥、维护值班、测量、记录、清理。油浸电抗器干燥定额编制了 4 个定额子目，计量单位：台。定额工作内容：准备、通电干燥、维护值班、测量、记录、收尾及注油、清理。

（7）电容器、成套低压无功自动补偿装置及电容器柜安装

移相及串联电容器、集合式并联电容器安装定额编制了 7 个定额子目，计量单位：个。定额工作内容：开箱检查、安装固定、接地、补漆。并联补偿电容器组架（TBB 系列）安装定额编制了 5 个定额子目，计量单位：台。定额工作内容：开箱检查、安装固定、接地。成套低压无功自动补偿装置、低压电容器柜安装定额编制了 2 个定额子目，计量单位：台。定额工作内容：开箱、检查、安装、一次接线、接地、补漆。

（8）交流滤波装置组架（TJL 系列）安装

交流滤波装置组架（TJL 系列）安装定额编制了 3 个定额子目，计量单位：台。定额工作内容：开箱检查、安装固定、接线、接地。

（9）开闭所成套配电装置安装

开闭所成套配电装置安装定额区分开关间隔单元数量编制了 4 个定额子目，计量单位：座。定额工作内容：开箱清点检查、就位、找正、固定、联锁装置检查、导体接触面检查、接地等。

（10）高压成套配电柜安装

单母线柜安装定额编制了 3 个定额子目，计量单位：台。定额工作内容：开箱、检查、安装固定、放注油、导电接触面检查调整、附件拆装、接地。双母线柜安装定额编制了 3 个定额子目，计量单位：台。定额工作内容：开箱、检查、安装固定、放注油、导电接触面检查调整、附件拆装、接地。

（11）低压成套配电柜（屏）、集装箱式配电室安装

低压成套配电柜（屏）、集装箱式配电室安装定额编制了 2 个定额子目，计量单位：台／t。定额工作内容：开箱清点检查、就位、找正、固定、柜间连接、开关及机构调整、接地。

（12）成套配电箱安装

落地式、悬挂式配电箱安装定额区分配电箱半周长编制了 6 个定额子目，计量单位：台。定额工作内容：测定、打孔、固定、查校线、接线、开关及机构调整、接地、补漆。嵌入式配电箱安装定额区分配电箱半周长编制了 5 个定额子目，计量单位：台。定额工作内容：配电箱模壳制作、预留、箱洞预留、箱体固定、箱芯拆装、查校线、接线、接地、补漆。

（13）低压封闭母线插接箱安装

低压封闭母线插接箱安装定额区分插接箱电流编制了 10 个定额子目，计量单位：台。定额工

作内容：开箱检查、触头检查及清洁处理、绝缘测试、箱体插接固定、接地。

（14）配电智能设备安装

远方终端设备安装定额编制了 5 个定额子目，计量单位：台。定额工作内容：开箱检查、清洁、安装、固定、接地。子站设备安装定额编制了 2 个定额子目，计量单位："套/台"。定额工作内容：①GPS 时钟安装：开箱检查、清洁、安装、固定、接地、安装天线、通电检查、对时。②配电自动化子站柜安装（也称中压监控单元）：开箱检查、清洁、安装、固定、接地、软件安装。

主站系统设备安装定额编制了 7 个定额子目，计量单位：系统/台。定额工作内容：①服务器、工作站等主站设备安装：开箱检查、清洁、定位安装、互联、操作系统、应用软件等安装，包括数据库软件、人机交互软件、通信软件、配电监控、管理应用软件等。②安全隔离装置安装、物理防火墙安装：技术准备、开箱检查、清洁、定位安装、互联、安全策略设置。③调制解调器、路由器、双机切换装置设备、局域网交换机安装：技术准备、开箱检查、清洁、定位安装、互联、安全策略设置。

电能表集中采集系统安装定额编制了 2 个定额子目，计量单位：块。定额工作内容：开箱检查、清洁、安装、固定、柜（箱）内校接线、挂牌。抄表采集系统安装定额编制了 10 个定额子目，定额工作内容：技术准备、开箱检查、清洁、定位安装、固定、柜（箱）内校接线、互联、接口检查、设备加电、本体调试、操作系统、应用软件安装检测、挂牌。

（15）配电板制作、安装

配电板制作、木板包铁皮定额编制了 4 个定额子目，计量单位：m²。定额工作内容：①配电板制作：下料、制作、做榫、拼缝、钻孔、拼装、砂光、喷涂防火涂料；②木板包铁皮：下料、包钉铁皮。配电板安装定额编制了 3 个定额子目，计量单位：块。定额工作内容：测位、划线、打眼、安装、接地。

3. 配电控制、保护、直流装置安装工程

配电控制、保护、直流装置安装工程定额包括控制、继电、模拟、弱电控制返回屏安装，控制台、控制箱安装，端子箱、端子板安装及端子板外部接线，接线端子安装，直流屏及其他电气屏（柜）安装。共 5 节 62 个定额子目，定额子目编号：4-4-1～4-4-62。

（1）控制、继电、模拟、弱电控制返回屏安装

控制屏，继电、信号屏，模拟屏及弱电控制返回屏等的外形尺寸，一般为 （600～800）mm×2200mm×600mm（宽×高×深），正面安装设备，背后敞开。

控制屏，继电、信号屏，弱电控制返回屏安装定额分别编制了 1 个子目。模拟屏区分宽度编制了 2 个子目，计量单位：台。定额工作内容：开箱、检查、安装，电器、表计及继电器等附件的拆装，送交试验，盘内整理及一次校线、接线、补漆。

（2）控制台、控制箱安装

控制台安装定额区分宽度编制了 2 个子目。程序控制箱安装定额区分嵌入式半周长编制了 3 个子目。集中控制台，同期小屏控制箱，程序控制柜，程序控制箱（落地式）分别编制了 1 个子目，定额计量单位：台。定额工作内容：开箱、检查、安装，各种电器、表计及继电器等附件的拆装，送交试验，盘内整理及一次校线、接线、补漆。

（3）端子箱、端子板安装及端子板外部接线

端子箱安装区分户内、户外划分了 2 个子目，计量单位：台。端子板安装为 1 个子目，定额计量单位：组。无端子外部接线和有端子外部接线分别根据截面积划分 2 个子目，定额计量单位：个。端子板外部接线工作内容：开箱、检查、安装、校线、套绝缘管、压焊端子、接线、补

漆、送交试验。

（4）接线端子安装

焊铜接线端子安装定额根据导线截面编制了 8 个子目，定额计量单位：个。压铜接线端子安装定额根据导线截面编制了 8 个子目，定额计量单位：个。压铝接线端子安装定额根据导线截面编制了 8 个子目，定额计量单位：个。定额工作内容：剥削线头、套绝缘管、焊（压）接头、包缠绝缘带。

（5）直流屏及其他电气屏（柜）安装

硅整流柜安装定额区分电流编制了 5 个子目，可控硅柜安装区分电流编制了 3 个子目，高频开关电源安装区分电流编制了 3 个子目，其他电气屏（柜）安装 [自动调节励磁屏、励磁灭磁屏、蓄电池屏（柜）、直流馈电屏、事故照明切换屏、屏边] 各编制了 1 个子目，定额计量单位：台。定额工作内容：开箱、检查、安装、电器、表计及继电器等附件的拆装、送交试验、盘内整理及一次接线、接地、补漆。

4. 金属构件、穿通板、箱盒制作安装工程

金属构件、穿通板、箱盒制作安装工程定额编制了金属构件制作、安装及箱盒制作，穿通板制作、安装，网门、保护网制作与安装、二次喷漆，共计 3 节 17 个定额子目，定额子目编号：4-7-1～4-7-17。金属构件制作、安装定额适用于《第四册　电气设备安装工程》范围内除滑触线支架安装外的各种支架、构件的制作与安装。

（1）金属构件制作、安装及箱盒制作

基础型钢制作安装区分型钢类型编制了 2 个子目，定额计量单位：m。电缆桥架支撑架安装编制了 1 个子目，定额计量单位：t。一般铁构件和轻型铁构件区分制作、安装分别编制了 2 个子目，定额计量单位：t。金属箱、盒制作编制了 1 个子目，定额计量单位：kg。定额工作内容：制作、平直、划线、下料、钻孔、组对、焊接、刷油（喷漆）、安装、补刷油。

（2）穿通板制作、安装

石棉水泥板，塑料板，电木板、环氧树脂板，钢板安装定额各编制了 1 个子目，定额计量单位：块。定额工作内容：平直、下料、制作、焊接、打洞、安装、接地、油漆。

（3）网门、保护网制作与安装、二次喷漆

保护网和网门安装定额区分制作、安装分别编制了 2 个子目，定额计量单位：m^2。二次喷漆定额编制了 1 个子目，定额计量单位：m^2。定额工作内容：制作、平直、划线、下料、钻孔、组对、焊接、刷油（漆）、安装、补刷油。

二、变配电工程定额工作内容及施工工艺

只有在正确理解和熟练掌握预算定额的基础上，才能根据图样迅速、准确地确定工程子目，正确地选择计量单位，根据有关工程量计算规则计算工程量，选用或换算定额单价，防止错套、重套或漏套有关定额，真正做到正确使用预算定额。

1. 变压器安装工程定额工作内容及施工工艺

变压器安装的工作内容包括从开箱检查，本体就位到配合电气试验等安装工作，但不包括变压器本体调试工作，变压器的本体调试包含在变压器系统调试中。

变压器安装不包括下列工作内容：

1）变压器干燥棚的搭拆工作，变压器防地震措施，若发生时可按实计算。

2）变压器铁梯及母线铁构件的制作、安装，另执行本册第七章铁构件制作、安装定额。

3）瓦斯继电器的检查及试验已列入变压器调整试验定额内。

4）端子箱、控制箱的制作、安装，另执行本册第七章和第十二章有关定额。

5）二次喷漆发生时按本册第七章有关定额执行。

2. 配电装置安装工程定额工作内容及施工工艺

各种配电装置的安装工作内容均不含本体调试，本体调试包含在各分系统调试中。这里主要介绍高压熔断器、电抗器、成套高压配电柜等项目的施工工艺。

1）高压熔断器安装方式有墙上与支架上安装。墙上按打眼埋螺栓考虑；支架上按支架已埋设好考虑。

2）电抗器。设备的搬运和吊装是按机械考虑的，在起重机配备上除考虑起重能力外，还考虑了起吊高度和角度。定额对三种安装方式做了综合考虑，三种安装方式的取值为：三相叠放占20%，三相平放占10%，两相叠放一相平放占70%。

3）成套高压配电柜。高压柜与基础型钢采用焊接固定，柜间用螺栓连接；柜内设备按厂家已安装好，连接母线已配制，油漆已刷好来考虑。

4）开闭所成套配电装置安装。开闭所成套配电装置安装按照厂家成套供货，安装基础也已完成，固定地脚螺栓随设备带来考虑。

5）成套配电箱安装。配电箱安装定额中半周长 2.5m 子目考虑了扁钢接地，其余配电箱安装（半周长 1.5m 以内）均考虑裸铜线接地。挂墙明装考虑采用镀锌膨胀螺栓固定，嵌入式暗装增加箱洞预留的措施费用，未考虑配电箱灌缝费用。嵌入式综合考虑了混凝土、砖墙上两种安装方式，混凝土墙箱洞考虑采用放置木箱，一次性摊销。砖墙、砌块墙考虑采用 φ10 钢筋作横梁。定额是在确保工程质量的前提下，按正常施工条件、正常施工工艺、正常施工组织管理等条件编制的，对于只埋空箱体的工程，发生时由相关各方根据实际协商解决。

3. 配电控制、保护、直流装置安装工程工作内容及施工工艺

各种控制（配电）屏、柜与其基础型钢的固定方式，定额中均按综合考虑，不论其与基础连接采用螺栓连接还是焊接方式，均可执行定额。柜、屏及母线的连接如因孔距不符或没有留孔，开孔工作可另行计算。

4. 金属构件、穿通板、箱盒制作安装工程工作内容及施工工艺

基础槽钢（角钢）制作安装，包括运搬、平直、下料、钻孔、基础铲平、安装膨胀螺栓、接地、油漆等工作内容，但不包括二次浇灌。

第四节 变配电工程计价

一、变配电工程定额应用说明

熟练应用定额，是正确编制施工图工程造价，编制施工企业计划和工程招、投标书以及进行工程设计技术经济分析的基础。因为电气工程定额子目繁多，在定额应用中会遇见各种各样的不确定因素，为防止错套、重套或漏套有关定额子目，下面对变配电工程定额应用过程中的一些问题做简要说明。

1. 变压器安装工程

下面将变压器安装工程中定额应用过程中的一些问题说明如下：

1）油浸式变压器安装定额适用于自耦式、带负荷调压变压器的安装；油浸式和干式变压器安装也适用于非晶合金变压器的安装；电炉变压器安装执行同容量变压器定额乘以系数 1.6；整流变压器安装执行同容量变压器定额乘以系数 1.2。

2）变压器的器身检查：容量4000kV·A以下按吊芯考虑；容量4000kV·A以上按吊钟罩考虑。如果4000kV·A以上的变压器需吊芯检查时，定额机械台班乘以系数2.0。

3）干式变压器安装如果带有保护外罩时，执行相应定额的人工和机械乘以系数1.1。

4）整流变压器、消弧线圈的干燥，执行同容量变压器干燥定额，电炉变压器按同容量变压器定额乘以系数2.0。

5）变压器安装过程中的放注油、油过滤所使用的油罐等设施，已摊入油过滤定额中。

6）变压器油是按设备带来考虑的，但在施工中变压器油的过滤损耗及操作损耗已包括在相关定额中。

7）组合式成套箱式变电站是按照通用布置方式考虑的，执行定额时，不因布置方式而调整。

8）变配电工程定额不包括下列内容：变压器干燥棚的搭拆工作，变压器防地震措施，若发生时可按实计算；变压器铁梯及母线铁构件的制作、安装，另执行本册铁构件制作、安装定额；瓦斯继电器的检查及试验已列入变压器调整试验定额内；端子箱、控制箱的制作、安装，另执行本册相应定额；二次喷漆发生时按本册相应定额执行。

2. 配电装置安装工程

下面将配电装置安装工程中定额应用过程中一些问题说明如下：

1）设备本体所需的绝缘油、SF_6气体、液压油等均按设备自带考虑。

2）电抗器安装定额系按三相叠放、三相平放和二叠一平的安装方式综合考虑的，工程实际与其不同时，执行定额不做调整。干式电抗器安装定额适用于混凝土电抗器、铁心干式电抗器和空心电抗器等干式电抗器的安装。

3）集装箱式低压配电室是指组合型低压配电装置，内装多台低压配电箱（屏），箱的两端开门，中为通道。

4）高低压成套配电柜安装定额综合考虑了不同容量、不同回路数量，执行定额时不做调整，不包括母线配置及设备干燥。

5）互感器安装定额是按照单相考虑的，不包括抽芯检查及绝缘油过滤。工程实际发生时，应另行计算。

6）开闭所（开关站）成套配电装置安装定额综合考虑了开关的不同容量与型式，执行定额时不做调整。

7）环网柜安装根据进出线回路数量执行"开闭所成套配电装置安装"定额，环网柜进出线回路数量与开闭所成套配电装置间隔数量对应。

8）交流滤波装置安装定额不包括铜母线安装。

9）设备安装所需要的地脚螺栓按土建预埋考虑，不包括二次灌浆。

10）开闭所配电采集器安装定额是按照分散分布式考虑的，若实际采用集中组屏形式，执行分散式定额乘以0.9系数；若为集中式配电终端安装，可执行环网柜配电采集器定额乘以1.2系数；单独安装屏可执行相关定额。

11）环网柜配电采集器安装定额是按照集中式配电终端考虑的，若实际采用分散式配电终端，执行开闭所配电采集器定额乘以0.85系数。

12）电能表集中采集系统安装定额包括基准表安装、抄表采集系统安装。定额不包括箱体及固定支架安装、端子板与汇线槽及电气设备元件安装、通信线及保护管敷设、设备电源安装测试、通信测试等。

13）配电装置安装工程定额不包括下列工作内容，另执行本册相应定额：端子箱、控制箱安装；设备绝缘台、支架制作及安装；绝缘油过滤；基础槽（角）钢安装；母线安装；配电板制作安装中的板上设备元件安装及端子板外部接线。

3. 配电控制、保护、直流装置安装工程

下面将配电控制、保护、直流装置安装工程中定额应用过程中一些问题说明如下：

1）变频柜安装、软启动柜安装执行"晶闸管柜安装""控制屏安装"定额。

2）蓄电池屏安装，未包括蓄电池的拆除与安装。

3）控制设备安装未包括二次喷漆及喷字，电器及设备干燥，焊、压接线端子，端子板外部接线工作内容，发生时应执行本册相应定额。

4）接线端子安装定额只适用于导线，电缆终端头制作安装定额中已包括焊压接线端子，不得重复计算。

5）各种落地安装的柜、屏、箱的安装均不包括基础型钢的制作安装，应执行《第四册　电气设备安装工程》第七章相应定额。

4. 金属构件、穿通板、箱盒制作安装

下面将金属构件、穿通板、箱盒制作安装工程中定额应用过程中一些问题说明如下：

1）电缆桥架支撑架安装适用于由生产厂家成套供货的桥架立柱、托臂及其他各种支撑架的安装，定额综合考虑了采用螺栓、焊接和膨胀螺栓三种固定方式，实际施工中，不论采用何种固定方式，定额均不作调整。如果电缆桥架的立柱、托臂及其他各种支撑架是现场加工和安装，应执行一般铁构件制作、安装定额。

2）关于铁构件制作安装定额。铁构件分为一般铁构件和轻型铁构件，主体结构厚度在3mm以上的铁构件为一般铁构件。主体结构厚度在3mm及以内的铁构件为轻型铁构件。各种铁构件制作，均不包括镀锌、镀锡、镀铬、喷塑等其他金属防护费用，发生时另计。单件质量100kg以上的铁构件安装执行《第十册　给排水、采暖、燃气工程》相应定额。

二、变配电工程工程量计算规则

1. 变压器安装工程工程量计算规则

变压器安装工程工程量计算规则包括下列内容：

（1）三相变压器、消弧线圈安装

三相变压器、消弧线圈安装区分不同结构型式、容量以"台"为单位计算工程量。

（2）单相变压器安装

单相变压器安装区分不同容量以"台"为单位计算工程量。

（3）变压器干燥

变压器干燥定额区分不同容量以"台"为单位计算工程量。

（4）组合式成套箱式变电站安装

组合式成套箱式变电站安装区分引进技术特征的不同和其中变压器不同容量以"台"为单位计算工程量。

（5）绝缘油过滤

绝缘油过滤不分次数直至油过滤合格，按照下列规定以"t"为单位计算工程量。变压器绝缘油过滤，按照变压器铭牌充油量计算；油断路器及其他充油设备绝缘油过滤，按照断路器铭牌充油量计算。

2. 配电装置安装工程工程量计算规则

配电装置安装工程工程量计算规则包括下列内容：

（1）断路器、真空接触器安装

断路器、真空接触器安装根据设计图区分其不同的灭弧介质、额定电流以"台"为单位计算工程量。

（2）隔离开关、负荷开关安装

隔离开关、负荷开关安装根据设计图区分不同的安装场所、额定电流以"组"为单位计算工程量，三相为一组。

（3）电压互感器

电压互感器不分电压等级和容量以"台"为单位计算工程量，电流互感器根据设计图区分不同的安装场合、额定电流以"台"为单位计算工程量。

（4）熔断器

熔断器不分电压等级和额定电流以"组"为单位计算工程量；避雷器区分不同的电压等级，以"组"为单位计算工程量，三相为一组。

（5）干式电抗器安装或干燥

干式电抗器安装或干燥根据设计区分每组不同的质量，以"组"为单位计算工程量，三相为一组；油浸电抗器安装或干燥区分不同容量，以"台"为单位计算工程量。

（6）电抗器安装

电抗器安装根据设计图区分不同的连接型式和单个质量，以"个"为单位计算工程量；并联补充电容器组架（TBB系列）安装，区分不同的组架型式，以"台"为单位计算工程量；成套低压无功自动补偿装置、低压电容器柜安装，以"台"为单位计算工程量。

（7）交流滤波装置组架（TJL系列）安装

交流滤波装置组架（TJL系列）安装根据设计区分不同的组架用途，以"台"为单位计算工程量。

（8）开闭所成套配电装置安装

开闭所成套配电装置安装按照设计图区分不同的开关间隔单元数，以"座"为单位计算工程量。

（9）高压成套配电柜安装

高压成套配电柜安装按照设计图区分不同母线型式和配电柜功能，以"台"为单位计算工程量。

（10）低压配电柜（屏）安装

低压配电柜（屏）安装以"台"为单位计算工程量；集装箱式配电室安装以"t"为单位计算工程量。

注意事项：上述高、低压成套配电柜（屏）安装均不包括基础槽钢、角钢的制作安装，另外执行本册相应定额。

（11）成套配电箱安装

落地式成套配电箱安装以"台"为计量单位计算工程量；嵌入式和悬挂式成套配电箱根据设计图区分不同的安装方式和箱体半周长，以"台"为计量单位计算工程量。"箱体半周长"指配电箱"高+宽"的长度，如配电箱尺寸：300mm×250mm×150mm，半周长为：300mm+250mm＝550mm。

注意事项：成套配电箱安装所需要的基础槽钢或角钢制作、安装应另行计算，套相应定额。成套配电箱端子板外部接线或焊、压接线端子的工程量套相应定额子目。

（12）配电智能远方终端设备安装

变压器、柱上变压器、环网柜配电采集器安装根据系统布置，按照设计安装变压器或环网柜，以"台"为单位计算工程量。开闭所配电采集器安装根据系统布置，以"台"为单位计算工程量。电压监控切换装置安装根据系统布置，按照设计安装数量以"台"为单位计算工程量。

（13）插接式空气开关箱（分线箱）、始端箱安装

插接式空气开关箱（分线箱）、始端箱安装根据设计图区分不同的额定电流，以"台"为单位计算工程量。

（14）配电智能电能表集中采集系统和抄表采集系统安装

电度表、中间继电器安装，根据系统布置，按照设计安装数量以"块"为单位计算工程量。电表采集器、数据采集器安装，根据系统布置，按照设计安装数量以"台"为单位计算工程量。

（15）配电板制作

配电板制作根据设计区分不同的材质，以"m^2"为单位计算工程量；木板包铁皮以"m^2"为单位计算工程量；配电板的安装不分材质，根据设计图区分不同的半周长以"块"为单位计算工程量。

3. 配电控制、保护、直流装置安装工程工程量计算规则

配电控制、保护、直流装置安装工程工程量计算规则包括下列内容：

（1）控制屏，继电、信号屏，弱电控制返回屏安装

控制屏，继电、信号屏，弱电控制返回屏安装按图样设计以"台"为单位计算工程量。

（2）模拟屏安装

模拟屏安装按照设计图区分不同的屏宽尺寸，以"台"为单位计算工程量。

（3）控制台安装

控制台安装按照设计图区分不同的台宽尺寸，以"台"为单位计算工程量。

（4）同期小屏控制箱

同期小屏控制箱以"台"为单位计算工程量。

（5）程序控制柜、箱

程序控制柜、箱按设计图区分不同的安装方式或半周长大小，以"台"为单位计算工程量。

（6）端子箱安装

端子箱安装按照设计图区分不同的安装场所，以"台"为单位计算工程量。

（7）端子板安装

端子板安装依照图样设计，以"组"为单位计算工程量。

（8）端子板外部接线

端子板外部接线是指 6mm² 以下导线引进或引出配电箱时与箱内端子板的连接。端子板外部接线分有端子和无端子两种形式，有端子外部接线是指线头需要有接线端子，一般是锡焊，然后与端子板连接，无端子外部接线是指线头没有接线端子，直接与端子板连接。

端子板外部接线按照设备盘、箱、柜、台的外部接线图，区分有、无端子两种形式，按照导线截面大小，以"个"为单位计算工程量。注意：通常单股铜线采用直接与开关压接不加端子，可按端子板外部接线（无端子）计费，若小于10mm²的多股软铜线可按端子板外部接线有端子计费。各种配电箱、盘安装均未包括端子板的外部接线工作内容，应根据设备盘、箱、柜、台的外部接线图上端子板的规格、数量，另套"端子板外部接线"定额。

（9）接线端子安装

焊、压接线端子是指截面 6mm² 以上多股单芯导线与设备或电源连接时必须加装的接线端子。接线端子按材质有铜接线端子和铝接线端子，铜接线端子有焊接和压接两种形式，铝接线端子

只有压接。接线端子安装，按照设计图中的电气接线系统图等图样，区分不同的材质（铜、铝）、工艺（焊接、压接）和导线的截面积，以"个"为单位计算工程量。

另外注意，接线端子（俗称接线鼻子）费用已经包括在定额内，不得另计。接线端子安装定额只适用于导线，电缆终端头制作安装定额中已包括焊接线端子，不得重复计算。

（10）直流屏安装

直流屏安装根据设计图，区分不同的整流方式以及不同的额定输出电流，以"台"为单位计算工程量。

（11）其他电气屏（柜）安装

其他电气屏（柜）安装按照图样设计区分不同的功能和作用，以"台"为单位计算工程量。

4. 金属构件、穿通板、箱盒制作安装工程工程量计算规则

金属构件、穿通板、箱盒制作安装工程工程量计算规则包括下列内容：

（1）基础槽钢、角钢制作与安装

基础槽钢、角钢制作与安装根据设计图、设备布置以"m"为单位计算工程量。高压成套配电柜、低压成套配电柜（屏）、集装箱式配电室以及落地式成套配电箱安装，均需设置在基础槽钢或角钢上。多台相同型号的柜、屏安装在同一公共型钢基础上，安装示意图可参考图 2.27，基础型钢设计长度按下式计算或根据实际需要设计长度为所有配电柜箱的底边周长。

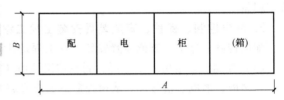

图 2.27　多台配电柜（箱）的安装示意图
A—单列屏（柜）总长度（m）
B—屏（柜）深度（或厚度）（m）

$$L = 2(A+B)$$

式中，L 为基础槽钢或角钢设计长度（m）。

基础槽钢和角钢制作安装工程量，根据设计图、设备布置以"10 m"为计量单位，计算工程量并套用相关定额子目。其中槽钢和角钢为未计价材料。

（2）铁构件制作安装，金属箱、盒制作

铁构件制作安装，金属箱、盒制作均是按照成品的质量来计算，所谓成品质量是不包括制作与安装损耗量、焊条质量，包括制作螺栓及连接件的质量；即成品质量＝铁构件本身质量+制作螺栓质量+连接件质量。

（3）电缆桥架支撑架安装

电缆桥架支撑架安装区分制作或安装，按厂家成套供应的成品质量，以"t"为单位计算工程量。

（4）铁构件制作安装

铁构件制作安装按照定额规定和设计图，区分不同的构件类型和制作、安装，按成品质量以"t"为单位计算工程量。

（5）金属箱、盒制作

金属箱、盒制作按照设计图，按成品质量以"kg"为单位计算工程量。

（6）穿通板制作安装

穿通板制作安装按照设计图，区分穿通板不同的材质，以"块"为单位计算工程量。

（7）网门、保护网制作安装

网门、保护网制作安装按照设计图区分网门、保护网和制作、安装，以"m²"为单位计算工程量；保护网长度按照中心线计算，高度按照图样设计（或实际），不计算保护网底至地面的高度。

（8）二次喷漆

二次喷漆是对制作安装过程中的油漆破坏处进行补漆，发生时应按照实际喷漆面积，以"m²"为单位计算工程量。

三、变配电工程计价案例

例 2-1：某住宅楼安装 24 台成套照明配电箱，24 台配电箱系统全部相同，规格为：300mm×250mm×150mm 且嵌入式安装，图 2.28 为此照明配电箱系统图，试计算此配电工程中照明配电箱的工程量及安装费用。

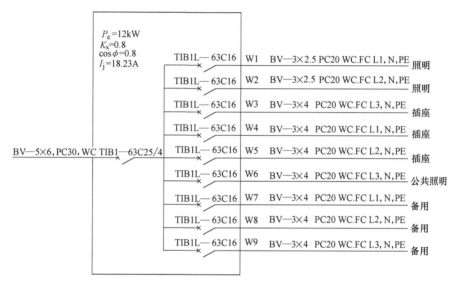

图 2.28　照明配电箱系统图

解：

1. 工程量计算

1）成套配电箱安装：24 台

2）2.5mm² 端子板外部接线：6 个×24 = 144 个

3）4mm² 端子板外部接线：21 个×24 = 504 个

4）6mm² 端子板外部接线：5 个×24 = 120 个

2. 套定额并计算安装费用（见表 2.6）

表 2.6　配电箱安装工程预算表　　　　　　　　　　　（金额单位：元）

序号	定额编码	子目名称	单位	工程量	单价	合价	其中		
							人工合价	材料合价	机械合价
1	4-2-84	成套配电箱安装 嵌入式半周长≤1.0m	台	24	196.76	4722.24	3119.76	1516.56	85.92
	补充设备 001	成套配电箱安装 嵌入式半周长≤1.0m 300mm×250mm×150mm	台	24	256.41	6153.84		6153.84	

（续）

序号	定额编码	子目名称	单位	工程量	单价	合价	人工合价	材料合价	机械合价
							其中		
2	4-4-18	无端子外部接线≤2.5mm²	个	144	3.46	498.24	178.56	319.68	
3	4-4-19	无端子外部接线≤6mm²	个	624	3.97	2477.28	1092	1385.28	
4	BM47	脚手架搭拆费（《第四册 电气设备安装工程》）（单独承担的室外直埋敷设电缆工程除外）	元	1	219.52	219.52	76.83	142.69	
		合计				14071.12	4467.15	9518.05	85.92

例2-2：图2.29为某底层动力配电平面图，请计算图中成套配电柜（箱）安装工程量及其安装费用。

说明：

（1）室内外地坪相同，室外土为普通土。

（2）低压开关柜AA1、AA2、AA3和配电箱XFAT、GTAP、PFAP、XPAP均安装在10号基础槽钢上，其外形尺寸如下：AA1、AA2、AA3规格相同，均为650mm×800mm×2200mm（宽×深×高）；XFAT、GTAP、PFAP、XPAP规格相同，均为700mm×500mm×800mm（宽×深×高）。每排柜为一基础，柜间不考虑槽钢。

（3）动力配电箱BAP1明装于墙上，BAP1规格为380mm×280mm×380mm（宽×深×高），箱下沿距地1.5m。

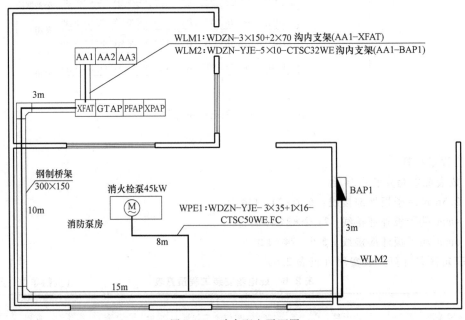

图2.29 动力配电平面图

解：

1. 工程量计算

1）成套低压开关柜（650mm×800mm×2200mm）：3台

2）落地式配电箱（700mm×500mm×800mm）：4台

3）明装配电箱（宽×深×高：380mm×280mm×380mm）：1台

4）落地式配电箱10号基础槽钢：（0.7×4+0.5）m×2＝6.6m

低压开关柜10号基础槽钢：（0.65×3+0.8）m×2＝5.5m

小计：（6.6+5.5）m＝12.1m

2. 套用定额并计算安装费用（表2.7）

表2.7　成套配电柜（箱）安装工程预算表（含主材不含设备）

（金额单位：元）

序号	定额编码	子目名称	单位	工程量	单价	合价	人工合价	材料合价	机械合价
1	4-2-75	低压成套配电柜(屏)	台	3	581.18	1743.54	1361.16	144.24	238.14
2	4-2-77	成套配电箱安装 落地式	台	4	318.18	1272.72	850.8	104.64	317.28
3	4-2-81	成套配电箱安装 悬挂式半周长≤2.5m	台	1	231.32	231.32	163.98	61.5	5.84
4	4-7-1	基础型钢制作安装 槽钢	m	12.1	18.96	229.42	143.39	56.51	29.52
	Z01000029@1	槽钢 10#	m	12.705	35.92	456.36		456.36	
		合计				3933.41	2519.33	823.3	590.78

复习练习题

1. 简述变压器的作用及其分类。

2. 变配电工程的高压一次设备有哪些？

3. 简述变配电工程中的一次低压设备。

4. 简述低压配电室内配电柜的设置原则。

5. 变配电室内成套配电柜、控制柜（屏、台）如何安装？

6. 什么是送配电装置系统调试？调试的内容有哪些？

7. 简述成套配电箱安装定额编制内容。如何套用定额子目？

8. 什么是端子板外部接线？如何套用定额？

9. 什么是焊压接线端子？如何计算工程量及套用定额子目？

10. 如何计算送配电装置系统调试的工程量？

第三章

电缆敷设工程

第一节　电缆敷设工程识图

电力线路是输送电能的通道，其任务是把电能输送并分配给用户，把发电厂、变配电所和电能用户联系起来。电力线路由不同电压等级和不同类型的线路构成，现代的输配电线路基本有下列两种：一种是架空电力线路，另一种是电力电缆线路。

电缆线路和架空线路在电力系统中的作用完全相同，都是传送和分配大容量电能。电缆线路的建设费用，一般比架空线路高出许多倍，但在一些特殊情况下，它能完成架空线路不易完成或甚至无法完成的任务，如在城市中输配电线路和工矿企业的动力引入与厂区的主干电力线路中，以及跨越江河、铁路站场，贯穿地下隧道等。实际上电力线路是由架空导线与电力电缆共同组成的，架空导线侧重于产生电源的输、变、配电部分，而电力电缆侧重于配电、用电端。

电缆与架空线相比，具有以下优点：①一般埋设于土壤中或敷设于室内、沟道、隧道中，线间绝缘距离小，不用杆塔，占地少，基本不占地面上的空间。②受气候条件和周围环境影响小，传输性能稳定，可靠性高。③具有向超高压、大容量发展的更为有利的条件，如低温、超导电力电缆等。

一、电缆敷设工程基础知识

1. 电缆简介

电线电缆是用来传输电力、传输信息和实现电磁能转换的一大类电工产品。电线电缆产品的种类成千上万，应用在各行各业中。它们总的用途有两种：一种是传输电流，另一种是传输信号。

（1）电线电缆的分类

为便于选用和提高产品的适用性，我国的电线电缆产品按其用途分为下列五大类。

1）裸电线与导体制品。指仅有导体而无绝缘层的产品，其中包括铜、铝等各种金属导体和复合金属圆单线、各种结构的架空输电线以及软接线、型线和型材等。

2）绕组线。以绕组的形式在磁场中切割磁力线感应产生电流，或通以电流产生磁场所用的导电金属电线，故称电磁线，其中包括具有各种特性的漆包线、绕组线、无机绝缘线等。

3）通信电缆与通信光缆。用于各种信号传输及远距离通信传输的线缆产品，主要包括通信电缆、射频电缆、电子线缆等。

4）电力电缆。在电力系统中的主干（及支线）线路中用以传输和分配大功率电能的电缆产品，其中包括 1~500kV 的各种电压等级、各种绝缘形式的电力电缆，包括超导电缆、海底电缆等。

5）电气装备用电线电缆。从电力系统的配电点把电能直接传送到各种用电设备、器具的电源连接线路用电线电缆，各种工农业装备、军用装备、航空航天装备等使用的电气安装线和控制信号用的电线电缆均属于这一大类产品。其中绝缘线、软线、控制电缆、移动电缆就属于这类线缆。

在供配电系统中最常用的电缆是电力电缆和控制电缆。

（2）电力电缆

电力电缆是用于传输和分配电能的电缆。按电压等级可分为中、低压电力电缆（35kV及以下）、高压电缆（110kV以上）、超高压电缆（275~800kV）以及特高压电缆（1000kV及以上）；电缆按芯数分，有一芯、二芯、三芯、四芯、五芯等；按绝缘材料和结构分类，有油浸纸绝缘电力电缆、塑料绝缘电力电缆（聚氯乙烯绝缘电缆、交联聚乙烯绝缘电缆）、橡皮绝缘电力电缆、新型电缆等。

电力电缆的品种很多，目前常用的产品中35kV以下电缆有：聚氯乙烯绝缘电缆、交联聚乙烯绝缘电缆、乙丙橡皮绝缘电缆、矿物电缆，而早期的天然橡皮绝缘电缆、丁醛橡皮绝缘电缆、高粘性浸渍纸绝缘电缆和不滴流电缆等品种已逐步被前者取代。

1）聚氯乙烯绝缘电力电缆。聚氯乙烯绝缘电力电缆适用于交流50Hz、额定电压0.6/1kV、1.8/3kV和3.6/6kV及以下的输配电线路中。主要优点是能耗低、制造工艺简便，没有敷设高差限制，质量轻，弯曲性能好；耐油、耐酸碱敷设；价格便宜。适用于线路高差较大的地方或敷设在电缆托盘、槽盒内；也适用于直埋在一般土壤以及含有酸、碱等化学性腐蚀土质中。缺点是对气候适应性差，低温变脆（见表3.1）。

表3.1　聚氯乙烯绝缘电力电缆产品型号及敷设场合

型号		护层种类	敷设场合
铜芯	铝芯		
VV	VLV	聚氯乙烯护套,无铠装层	敷设在室内、隧道及沟管中,不能承受机械外力作用
VY	VLY	聚乙烯护套,无铠装层	
VV$_{22}$	VLV$_{22}$	聚氯乙烯护套,钢带铠装	直埋敷设在土壤中,能承受机械外力,不能承受大的压力
VV$_{23}$	VLV$_{23}$	聚乙烯护套,钢带铠装	
VV$_{32}$	VLV$_{32}$	聚氯乙烯护套,细钢丝铠装	敷设在室内、矿井及水中,能承受机械外力和相当的拉力
VV$_{33}$	VLV$_{33}$	聚乙烯护套,细钢丝铠装	
VV$_{42}$	VLV$_{42}$	聚氯乙烯护套,粗钢带铠装	敷设在室内、矿井及水中,能承受较大压力
VV$_{43}$	VLV$_{43}$	聚乙烯护套,粗钢带铠装	

2）交联聚乙烯绝缘电力电缆。交联聚乙烯绝缘电力电缆适用于交流50Hz、额定电压1.8/3kV及以下的输配电线路。其优点是绝缘性能良好，介质损耗低；结构简单，制造方便；质量轻，载流量大；敷设方便，不受高差限制。缺点是不含卤素，不具备阻燃性能（见表3.2）。

表3.2　交联聚乙烯绝缘电力电缆产品型号及敷设场合

型号		名称	敷设场合
铜芯	铝芯		
YJLV	YJV	交联聚乙烯绝缘聚氯乙烯护套电力电缆	敷设在室内外,隧道内必须固定在托架上,混凝土管组或电缆沟中以及允许在松散土壤中直埋,不能承受拉力和压力
YJLY	YJY	交联聚乙烯绝缘聚乙烯护套电力电缆	
YJLV$_{22}$	YJV$_{22}$	交联聚乙烯绝缘铠装聚氯乙烯护套电力电缆	可在土壤中直埋敷设,电缆能承受机械外力作用,但不能承受大的拉力
YJLV$_{23}$	YJV$_{23}$	交联聚乙烯绝缘铠装聚氯乙烯护套电力电缆	

（续）

型号		名称	敷设场合
铜芯	铝芯		
YJLV$_{32}$	YJV$_{32}$	交联聚乙烯绝缘细钢丝铠装聚氯乙烯护套电力电缆	敷设在水中或落差较大的土壤中,电缆能承受相当的拉力
YJLV$_{33}$	YJV$_{33}$	交联聚乙烯绝缘细钢丝铠装聚氯乙烯护套电力电缆	
YJLV$_{42}$	YJV$_{42}$	交联聚乙烯绝缘粗钢丝铠装聚氯乙烯护套电力电缆	敷设在水中或落差较大的隧道或竖井中,电缆能承受较大的压力
YJLV$_{43}$	YJV$_{43}$	交联聚乙烯绝缘粗钢丝铠装聚氯乙烯护套电力电缆	

3）乙丙橡皮绝缘电缆。乙丙橡皮绝缘电压电缆适用于配电网和工业装置中。它不仅适用于固定敷设线路,也可用于定期移动的固定敷设线路（见表3.3）。

表3.3 乙丙橡皮绝缘低压电力电缆产品型号及敷设场合

型号		名称	敷设场合
铜芯	铝芯		
EV	ELV	乙丙橡皮绝缘聚氯乙烯护套低压电力电缆	敷设在室内,隧道及沟道中,不能承受机械外力和振动
EF	ELF	乙丙橡皮绝缘聚氯乙烯护套低压电力电缆	

（3）控制电缆

控制电缆适用于直流和交流50Hz,额定电压450/750V、600/1000V及以下的工矿企业、现代化高层建筑等远距离操作、控制回路,信号及保护测量回路。控制电缆作为各类电器、仪表及自动装置之间的连接线,起着传递各种电气信号,保障系统安全、可靠运行的作用（见表3.4）。

控制电缆一般都有工作电压低（≤1kV）、芯数多（2～48芯）、截面积小（一般缆芯截面积为10mm^2）的特点。为提高控制电缆内、外干扰的能力,主要采取屏蔽层措施,屏蔽结构有铜带绕包、铜丝编织、铝（铜）塑复合带绕包等多种形式。

表3.4 控制电缆产品型号及敷设场合

型号	名 称	敷 设 场 合
KVV	铜芯聚氯乙烯绝缘聚氯乙烯护套控制电缆	敷设在室内、电缆沟、管道等固定场合
KVVP	铜芯聚氯乙烯绝缘聚氯乙烯护套编织屏蔽控制电缆	敷设在室内、电缆沟、管道等要求防干扰的固定场合
KVVP$_2$	铜芯聚氯乙烯绝缘聚氯乙烯护套铜带屏蔽控制电缆	敷设在室内、电缆沟、管道等要求防干扰的固定场合
KVV$_{22}$	铜芯聚氯乙烯绝缘聚氯乙烯护套钢带铠装控制电缆	敷设在室内、电缆沟、管道直埋等能承受较大机械外力的固定场合
KVVR	铜芯聚氯乙烯绝缘聚氯乙烯护套控制软电缆	敷设在室内,有移动要求、柔软、弯曲半径较小的场合
KVVRP	铜芯聚氯乙烯绝缘聚氯乙烯护套编织屏蔽控制软电缆	敷设在室内,有移动要求、柔软、弯曲半径较小、要求防干扰的场合

（4）矿物绝缘电缆

矿物绝缘电缆是一种无机耐火电缆,它采用高导电率的铜作为导体,无机物氧化镁作为绝缘,无缝铜管为护套的电力电缆,国际上称作 MI（Mineral Insulated Cable）电缆。矿物绝缘电缆除具有良好的导电性能、机械物理性能、耐火性能外,还具有良好的不燃性,这种电缆在火灾情况下不仅能够保证火灾延续时间内的消防供电，还不会延燃，不产生有毒烟雾，适用于户内高温或有耐火需要的场所，常应用于消防系统的照明、供电及控制系统以及一切需要在火灾中维持通电的线路。目前矿物绝缘电缆按结构特性可以分为刚性和柔性两种（见图 3.1）。

(1) 导电线芯
(2) 绝缘材料 (氧化镁)
(3) 铜护套

图 3.1 矿物绝缘电缆结构示意图

刚性矿物绝缘电缆根据电压划分为轻型和重型，交流电压不超过 500V 的为轻型；交流电压不超过 750V 的为重型。型号：500V（轻载）—BTTQ、BTTVQ；750V（重载）—BTTZ、BTTVZ。字母代号：B（系列代号）—布线用绝缘电缆、T（导体代号）—铜导体、V（护套代号）—聚氯乙烯外护套、Z—重型（750V）、Q—轻型（500V）。导体结构：1H 代表单芯，L 代表多芯。例 1：BTTVZ4×（1H150），表示 4 根 1 芯 150m² 的刚性重载聚氯乙烯外护套矿物绝缘电缆。例 2：BT-TQ4L2.5，表示 4 芯 2.5m² 的轻型轻载矿物绝缘电缆。

柔性矿物绝缘防火电缆（BBTRZ）产品的工艺结构与传统电缆完全相同，成功地解决了氧化镁铜杆矿物绝缘电缆（BTTZ）的生产工艺导致的众多不足之处。在发达国家特别是欧盟国家中，柔性矿物绝缘防火电缆的崛起，使得刚性矿物绝缘电缆的使用正在被替代。

（5）电力电缆的结构

电力电缆主要的结构部件为：线芯、绝缘层和保护层，除 1~3kV 级产品外，均需屏蔽层。其结构示意图如图 3.2 所示。

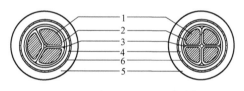

1）线芯。线芯是电力电缆的导电部分，用来输送电能，是电力电缆的主要部分。

2）绝缘层。绝缘层是将线芯与大地以及不同相的线芯间在电气上彼此隔离，保证电能输送，是电力电缆结构中不可缺少的组成部分。

3）保护层。保护层的作用是保护电力电缆免受外界杂质和水分的侵入，以及防止外力直接损坏电力电缆。保护层分为内护层和外护层两部分，内护层主要起保护绝缘层的作用。

图 3.2 电力电缆结构示意图
1—铝（铜）芯导体 2—绝缘层
3—填充 4—内护层
5—外护层 6—铠装层

2. 电缆的表示方法

电线电缆表示方法主要由型号、规格组成。

（1）电缆的型号

电缆的型号表示的内容包括电缆的结构种类、绝缘材料种类、导电线芯种类以及铠装保护层种类等。我国电缆产品的型号均采用汉语拼音组成，有外护层时则用阿拉伯数字，按照电缆结构的排列顺序为：绝缘材料、导体材料、内护层、特征、外护层。用汉语拼音第一个字母的大写表示绝缘种类、导体材料、内护层材料和结构特点（见表 3.5）；用阿拉伯数字表示外护层构成，有两位数字，无数字表示无铠装层、无外护层，第一位数字表示铠装类型，第二位数字表示外护层类型（表 3.6）。

根据电缆的型号，就可以读出该电缆的名称。例如 KVV₂₂ 表示聚氯乙烯外护层，双钢带铠装，聚氯乙烯内护层，聚氯乙烯绝缘的铜芯控制电缆。

（2）电缆规格

电缆规格又由额定电压、芯数及标称截面组成。电线及控制电缆等一般的额定电压为 300/300V、300/500V、450/750V；中低压电力电缆的额定电压一般有 0.6/1kV、1.8/3kV、3.6/6kV、6/6（10）kV、8.7/10（15）kV、12/20kV、18/20（30）kV、21/35kV、26/35kV 等。

表 3.5　电缆型号中字母含义及排列顺序

类别	绝缘种类	线芯材料	内护层	其他特征	外护层	
电力电缆（不表示） K—控制电缆 Y—移动电缆 H—电话电缆 B—绝缘线	Z—纸绝缘 V—聚氯乙烯 X—橡皮绝缘 Y—聚乙烯 YJ—交联聚乙烯	L—铝 T—铜（省略）	V—聚氯乙烯护套 Y—聚乙烯护套 L—铝护套 Q—铅护套 H—橡胶护套 F—氯丁橡胶护套	D—不滴流 F—分相 CY—充油 P—贫油干绝缘 P—屏蔽 Z—直流	铠装 类型	外被 层类型

表 3.6　电缆外护层代号的含义

第一个数字		第二个数字	
代号	铠装类型	代号	外护层类型
0	无	0	无
1	—	1	纤维绕包
2	双钢带	2	聚氯乙烯护套
3	细圆钢丝	3	聚乙烯护套
4	粗圆钢丝	4	—

电线电缆的芯数根据实际需要来定，一般电力电缆主要有 1 芯、2 芯、3 芯、4 芯、5 芯，电线主要也是 1~5 芯，控制电缆有 1~61 芯。电线电缆标称截面是指导体横截面的近似值，我国统一规定的导体横截面有 $0.5mm^2$、$0.75mm^2$、$1mm^2$、$1.5mm^2$、$2.5mm^2$、$4mm^2$、$6mm^2$、$10mm^2$、$16mm^2$、$25mm^2$、$35mm^2$、$50mm^2$、$70mm^2$、$95mm^2$、$120mm^2$、$150mm^2$、$185mm^2$、$240mm^2$、$300mm^2$、$400mm^2$、$500mm^2$、$630mm^2$、$800mm^2$、$1000mm^2$、$1200mm^2$ 等。

另外阻燃电缆在代号前加 ZR；耐火电缆在代号前加 NH。常见的电力电缆型号有：YJV、YJLV；YJV22、YJLV22；VV22、VLV22；VV、VLV；YJY、YJLV；YJY_{23}、$YJLY_{23}$。

电缆型号实际上是电缆名称的代号，反映不出电缆的具体规格、尺寸。完整的电缆表示方法是在型号后再加上说明额定电压、芯数和标称截面积的阿拉伯数字。例如 $VV_{42-10-3×50}$ 表示铜芯、聚氯乙烯绝缘、粗钢线铠装、聚氯乙烯护套、额定电压 10kV、3 芯、标称截面积 $50mm^2$ 的电力电缆。

3. 电缆敷设方法

电力电缆可以敷设于室外，也可以敷设在室内。其主要敷设方式有直接埋地敷设、电缆穿保护管敷设、电缆沟内敷设、电缆隧道内敷设、电缆桥架（梯架或托盘）敷设、电缆排管内敷设、架空敷设、水下敷设、桥梁或构架上敷设等。在电气设备消耗量定额中列有电缆埋地敷设、穿管敷设、沿竖直通道敷设，以及其他方式敷设，这几种电缆敷设方式各有优缺点。

电缆工程敷设方式的选择，应视工程条件，环境特点和电缆类型、数量等因素，且要满足运行可靠，便于维护的要求和技术经济合理的原则来选择。在建筑工程中，直埋敷设是室外电缆敷设最常用、最经济的一种敷设方式。

（1）直接埋地敷设

电缆直埋是指沿已确定的电缆线路挖掘沟道，将电缆埋在挖好的地下沟道内。因电缆直接埋设在地下不需要其他设施，故电缆直埋敷设的施工简便且造价低，节省材料。一般沿同一路径敷设的电缆根数较少（6 根以下），敷设距离较长多采用此法。埋地敷设应使用具有铠装和防腐层的电缆。

（2）电缆穿保护管敷设

当电缆与铁路、公路、城市街道、厂区道路交叉，电缆进建筑物隧道，户内埋地，穿过楼板及墙壁以及其他可能受到机械损伤的地方时，应预先埋设电缆保护管，然后将电缆穿在管内。这样能防止电缆受到机械损伤，而且便于检修时电缆的拆换。

（3）电缆在构筑物内敷设

电缆沿电缆沟（或电缆隧道）敷设，电缆沟设在地面下，由砖砌成或由混凝土浇筑而成，沟顶部用盖板盖住，电缆隧道或电缆沟内装有电缆支架。电缆沿电缆沟（或电缆隧道）敷设是室内外常见的一种电缆敷设方式，是全封闭型的地下构筑物，适用于地下水位低、电缆线路较集中的电力主干线敷设。

同一路径敷设电缆较多（根数 6 根以上 18 根以下），而且按规划沿此路径的电缆线路又增加时，为施工及今后使用、维护的方便，宜采用电缆沟敷设。当电缆敷设数量较多（一般为 40 根）时，应考虑电缆在电缆隧道内敷设。电缆隧道是尺寸较大的电缆沟。

（4）电缆在电缆排管内敷设

按照一定的孔数和排列预制好的水泥管块，再用水泥砂浆浇筑成一个整体，然后将电缆穿入管中，这种敷设方法称为电缆排管敷设。电缆排管多采用石棉水泥管、混凝土管、陶土管等管材，适用于敷设电缆数量较多（一般不超过 12 根），而道路交叉较多，路径拥挤，且有机动车等重载，又不宜采用直埋或电缆沟敷设的地段，如主要道路、穿越道路、穿越绿化带、穿越小型建筑物等。排管内的电缆一般选用无铠装电缆。

（5）电缆沿桥架敷设

所谓电缆桥架，根据《电控配电用电缆桥架》（JB/T 10216—2013）所下定义是：由电缆托盘或电缆梯架的直线段、弯通、附件及支吊架等构成具有支撑电缆的刚性结构系统之全称（简称桥架）。电缆桥架适用于电缆数量较多或较集中的场所。建筑物内桥架可以独立架设，也可以附设在各种建（构）筑物和管廊支架上，体现结构简单、造型美观、配置灵活和维修方便等特点，全部零件均需进行镀锌处理，通过电缆桥架把电缆从配电室或控制室送到各用电设备。

电缆桥架按材质分类有钢板、铝合金、不锈钢、玻璃钢及无机材料；按结构分类有梯式、有孔托盘式、无孔托盘式；按防火要求分类有普通型和耐火型；从性能分类有普通型和节能型。消耗量定额中的电缆桥架有钢制桥架、玻璃钢桥架、铝合金桥架和组合桥架等四大类，钢制桥架、

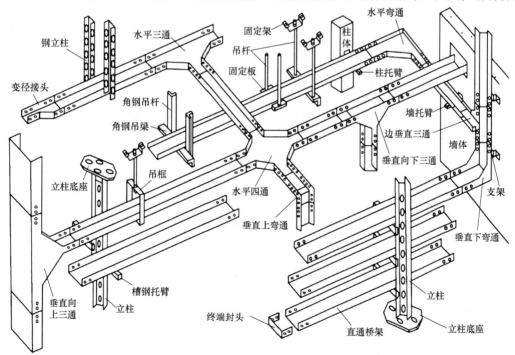

图 3.3　槽式电缆桥架

玻璃钢桥架、铝合金桥架又分别有槽式桥架（见图3.3）、梯式桥架和托盘式桥架（见图3.4）三种安装形式。前三种桥架备有护罩，需要配护罩时可在订货时注明或按照护罩型号订货，其所有配件均通用。

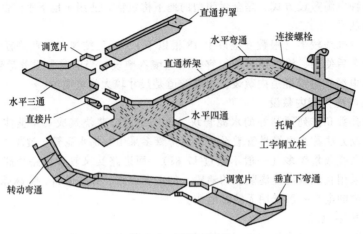

图3.4　托盘式桥架

组合式电缆桥架适用于各种工程、各个单位、各种电缆的敷设。具有结构简单、配置灵活、安装方便、型式新颖等优点。组合式电缆桥架只要采用宽100mm、150mm、200mm的三种基型就可以组装成所需要尺寸的电缆桥架，不需生产弯通、三通等配件就可以根据现场安装需要任意转向、变宽、分支、引上、引下。在任意部位，不需要打孔，焊接后就可用管引出，既可方便工程设计，又方便生产运输，更方便安装施工，是目前电缆桥架中最理想的产品（见图3.5）。

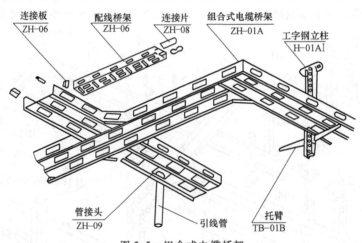

图3.5　组合式电缆桥架

支架是支撑电缆桥架和电缆的主要部件，它由立柱、立柱底座、托臂等组成。电缆支架包括玻璃钢支架、复合式电缆支架、预埋式电缆支架、螺钉式样电缆支架、组合式电缆支架等（见图3.6）。

4. 电缆头

电缆敷设好后，为使其成为一个连续的线路，各线段必须连接为一个整体，这些连接点则称为接头。电缆线路两末端的接头称为终端头，中间的接头称为中间头。电缆终端头和电缆中间头

托臂   角钢、吊杆

图 3.6　支架

的主要作用是把电缆封起来，以保证电缆的绝缘水平。它们可以使电缆保持密封，使线路畅通，并保证电缆连接头处的绝缘等级，使其安全可靠地运行。

（1）电力电缆头

电力电缆头分为终端头和中间头，按线芯材料可分为铝芯电力电缆头和铜芯电力电缆头；按安装场所分为户内式和户外式；按电缆头制作材料分为干包式、环氧树脂浇注式、热缩式、冷缩式，另外还有带 T 形或肘形插头的电缆头。

1）干包式电力电缆头。干包式电力电缆头使用塑料带包缠，电缆头制作安装不采用填充剂，也不用任何壳体，因而具有体积小、质量轻、成本低和施工方便等优点，但只适用于户内低压（≤1kV）全塑或橡皮绝缘电力电缆。户内干包式电力电缆头不装"终端盒"时，称为"简包终端头"，适用于一般塑料和橡皮绝缘低压电缆。消耗量定额中干包式电力电缆头分为户内终端头和户内中间头。

2）浇注式电力电缆头。浇注式电力电缆头是由环氧树脂外壳和套管，配以出线金具，经组装后浇注环氧树脂复合物而成。环氧树脂是一种优良的绝缘材料，特别是具有初始电性能好，机械强度高，成型容易，阻油能力强和粘接性优良等特点，因而获得广泛的使用，主要用于油浸纸绝缘电缆。

3）热缩式电力电缆头。热缩式电力电缆头是由聚烯烃、硅酸胶和多种添加剂共混得到多相聚合物，经过 γ 射线或电子束等高能射线辐照而成的多相聚合物辐射交联热收缩材料，即电缆头是由辐射交联热收缩电缆附件制成的。热收缩电缆附件适用于 0.5~10 kV 交联聚乙烯电缆及各种类型的电缆头制作安装。

4）冷缩电缆头。冷缩电缆头，现场施工简单方便，其冷缩管具有弹性，只要抽出内芯尼龙支撑条，利用冷缩管的收缩性，使冷缩管与电缆完全紧贴，同时用半导体自粘带密封端口，可紧紧贴服在电缆上，不需要使用加热工具，克服了热缩材料在电缆运行时，因热胀冷缩而产生的热缩材料与电缆本体之间的间隙，使其具有良好的绝缘和防水防潮效果。

5）带 T 形或肘形插头的电缆头。带 T 形或肘形插头的电缆头开始是作为引进的美式或欧式箱变中的配件进入我国，20 世纪 90 年代后我国制造出了仿美式、欧式 T 形或肘形电缆头。结构安全、紧凑、插拔连接方便，是欧式、美式箱变中重要部件。

（2）矿物绝缘电力电缆头

消耗量定额中矿物绝缘电力电缆分为终端头和中间头，按芯数分为单芯、二芯、三芯、四芯电缆头。

（3）控制电缆头

消耗量定额中，控制电缆分为终端头和中间头，按芯数分为 6 芯、14 芯、24 芯、37 芯、

48 芯电缆头。

二、电缆敷设工程识图

电缆线路工程设计中提供电缆敷设平面图、剖面图，在电缆数量较多时还提供电缆排列图，电缆的具体安装方法通常都是使用标准图集。

电缆线路工程图常用图形符号见表 3.7。

表 3.7　电缆线路工程图常用图形符号

序号	图形符号	说　明
1	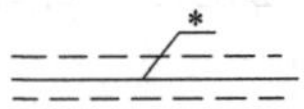	电缆桥架 * 为注明回路及电缆截面芯数
2	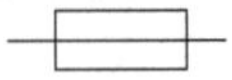	电缆穿保护,可加注文字符号表示其规格、数量
3	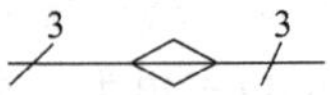	电缆中间接线盒
4	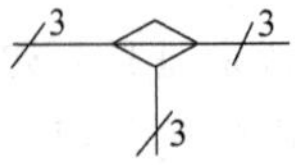	电缆分支接线盒
5	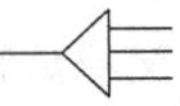	电缆密封终端头(示例为带一根三芯电缆)
6	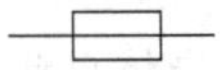	人孔的一般符号
7	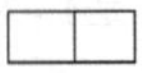	手孔的一般符号

图 3.7 所示为 10kV 电缆线路工程的平面图，图中标出了电缆线路的走向、敷设方式、各段线路的长度及局部处理方法。电缆采用直接埋地敷设，电缆从××路北侧 1 号杆引下，穿过道路沿街南侧敷设，到达××大街转向南，沿街东侧敷设，终点为造纸厂。剖面图 *A—A* 是整条电缆埋地敷设的情况，采用铺砂盖保护板的敷设方法，剖切位置在图中 1 号杆位置左侧，剖面 *B—B* 是电缆穿过道路时加保护管的情况，剖切位置在图中一号杆下方路面上。

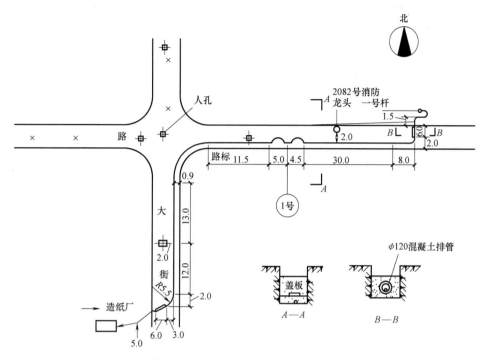

图 3.7   10kV 电缆线路工程的平面图

第二节   电缆敷设工程施工

电缆敷设工程施工的主要依据有《建筑电气工程施工质量验收规范》（GB 50303—2015）、《电气装置安装工程电缆线路施工及验收规范》（GB 50168—2006）等。电缆线路敷设前具备的条件应符合下列规定：

1）支架安装前，应先清除电缆沟、电气竖井内的施工临时设施、模板及建筑废料等，并应对支架进行测量定位。

2）电缆敷设前，电缆支架、电缆导管、梯架、托盘和槽盒应完成安装，并已与保护导体完成连接，且经检查应合格。

3）电缆敷设前，绝缘测试应合格。

4）通电前，电缆交接试验应合格，检查并确认线路去向、相位和防火隔堵措施等符合设计要求。

一、电缆敷设基本要求

电缆的敷设方式比较多，究竟选择哪种敷设方式，应根据工程条件，电缆线路的长短，电缆敷设的数量等条件具体决定，但电缆敷设只能依据施工图及相关施工规范进行施工，规范中，对电缆敷设所做的规定如下：

1）电缆的敷设排列应顺直、整齐，并宜少交叉。

2）电缆转弯处的最小弯曲半径应符合表 3.8 的规定。

3）在电缆沟或电气竖井内垂直敷设或大于 45°倾斜敷设的电缆应在每个支架上固定。

4）在梯架、托盘或槽盒内大于45°倾斜敷设的电缆每隔2m应固定，水平敷设的电缆，首尾两端、转弯两侧及每隔5~10m处应设固定点。

5）当设计无要求时，电缆支持点间距不应大于表3.9的规定。

6）当设计无要求时，电缆与管道的最小净距应符合相关的规定。

7）无挤塑外护层电缆金属护套与金属支（吊）架直接接触的部位应采取防电化腐蚀的措施。

8）电缆出入电缆沟，电气竖井，建筑物，配电（控制）柜、台、箱处以及管子管口处等部位应采取防火或密封措施。

9）电缆出入电缆梯架、托盘、槽盒及配电（控制）柜、台、箱、盘处应做固定。

10）当电缆通过墙、楼板或室外敷设穿导管保护时，导管的内径不应小于电缆外径的1.5倍。

表3.8　电缆最小允许弯曲半径

电缆形式		电缆外径/mm	多芯电缆	单芯电缆
塑料绝缘电缆	无铠装		15D	20D
	有铠装		12D	15D
橡皮绝缘电缆		—	10D	
控制电缆	非铠装型、屏蔽型软电缆		6D	
	铠装型、钢屏蔽型		12D	—
	其他		10D	
铝合金导体电力电缆		—	7D	
氧化镁绝缘刚性矿物绝缘电缆		<7	2D	
		≥7，且<12	3D	
		≥12，且<15	4D	
		≥15	6D	
其他矿物绝缘电缆		—	15D	

注：D为电缆外径。

表3.9　电缆支持点间距　　　　　　　　　　（单位：mm）

电缆种类		电缆外径	敷设方式	
			水平	垂直
电力电缆	全塑型	—	400	1000
	除全塑型外的中低压电缆		800	1500
	35kV高压电缆		1500	2000
	铝合金带联锁铠装的铝合金电缆		1800	1800
控制电缆			800	1000
矿物绝缘电缆		<9	600	800
		≥9，且<15	900	1200
		≥15，且<20	1500	2000
		≥20	2000	2500

二、电缆直接埋地敷设

电缆直接埋地敷设的施工工序如下：测量划线→开挖电缆沟→铺砂或软土（100mm厚）→敷设电缆→盖砂或软土（100mm厚）→盖砖或保护板→回填土→设置标桩。电缆沟的形状及电缆埋设示意图如图3.8所示。

电缆的直埋敷设可分为机械敷设（敷缆机）和人工敷设两种。机械敷设将开挖电缆沟、敷设电缆和回填土3项工作由敷缆机一次完成；人工敷设用人工开挖电缆沟、敷设电缆和回填土。

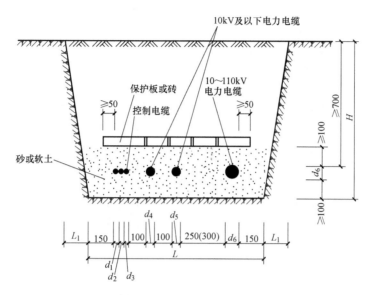

图 3.8　电缆直接埋地敷设

电缆直埋敷设的路径，应避开含有酸、碱强腐蚀或杂散电流电化学腐蚀严重影响的路段。在电缆敷设路径上有可能受到机械外力损伤、振动、浸水及腐蚀性或污染物质等损害时，应采取防护措施。

1．电缆沟

电缆应敷设于沟里，电缆在屋外直接埋地敷设的深度不应小于 700mm；当直埋在农田时，不应小于 1m。在寒冷地区，屋外直接埋地敷设的电缆应设于冻土层以下。当受条件限制不能深埋时，应采取防止电缆受到损伤的措施。

在电缆上下方应均匀铺设细砂或软土，其厚度宜为 100mm；在砂层应覆盖混凝土保护板等保护层，其覆盖宽度应超过电缆两侧各 50mm。保护板可采用混凝土盖板或砖块。软土或砂子中不应有石块或其他硬质杂物。回填土应无石块、砖头等尖锐硬物。

2．电缆敷设

电缆直埋敷设的要求如下：

1）电缆直接埋地敷设时，沿同一路径敷设的电缆数量不宜超过 6 根。

2）埋地敷设电缆间及其与建筑物、构筑物等的最小净距，应符合现行国家标准《电力工程电缆设计标准》（GB 50217—2018）的有关规定。

3）电缆与建筑物平行敷设时，电缆应埋设在建筑物的散水坡外。电缆引入建筑物时，其保护管应超出建筑物散水坡 100mm。

4）电缆与热力管沟交叉，当采用电缆穿隔热水泥管保护时，其长度应伸出热力管沟两侧各 2m；采用隔热保护层时，其长度应超过热力管沟两侧各 1m。

5）电缆与道路、铁路交叉时，应穿管保护，保护管应伸出路基 1m。

6）埋地敷设电缆的接头盒下面应垫混凝土基础板，其长度宜超出接头盒两端 0.6～0.7m。

3．穿管保护

电缆通过建筑物和构筑物的基础、散水坡、楼板和穿过墙体等处应穿管保护（见图 3.9）。穿入管中电缆的数量应符合设计要求，交流单芯电缆或分相后的每相电缆不得单独穿于钢导管内。电缆通过下列地段应穿管保护，穿管内径不应小于电缆外径的 1.5 倍：

1）电缆通过建筑物和构筑物的基础、散水坡、楼板和穿过墙体等处。

2）电缆通过铁路、道路处和可能受到机械损伤的地段。

3）电缆引出地面 2m 至地下 200mm 处的部分。

4）电缆可能受到机械损伤的地方。

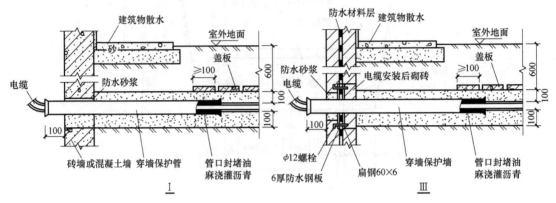

图 3.9　电缆穿墙进入建筑物

电气安装工程消耗量定额规定的需要增加的保护管长度：

1）横穿道路，按路基宽度两端各增加 2m。

2）出地面垂直敷设，管口距地面增加 2m。

3）穿过建筑物外墙，按基础外缘以外增加 1m。

4）穿过排水沟，按沟壁外缘以外增加 1m。

保护管沟深没有施工图时，按照沟深 0.9m，沟宽按最外边的保护管两侧边缘外各增加 0.3m 的工作面计算。

4. 电缆标志

电缆敷设完工后，沿电缆线路的两端和转弯处均应竖立一根露在地面上的混凝土标桩，在标桩上注明电缆的型号、规格、敷设日期和线路走向等，以便日后检修。

直埋电缆在直线段每隔 50～100m、电缆接头、转弯、进入建筑物等处，应设置明显的方向标志或标示桩（见图 3.10）。

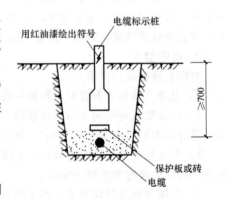

图 3.10　直埋电缆标示桩

三、电缆在构筑物内敷设

电缆沟（或电缆隧道）敷设的施工工艺：测位划线→挖电缆沟→砌筑沟、抹灰 →预埋角钢支架→电缆敷设→清理现场→电缆头制作安装→盖盖板。电缆隧道敷设和电缆沟敷设基本相同，只是电缆隧道所容纳的电缆根数更多（一般在 18 根以上）。

1. 电缆沟结构

电缆沟一般装有电缆支架，电缆均挂在支架上，支架可以为单侧也可以是双侧。一般可分为单层支架沟、单侧多层支架沟、双侧多层支架沟，如图 3.11 所示。

室外电缆沟一般采用钢筋混凝土盖板或钢盖板。钢筋混凝土盖板的质量不宜超过 50kg，钢

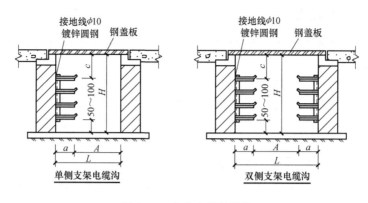

图 3.11　室内电缆沟结构

盖板的质量不宜超过 30kg。电缆支架的长度，在电缆沟内不宜大于 350mm；在电缆隧道内不宜大于 500mm。

电缆隧道内的净高不应低于 1.9m。局部或与管道交叉处净高不宜小于 1.4m。隧道内应采取通风措施，有条件时宜采用自然通风。当电缆隧道长度大于 7m 时，电缆隧道两端应设出口；两个出口间的距离超过 75m 时，尚应增加出口。人孔井可作为出口，人孔井直径不应小于 0.7m。电缆隧道内应设照明，其电压不应超过 36V；当照明电压超过 36V 时，应采取安全措施。

2. 防火、防水

电缆沟在进入建筑物处应设防火墙。电缆隧道进入建筑物处以及在进入变电所处，应设带门的防火墙。防火门应装锁。电缆的穿墙处保护管两端应采用难燃材料封堵。

电缆隧道和电缆沟应采取防水措施，其底部排水沟的坡度不应小于 0.5%，并应设置水坑，积水可经集水坑用泵排出。当有条件时，积水可直接排入下水道。

3. 其他要求

1) 电缆在电缆隧道或电缆沟内敷设时，其通道宽度和支架层间垂直的最小净距，应符合表3.10 的规定。

表 3.10　通道宽度和电缆支架层间垂直的最小净距　（单位：m）

项　　目		通道宽度		支架层间垂直最小净距	
		两侧设支架	一侧设支架	电力线路	控制线路
电缆隧道		1.00	0.90	0.20	0.12
电缆沟	沟深≤0.60	0.30	0.30	0.15	0.12
	沟深>0.60	0.50	0.45	0.15	0.12

2) 在多层支架上敷设电缆时，电力电缆应敷设在控制电缆的上层；当两侧均有支架时，1kV 及以下的电力电缆和控制电缆宜与 1kV 以上的电力电缆分别敷设于不同侧支架上。

3) 电缆在电缆隧道或电缆沟内敷设时，支架间或固定点间的最大间距应符合表 3.11 的规定。

表 3.11　电缆支架间或固定点间的最大间距　（单位：m）

敷 设 方 式		水 平 敷 设	重 直 敷 设
塑料护套、钢带铠装	电力电缆	1.0	1.5
	控制电缆	0.8	1.0
钢丝铠装		3.0	6.0

四、电缆沿桥架敷设

电缆沿桥架敷设的施工工序：测位划线→支架、吊架制作安装→桥架安装→电缆敷设→清理现场→电缆头制作安装。

1. 电缆桥架支架、吊架的安装

电缆桥架主要靠支架、吊架做固定支撑。支吊架设置应符合设计或产品技术文件要求，支吊架安装应牢固、无明显扭曲；与预埋件焊接固定时，焊缝应饱满；膨胀螺栓固定时，螺栓应选用适配、防松零件齐全、连接紧固。

当设计无要求时，支架、吊架安装应符合下列规定：

1）水平安装的支架间距宜为 1.5~3.0m，垂直安装的支架间距不应大于 2m。

2）采用金属吊架固定时，圆钢直径不得小于 8mm，并应有防晃支架，在分支处或端部0.3~0.5m 处应有固定支架。

3）敷设在电气竖井内的电缆梯架或托盘，其固定支架不应安装在固定电缆的横担上，且每隔 3~5 层应设置承重支架。

2. 桥架安装

电缆桥架安装的敷设路径主要有沿顶板安装、沿墙水平和垂直安装、沿竖井安装、沿地面安装、沿电缆沟及管道支架安装等。梯架、托盘和槽盒安装应符合下列规定：支架安装前，应先测量定位；梯架、托盘和槽盒安装前，应完成支架安装，且顶棚和墙面的喷浆、油漆或壁纸等应基本完成。具体安装要求如下：

1）电缆梯架、托盘和槽盒宜敷设在易燃易爆气体管道和热力管道的下方，与各类管道的最小净距应符合表 3.12 的规定。

表 3.12 电缆梯架、托盘和槽盒与管道的最小净距　　　　（单位：mm）

管道类别		平行净距	交叉净距
一般工艺管道		400	300
可燃或易燃易爆气体管道		500	500
热力管道	有保温层	500	300
	无保温层	1000	500

2）配线槽盒与水管同侧上下敷设时，宜安装在水管的上方；与热水管、蒸汽管平行上下敷设时，应敷设在热水管、蒸汽管的下方，当有困难时，可敷设在热水管、蒸汽管的上方；相互间的最小距离宜符合表 3.13 的规定。

表 3.13 配线槽盒与热水管、蒸汽管间的最小距离　　　　（单位：mm）

配线槽盒的敷设位置	管道种类	
	热　水	蒸　汽
在热水、蒸汽管道上面平行敷设	300	1000
在热水、蒸汽管道下面或水平平行敷设	200	500
与热水、蒸汽管道交叉敷设	不小于其平行的净距	

3）敷设在电气竖井内穿楼板处和穿越不同防火区的梯架、托盘和槽盒，应有防火隔堵措施。

4）对于敷设在室外的梯架、托盘和槽盒，当进入室内或配电箱（柜）时应有防雨水措施，槽盒底部应有泄水孔。

5）金属电缆托盘、梯架及支架应可靠接地，全长不应小于 2 处与接地干线相连。

6）当直线段钢制或塑料梯架、托盘和槽盒长度超过 30m，铝合金或玻璃钢制梯架、托盘和槽盒长度超过 15m 时，应设置伸缩节；当梯架、托盘和槽盒跨越建筑物变形缝处时，应设置补偿装置。

3．桥架内电缆敷设

电缆在托盘和梯架内敷设时，电缆总截面积与托盘和梯架横截面面积之比，电力电缆不应大于 40%，控制电缆不应大于 50%。电缆托盘和梯架多层敷设时，其层间距离应符合下列规定：

1）控制电缆间不应小于 0.20m。

2）电力电缆间不应小于 0.30m。

3）非电力电缆与电力电缆间不应小于 0.50m；当有屏蔽盖板时，可为 0.30m。

4）托盘和梯架上部距顶棚或其他障碍物不应小于 0.30m。

下列不同电压、不同用途的电缆，不宜敷设在同一层托盘和梯架上：

1）1kV 以上与 1kV 及以下的电缆。

2）同一路径向一级负荷供电的双路电源电缆。

3）应急照明与其他照明的电缆。

4）电力电缆与非电力电缆。

上述四种情况的电缆，当受条件限制需安装在同一层托盘和梯架上时，应采用金属隔板隔开。

五、矿物绝缘电缆敷设

矿物绝缘电缆敷设的一般要求：

1）矿物绝缘电缆建议单独敷设，如无法与其他绝缘电缆分开敷设时，建议采用隔板隔开。

2）电缆敷设时，在转弯处，中间联接器以及电缆分支接线箱、盒两侧应加以固定。

3）电缆在下列场合敷设时，由于环境条件可能造成电缆振动和伸缩，应考虑将电缆敷设成 S 或 Ω 形弯，其弯曲半径应不小于电缆外径的 6 倍：在温度变化大的场合，如北方地区室外敷设；有振动源设备的布线，如电动机进线或发电机出线；建筑物的沉降缝和伸缩缝之间。

矿物绝缘电缆的敷设方式有多种，可以沿支架卡设（见图 3.12），可沿墙面及平顶敷设，沿电缆桥架敷设（见图 3.13），沿钢索敷设等。电缆在支架上卡设时，要求每一个支架处都有电缆卡子将其固定。

六、电缆防火阻燃装置

电缆防火阻燃封堵材料包括有机封堵、无机封堵、耐火隔板、防火涂料、防火包等。

1．防火材料

1）有机堵料。有机堵料主要应用在建筑管道和电线电缆贯穿孔洞的防火封堵工程中，并与无机防火堵料、阻火包配合使用。

2）无机防火堵料。无机防火堵料是一种灰色粉末状材料，将其与水混合后可用于电线电缆的孔洞封堵或者用作电线电缆隧道的阻火墙。

3）防火隔板。也称无机防火隔板或不燃阻火板等，主要适用于各类电压等级的电缆在支架或梯架上敷设时的防火保护和耐火分隔，也可用防火隔板制成各种形式的电缆防火槽盒，板隙处使用。

4）防火涂料。防火涂料按照防火涂料的使用对象以及防火涂料的涂层厚度，可分为饰面型防火涂料和钢结构防火涂料。饰面型防火涂料一般用作可燃基材的保护性材料，又分为水性和

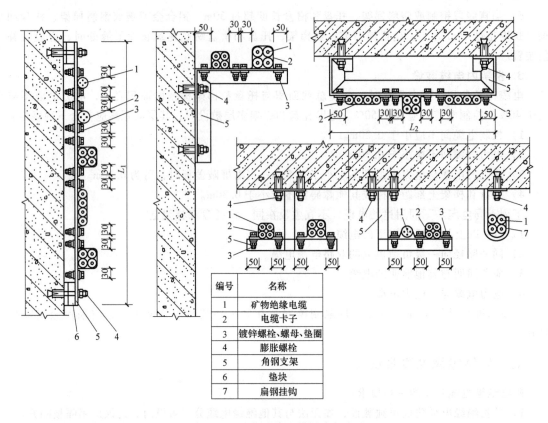

编号	名称
1	矿物绝缘电缆
2	电缆卡子
3	镀锌螺栓、螺母、垫圈
4	膨胀螺栓
5	角钢支架
6	垫块
7	扁钢挂钩

图 3.12　矿物绝缘电缆沿支架卡设

溶剂型两大类。结构防火涂料主要用作不燃烧体构件的保护性材料，又分为有机防火涂料和无机防火涂料，涂层比较厚、密度小、热导率低，具有优良的隔热性能。

5）防火包。防火包用于电缆井，用阻火网、阻火板或铁板做支垫，将防火包平铺于垫上，垒成隔层，电缆隧道和电缆沟根据国内电缆隧道和电缆竖井的有关间距规定，在需要设置隔墙处，将防火包垒成防火墙即可。

2. 防火封堵部位

对易受外部影响着火的电缆密集场所或可能着火蔓延而酿成严重事故的电缆回路，必须按设计要求的防火阻燃措施进行施工。

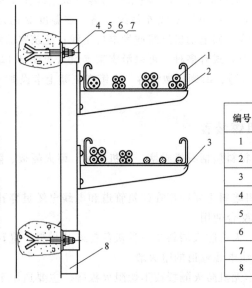

编号	名称
1	矿物绝缘电缆
2	电缆桥架
3	桥架托架
4	螺母
5	开脚螺栓
6	镀锌垫圈
7	弹簧垫圈
8	托架支架

图 3.13　矿物绝缘电缆沿桥架水平敷设

1）凡穿越墙壁、楼板和电缆沟道而进入控制室、开关室、电容器室、消弧线（接地变）室所用变室，保护室、电缆夹层、电气柜（盘）、交直流柜（盘）控制屏及仪表盘、保护盘等处的电缆孔、洞。

2）竖井和进入油区的电缆入口处。

3）室外端子箱、电源箱、控制箱等电缆穿入处。

4）室内电缆沟电缆穿至开关柜的入口处。

5）在竖井中，宜每隔7m设置阻火隔层。

3. 防火封堵措施

1）在电缆穿过竖井、墙壁、楼板或进入电气盘、柜的孔洞处，用防火堵料密实封堵。

2）在重要的电缆沟和隧道中，按要求分段或用软质耐火材料设置阻火墙。

3）对重要回路的电缆，可单独敷设于专门的沟道中或耐火封闭槽盒内，或对其施加防火涂料、防火包带。

4）在电力电缆接头两侧及相邻电缆2~3m长的区段施加防火涂料或防火包带，必要时采用高强防爆耐火槽盒进行封闭。

5）按设计采用耐火或阻燃型电缆。

6）按设计设置报警和灭火装置。

7）防火重点部位的出入口，应按设计要求设置防火门或防火卷帘。

8）改建、扩建工程施工中，对于贯穿已运行的电缆孔洞、阻火墙，应及时恢复封堵。

在封堵电缆孔洞时，封堵应严实可靠，不应有明显的裂缝和可见的孔隙，孔洞较大者应加耐火衬板后再进行封堵。阻火墙上的防火门应严密，孔洞应封堵；阻火墙两侧电缆应施加防火包带或涂料。

第三节　电缆敷设工程定额简介

《山东省安装工程消耗量定额》（2016）的《第四册　电气设备安装工程》中第九章编制了"电缆敷设工程"定额。

一、电缆敷设工程定额设置内容

电缆敷设定额主要设置了沟槽挖填，开挖路面，路面修复，电缆沟铺砂、盖砖及揭（盖）、移动盖板，电缆保护管埋地敷设，电缆桥架安装，线槽安装，电力电缆、控制电缆敷设，电力电缆头、控制电缆头制作安装，防火阻燃装置安装等项目，共计24节414个定额子目，定额子目编号：4-9-1~4-9-414。电缆敷设工程定额适用于10kV以下电力电缆和控制电缆敷设。定额系按平原地区和厂内电缆工程的施工条件编制的，未考虑在积水区、水底、井下等特殊条件下的电缆敷设，场外电缆敷设工程按本册第十一章有关定额另计工地运输。

1. 沟槽挖填

沟槽挖填定额区分施工方式（人工、机械）和土质情况（普通土、坚土和冻土等）划分定额子目，共编制6个子目，计量单位：m³。定额工作内容有：测位、划线、挖沟、回填土、夯实。

2. 开挖路面

开挖路面定额区分不同的路面材质结构（混凝土路面、沥青混凝土路面、砂石路面、预制块人行道）和厚度，共编制了8个定额子目，计量单位：m²。定额工作内容：测量、划线、路面切割、路基挖掘、挖掘物堆放、渣土清理运输。

3. 路面修复

路面修复是新增项目，定额区分不同的路面材质结构（混凝土路面、沥青混凝土路面、砂石路面、预制块人行道）和厚度，共编制了 8 个定额子目，计量单位：m^2。定额工作内容：清理、过滤原碎石、回填、铺面层、养护、标识。

4. 电缆沟铺砂、盖砖及揭（盖）、移动盖板

电缆沟铺砂盖砖、盖保护板定额分别区分敷设 1~2 根、每增加 1 根编制了 4 个子目，定额工作内容主要有：调整电缆间距、铺砂、盖砖（或保护板）、埋设标桩。电缆沟揭（盖）、移动盖板定额按盖板长度（mm 以下）划分 3 个子目，计量单位：10m。定额工作内容：盖板揭起、堆放、盖板覆盖、调整等。

5. 电缆保护管埋地敷设

电缆保护管埋地敷设定额区分管材（钢管、塑料管、混凝土管、石棉水泥管）和其管径规格（mm 以内），设置了 10 个子目，计量单位：10m。定额工作内容：沟底夯实、锯管、弯管、打喇叭口、接口、敷设、刷漆、堵管口、金属管接地等。

电缆穿墙防水套管制作安装是新增项目，定额区分公称口径编制了 6 个子目，计量单位："个"。定额工作内容：放样、下料、切割、组对、焊接、刷防锈漆、配合预留孔洞及混凝土浇筑、套管就位。

塑料矩形套管区分外轮廓截面不同编制了 3 个子目，计量单位：10m。定额工作内容：沟底夯实、锯管、接管、敷设、堵管口。

顶管区分公称口径和顶管距离编制了 4 个子目，计量单位：10m。定额工作内容：钢管刷油、下管、装机具、顶管、接管、清理、扫管等。

6. 电缆桥架安装

定额按桥架材质分为钢制、玻璃钢、铝合金等材质桥架，每种材质桥架按桥架类型又分为三种：槽式桥架、梯式桥架、托盘式桥架。每类桥架按桥架截面尺寸（高+宽 mm 以下）划分定额子目，编制了 109 个子目，计量单位：10m。定额工作内容：运输、组对、吊装固定、弯头、三通或四通、切割口防腐、桥架开孔、上管件、隔板、盖板安装、接地跨接、附件安装等。

组合式桥架安装以每片长度 2m 作为一个基型片，需要在施工现场将基型片组合成一定规格的桥架，设置了 1 个子目，计量单位：100 片。定额工作内容：组对、螺栓连接、安装固定。

7. 线槽安装

线槽安装是新增项目，定额区分材质（金属线槽、塑料线槽）和半周长编制了 6 个子目，计量单位：10m。定额工作内容：划线、定位、打眼、槽体清扫、本体固定、配件安装、接地跨接。

8. 电力电缆埋地敷设

电力电缆埋地敷设定额区分导体材质（铝芯、铜芯）和截面规格编制了 10 个定额子目，计量单位：100m。定额工作内容：开盘、检查、架盘、敷设、锯断、收盘、临时封头、挂牌。

9. 电力电缆穿管敷设

电力电缆穿管敷设定额区分导体材质（铝芯、铜芯）和截面规格编制了 10 个定额子目，计量单位：100m。定额工作内容：开盘、检查、架盘、穿引线、敷设、锯断、收盘、临时封头、挂牌。

10. 电力电缆沿竖直通道敷设

定额区分导体材质（铝芯、铜芯）和截面规格编制了 10 个定额子目，计量单位：100m。定额工作内容：开盘、检查、架盘、敷设、锯断、排列、整理、固定、收盘、临时封头、挂牌。

11. 电力电缆其他敷设

定额区分导体材质（铝芯、铜芯）和截面规格编制了10个定额子目，计量单位：100m。定额工作内容：开盘、检查、架盘、敷设、锯断、排列、整理、固定、收盘、临时封头、挂牌。

12. 矿物绝缘电力电缆敷设

定额区分芯数（单芯、二～四芯）和电缆截面积编制了8个定额子目，计量单位：100m。定额工作内容：开盘、检查、架盘、敷设、锯断、排列、整理、固定、收盘、绝缘检测、驱潮、临时封头、挂牌。

13. 户内干包式电力电缆头制作、安装

定额区分导体材料（铜芯、铝芯）、电缆截面积、电压等级（1kV以下）电缆头形式（终端头、中间头）和截面规格编制了20个定额子目，计量单位：个。定额工作内容：定位、量尺寸、锯断、剥保护层及绝缘层、清洗、包缠绝缘、压连接管及接线端子、安装、接线。

14. 户内浇注式电力电缆头制作、安装

定额区分电压等级（1kV以下、10kV以下）、导体材料（铜芯、铝芯）、电缆头形式（终端头、中间头）和电缆截面规格编制了40个定额子目，计量单位：个。定额工作内容：定位、量尺寸、锯断、剥切清洗、内屏蔽层处理、包缠绝缘、压扎索管和接线端子/焊压接线端子、装终端盒、配料浇注、安装接线。

15. 户内热缩式电力电缆头制作、安装

定额区分电压等级（1kV以下、10kV以下）、导体材料（铜芯、铝芯）、电缆头形式（终端头、中间头）和截面规格编制了36个定额子目，计量单位：个。定额工作内容：定位、量尺寸、锯断、剥切清洗、内屏蔽层处理、焊接地线、压扎索管和接线端子/焊压接线端子、装热缩管、加热成型、安装、接线。

16. 户外热缩式、浇注式电力电缆端头制作、安装

户外热缩式电缆头定额区分导体材料（铜芯、铝芯）、截面规格编制了8个定额子目，计量单位：个。定额工作内容：定位、量尺寸、锯断、剥切清洗、内屏蔽层处理、套热缩管、压扎索管和接线端子、装终端盒、安装、接线。

户外浇注电缆头定额区分导体材料（铜芯、铝芯）、截面规格编制了10个定额子目，计量单位：个。定额工作内容：定位、量尺寸、锯断、剥切清洗、内屏蔽层处理、压扎索管和接线端子、装终端盒、配料浇注、安装、接线。

17. 户内冷缩电力电缆头制作、安装

冷缩电力电缆头制作、安装是新增项目，定额区分导体材料（铜芯、铝芯）、电缆头形式（终端头、中间头）、电压等级（1kV以下、10kV以下）、截面规格编制了36个定额子目，计量单位：个。定额工作内容：定位、量尺寸、剥切外护套和内衬层、内屏蔽层处理、缠填充胶、固定铜屏蔽地线、固定冷缩指管、冷缩管、压扎索管/压接端子、固定冷缩终端、密封端口。

18. 户外冷缩式电力电缆终端头制作、安装

户外冷缩式电力电缆终端头制作、安装定额区分导体材料（铜芯、铝芯）、截面规格编制了8个定额子目，计量单位：个。定额工作内容：定位、量尺寸、剥切外护套和内衬层、内屏蔽层处理、缠填充胶、固定铜屏蔽地线、固定冷缩指管、冷缩管、压接端子、固定冷缩终端、密封端口。

19. 矿物绝缘电力电缆头制作、安装

定额区分芯数（单芯、二～四芯）、电缆头形式（终端头、中间头）、截面规格编制了16个

定额子目，计量单位：个。定额工作内容：定位、量尺寸、钻固定孔、剥切、驱潮、测绝缘、终端绝缘、终端密封、线芯绝缘、装接地片、装接线端子、固定、接线。

20. 电力电缆绝缘穿刺线夹安装

定额区分敷设方式（明敷、直埋）、截面规格编制了 10 个定额子目，计量单位：个。定额工作内容：定位、剥切电缆外保护层、固定穿刺线夹、支线插入、拧紧力矩螺母、（装外护层）。

21. 带 T 形、肘形插头的电力电缆终端头制作、安装

带 T 形、肘形插头的电力电缆终端头制作、安装是新增项目，定额区分加工方式（冷缩式、热缩式）、截面规格编制了 8 个子目，计量单位：个。定额工作内容：定位、量尺寸、剥切外护套和内衬层、内屏蔽层处理、缠填充胶、固定铜屏蔽地线、固定冷缩指管、冷缩管、压接端子、安装应力锥、安装 T 形或肘形头、固定冷缩终端。

22. 控制电缆敷设

控制电缆敷设定额区分安装方式（埋地、穿管、沿竖直通道、其他方式敷设）、芯数编制了 20 个子目，计量单位：100m。定额工作内容：开盘、检查、架盘、敷设、切断、收盘、临时封头、挂牌。

矿物绝缘控制电缆定额区分电缆芯数不同编制了 3 个定额子目，计量单位：100m。定额工作内容：开盘、检查、架盘、锯断、排列、整理、固定、收盘、绝缘检测、驱潮、临时封头、挂牌。

23. 控制电缆头制作、安装

控制缆电缆头定额区分电缆头形式（终端头、中间头）、芯数编制了 8 个子目，计量单位：个。定额工作内容：定位、量尺寸、锯断、剥切、包缠绝缘、安装、校接线。

矿物绝缘控制电缆头定额区别电缆头形式（终端头、中间头）、芯数编制了 6 个子目，计量单位：个。定额工作内容：定位、量尺寸、钻固定孔、剥切、驱潮、测绝缘、装密封罐、终端绝缘、密封、线芯绝缘、线芯编号、接线、接地。

24. 防火阻燃装置安装

防火阻燃装置安装是新增项目，电缆穿过防火门，从盘、柜底部引入、引出电缆，电缆引入（引出）电缆隧道，电缆保护管从墙体、楼板或基础等预留孔洞穿过时，均应进行防火、堵洞工作。

防火封堵定额区分不同的封堵部位（盘、柜底部，保护管处，电缆竖井，桥架穿墙）、封堵用的材料（防火板、防火发泡砖、阻火包），编制了 10 个定额子目，计量单位：m² 或 "处"。定额工作内容：测位、打眼、上膨胀螺栓、角钢加工固定、切割防火板、防火板固定、填塞防火发泡块、摆放阻火包、缝隙填塞。

电缆沟阻火墙的制作安装定额区分电缆沟的尺寸（沟宽×沟深）、支架样式（单侧、双侧）、封堵材料（防火板、无机堵料、阻火包）设置了 9 个定额子目，计量单位：m²。定额工作内容：测量、切割防火板、支模板、搅拌无机堵料、安装排水钢管、拼接、固定防火板、塞填玻璃纤维、浇筑无机堵料、摆放阻火包、塞填柔性有机防火堵料、拆模板、修补平整。

刷防火涂料定额区分不同的涂刷部位（电缆，管、线槽、桥架），设置了 2 个定额子目，计量单位：m²。定额工作内容：清扫电缆等表面、电缆整理、涂料搅拌、涂刷涂料、清理现场。

二、电缆敷设工程定额工作内容及施工工艺

电缆敷设定额中未包括下列工作内容：

1）隔热层、保护层的制作安装。

2）电缆冬季施工的加温工作和在其他特殊施工条件下的施工措施费和施工降效增加费。

3）电缆头制作安装的固定支架及防护（防雨）罩。

4）地下顶管出入口施工。

5）电缆沟阻火墙制安中，未包括防火涂料的涂刷工作，应按设计和规范另外执行相应定额。

下面对桥架安装、电缆保护管埋地敷设、冷缩电缆头制作安装等项目的定额工作内容及施工工艺做简要介绍。

1. 电缆桥架定额工作内容及施工工艺

电缆桥架安装定额工作内容：桥架安装包括运输、组对、吊装固定，弯通或三、四通修改、组对，切割口防腐，桥架开孔，上管件、隔板安装，盖板安装，接地、附件安装等工作内容。

电缆桥架安装定额施工工艺：玻璃钢梯式桥架和铝合金梯式桥架定额均按不带盖考虑，如这两种桥架带盖，则分别执行玻璃钢槽式桥架定额和铝合金槽式桥架定额。常用电缆桥架的单位长度与质量换算见表 3.14。

2. 电缆保护管埋地敷设定额工作内容及施工工艺

定额设置了常用的电缆保护管钢管和塑料管两种，敷设方式为埋地，对于其他敷设方式的电缆保护管执行电气配管相应定额。

3. 冷缩电缆头制作安装定额工作内容及施工工艺

冷缩电缆头，现场施工简单方便，其冷缩管具有弹性，只要抽出内芯尼龙支撑条，利用冷缩管的收缩性，使冷缩管与电缆完全紧贴，同时用半导体自粘带密封端口，可紧紧贴服在电缆上，不需要使用加热工具，克服了在电缆运行时，因热胀冷缩而产生的热缩材料与电缆本体之间的间隙，使其具有良好的绝缘和防水防潮效果。

4. 带 T 形或肘形插头的电缆头定额工作内容及施工工艺

带 T 形或肘形插头的电缆头开始是作为引进的美式或欧式箱变中的配件进入我国，20 世纪 90 年代后我国制造出了仿美式、欧式 T 形或肘形电缆头。其结构安全、紧凑、插拔连接方便，是欧式、美式箱变中重要部件。

5. 防火阻燃装置安装定额工作内容及施工工艺

防火阻燃装置安装定额是按照国家标准图集《电缆防火阻燃设计与施工》（06D105）编制的，分为防火封堵、电缆沟阻火墙、刷防火涂料三个主要项目，所用材料主要有防火板、无机防火堵料、防火发泡块、柔性防火堵料。

表 3.14　电缆桥架的单位长度与质量换算表

序号	规　格	单　位	桥架质量/(kg/m)			
			梯级式	托盘式	槽盒式	组合式
1	100mm×50mm	m	—	—	6.00	2.00
2	150mm×75mm	m	5.00	6.00	8.00	3.00
3	200mm×60mm	m	6.00	7.50	—	3.50
4	200mm×100mm	m	7.50	9.00	12.00	—
5	300mm×60mm	m	6.50	10.00	—	—
6	300mm×100mm	m	8.00	11.50	—	—
7	300mm×150mm	m	10.50	13.00	17.00	—
8	400mm×60mm	m	9.00	12.50	—	—
9	400mm×100mm	m	10.50	14.50	—	—
10	400mm×150mm	m	13.00	17.00	—	—
11	400mm×200mm	m	—	—	25.00	—
12	500mm×60mm	m	11.00	15.00	—	—

（续）

序号	规　格	单　位	桥架质量/（kg/m）			
			梯级式	托盘式	槽盒式	组合式
13	500mm×100mm	m	12.50	17.00	—	—
14	500mm×150mm	m	14.50	20.00	—	—
15	500mm×200mm	m	—	—	30.00	—
16	600mm×60mm	m	12.50	18.00	—	—
17	600mm×100mm	m	14.00	20.00	—	—
18	600mm×150mm	m	16.00	23.00	35.00	—
19	600mm×200mm	m	—	—	—	—
20	800mm×100mm	m	16.00	26.00	—	—
21	800mm×150mm	m	18.00	29.00	—	—
22	800mm×200mm	m	—	—	43.00	—

注：1. "电缆桥架的单位长度与质量换算表"仅供在设计资料不全时作为编制电缆桥架安装费的工程量参考数据，不作为主材成品订货和结算的依据。电缆桥架的成品数量应按设计计量或实际数量结算。

2. 电缆桥架质量包括弯通、三通和联接部件等综合平均每米长的桥架质量。

第四节　电缆敷设工程计价

一、电缆敷设工程定额应用说明

电缆敷设方式有多种，且其定额子目种类繁多，下面将电缆敷设工程定额应用过程中一些问题说明如下：

1）电缆在一般山地、丘陵地区敷设时，其定额人工乘以系数1.3。该地段所需的施工材料，如固定桩、夹具等按实另计。

2）电力电缆敷设以及电缆头制作、安装定额均按三芯（包括三芯连地）考虑的，电缆每增加一芯相应定额增加15%。双屏蔽电缆头制作、安装人工乘以系数1.05。

3）单芯电力电缆敷设按同截面电缆定额乘以0.7，二芯电缆按照三芯电缆执行定额。

4）截面400~800mm²的单芯电力电缆按400mm²电力电缆定额乘以系数1.35，截面800~1600mm²的单芯电力电缆敷设，按照400mm²电力电缆敷设定额乘以系数1.85。

5）预支分支电缆敷设分别以主干和分支电缆的截面，执行同截面电缆敷设定额人工乘以系数1.05。

6）矿物绝缘电缆是按BTT氧化镁绝缘电缆编制的，详见国标图集《矿物绝缘电缆敷设》（09D101-6），其中多芯的最大单股截面积为25mm²以下。高性能防火柔性矿物绝缘电缆，直接执行相应截面的电力电缆定额，不做调整。

7）电力电缆、控制电缆敷设是将裸包电缆、铠装电缆、屏蔽电缆等因素考虑在内，适用于除矿物绝缘电缆（BTT）外的所有结构形式和型号的电缆，一律按相应的电缆截面和芯数执行定额。铝合金电缆敷设执行铝芯电缆人工、机械乘以系数1.15。

8）沟槽挖填定额是按照沟深1.2m以内编制的，适用于厂区或小区内的电缆沟、电气管道沟、接地沟及一般给水排水管道的挖填方工作；厂区或小区以外的沟槽或槽深大于1.2m的，应执行市政工程相应定额。机械挖填遇到本定额以外的土质时，执行建筑工程相应定额。定额是按原土回填考虑，若设计要求回填砂，砂的消耗量单计，人工不变。

9）电缆保护管是按埋地敷设考虑的，其他敷设方式执行电气配管相应定额。金属线槽安装定额也适用于线槽在地面内暗敷设。HDPE及波纹电缆保护管埋地敷设时，执行塑料电缆保护管埋地敷设定额，其他敷设方式执行塑料管相应定额。

10）地下人防工程是按人防标准设计施工的管道，执行人防工程相应定额。

11）钢制桥架主结构设计厚度大于 3mm 时，定额人工、机械乘以系数 1.2。

12）不锈钢桥架按本章钢制桥架定额乘以系数 1.1，防火桥架安装执行相应的钢制桥架定额。防火桥架与其他桥架在施工上没有区别，区别在于其外护层或制作的材质不同。

13）电缆吊架安装定额是按厂家供应成品安装考虑的，若现场需要制作桥架时，应执行《山东省安装工程消耗量定额》（2016）的第四册第七章"金属构件、穿通板、箱盒制作安装工程"相关定额。

14）刷防火涂料，定额综合考虑了规范规定的涂刷厚度，执行定额时涂刷不分遍数，以达到设计或规范要求为准。

15）电缆沟上金属盖板的制作，执行铁构件制作定额乘以系数 0.6，安装执行揭盖盖板定额子目。

二、电缆敷设工程工程量计算规则

1. 电缆直接埋地敷设的工程量计算规则

电缆直接埋地敷设工程包含沟槽挖填，开挖、修复路面，电缆沟铺砂、盖砖及揭（盖）、移动盖板三个分项工程，其工程量计算规则包括下列内容：

（1）沟槽挖填

沟槽挖填区分不同的施工方式和土质情况，人工挖填以"m³"，机械挖填以"10m³"为单位计算工程量。直埋电缆的挖、填土（石）方，除特殊要求外，可按表 3.15 计算土方量。

表 3.15　直埋电缆的挖、填土（石）方量

项　　目	电缆根数	
	1～2	每增一根
每米沟长挖方量/m³	0.45	0.153

注：1. 两根以内的电缆沟，系按上口宽度 600mm、下口宽度 400mm、深度 900mm 计算的常规土方量（深度按规范的最低标准）；电缆沟挖填工程量计算公式：

$V = 1/2$（电缆沟上底+下底）×沟深×电缆线路长度 $= 1/2$×（0.4+0.6）×0.9×$1m^3$ $= 0.45×1m^3 = 0.45m^3$

2. 每增加一根电缆，其宽度增加 170mm。

3. 以上土方量系按埋深从自然地坪算起，如设计埋深度超过 900mm 时，多挖的土方量应另行计算。

4. 挖淤泥、流砂按照表中数量乘以 1.5 系数。

（2）开挖、修复路面

电缆经过道路，需要人工开挖路面。开挖、修复路面区分不同的路面材质、结构和厚度，以"m²"为单位计算工程量。

（3）电缆沟铺砂、盖砖及揭（盖）、移动盖板

电缆沟铺砂盖砖（保护板），根据设计图区分"铺砂盖砖"和"铺砂盖保护板"，依据沟内不同的电缆根数（1～2 根、每增 1 根）分别以"10m"为单位计算工程量。

电缆沟铺砂盖砖工程量＝电缆沟沟长

注意：①如果沟内敷设 1～2 根电缆，则直接套用 4-9-23 或 4-9-25 定额；②如果电缆根数超过 2 根，则按 1～2 根的定额计算后，还要另计电缆增加根数的定额子目 4-9-24 或 4-9-26 定额。

电缆沟揭（盖）、移动盖板，根据设计图区分不同的盖板板长，以"10m"为单位计算工程量。移动盖板或揭或盖，定额均按一次考虑，如又揭又盖，则按两次计算。

2. 电缆保护管埋地敷设工程量计算规则

电缆保护管埋地敷设工程包括电缆保护管敷设、电缆穿墙防水套管制作安装、顶管敷设三个

分项工程，其工程量计算规则如下：

电缆保护管敷设根据设计图区分不同的保护管材质、类型及管径，以"10m"为单位计算工程量。电缆保护管长度，除按设计规定长度计算外，遇有下列情况，应按表 3.16 规定增加保护管长度。

表 3.16　电缆保护管增加长度

项　目	增　加
横穿道路	按路基宽度两端各增加 2m
出地面垂直敷设	管口距地面增加 2m
穿过建筑物外墙	按基础外缘以外增加 1m
穿过排水沟	按沟壁外缘以外增加 1m

电缆穿墙防水套管制作安装区分钢管的公称口径，以"个"为计量单位，根据设计图计算工程量。

顶管敷设根据设计图区分保护管的不同公称口径及顶管的不同距离，以"10m"为单位计算工程量。顶管的出入口处的施工，应按照设计或中标后的施工组织设计（施工方案）另行计算相关的工程量。

注意事项如下：

1）电缆保护管埋地敷设，其土方量凡有施工图注明的，按施工图计算；无施工图的，一般按沟深 0.9m，沟宽按最外边的保护管两侧边缘外各增加 0.3m 工作面计算。计算公式为

$$V=(D+2×0.3)hL \tag{3.1}$$

式中，D 为保护管外径（m）；h 为沟深（m）；L 为沟长（m）；0.3 为工作面尺寸（m）。

2）电缆保护管敷设中的各种管材及管件为未计价材料。

3. 电缆桥架、线槽安装工程量计算规则

电缆桥架安装根据设计图区分不同的桥架材质和规格尺寸，以"10m"为单位计算工程量，不扣除三通、四通、弯头等所占的长度。组合式桥架安装以每片 2m 作为一个基片，已综合了宽为 100mm、150mm、200mm 三种规格，根据设计图以"100 片"为单位计算工程量。

线槽安装按照设计图区分不同的线槽材质和半周长，以"10m"为单位计算工程量，不扣除三通、四通、弯头等所占的长度。

电缆桥架支撑架安装以"t"为单位计算工程量。注意：电缆桥架支撑架安装执行《山东省安装工程消耗量定额》（2016）的第四册中第七章"金属构件、穿通板、箱盒制作安装工程"中子目。

4. 电缆敷设工程量计算规则

电力电缆敷设按照设计图区分不同的电缆材质和敷设方法以及不同的电缆规格、截面大小，以"100m"为单位计算工程量。

电缆敷设工程量以单根延长米，根据其敷设路径的水平和垂直距离计算，电缆敷设附加及预留长度按照设计规定计算，设计无规定时按照表 3.17 计算。

表 3.17　电缆敷设附加及预留长度

序号	项　目	预留长度（附加）	说　明
1	电缆敷设弛度、波形弯度、交叉	2.5%	按电缆全长计算
2	电缆进入建筑物	2.0m	规范规定最小值
3	电缆进入沟内或吊架时引上（下）预留	1.5m	规范规定最小值
4	变电所进线、出线	1.5m	规范规定最小值

（续）

序号	项 目	预留长度（附加）	说 明
5	电力电缆终端头	1.5m	检修余量最小值
6	电缆中间接头盒	两端各留 2.0m	检修余量最小值
7	电缆进控制、保护屏及模拟盘等	高+宽	按盘面尺寸
8	高压开关柜及低压配电盘、箱	2.0m	盘下进出线
9	电缆至电动机	0.5m	从电动机接线盒算起
10	厂用变压器	3.0m	从地坪算起
11	电缆绕过梁柱等增加长度	按实计算	按被绕物的断面情况计算增加长度
12	电梯电缆与电缆架固定点	每处 0.5m	规范最小值

电缆敷设工程量计算公式为

$$L = (L_1 + L_2 + L_3) \times (1 + 2.5\%) \tag{3.2}$$

式中，L 为单根电缆总长（m）；L_1 为电缆水平长度（m）；L_2 为电缆垂直长度（m）；L_3 为电缆预留长度（m）；2.5% 为电缆曲折弯余量系数。

矿物绝缘电力电缆敷设根据设计图区分电缆不同的芯数和截面，以"100m"为单位计算工程量；计算工程量时，附加及预留长度按设计规定计算，设计无规定时按照表 3.18 计算。

表 3.18　矿物绝缘电力电缆附加及预留长度

序号	项 目	预留长度（附加）	说 明
1	电缆敷设转弯、交叉	2.5%	按电缆全长计算
2	电缆进控制、保护屏及模拟盘等	高+宽	按盘面尺寸
3	低压配电盘、柜、箱	高+宽	按盘面尺寸
4	电缆至电动机	1.0m	从电动机接线盒算起

控制电缆敷设按照设计图区分不同的敷设方式和芯数，以"100m"为单位计算工程量；矿物绝缘电缆，根据设计区分不同芯数以"100m"为单位计算工程量。

5. 电缆头敷设工程量计算规则

电力电缆电缆头制作安装根据设计图区分电缆头的不同型式、工艺特征、电压等级、电缆材质、截面大小，以"个"为单位计算工程量。电力电缆均按一根电缆有两个终端头考虑。中间电缆头设计有图示的，按设计确定；设计没有规定的，按实际情况计算（或按平均 250m 一个中间头考虑）。

矿物绝缘电力电缆头制作安装根据设计图区分电缆头不同的型式、芯数及截面大小，以"个"为单位计算工程量。每一根电缆按有两个终端头计算，中间头按设计规定或实际数量计算。

控制电缆头制作安装按照设计图区分电缆头不同的型式和芯数，以"个"为单位计算工程量。

6. 电力电缆绝缘穿刺线夹安装工程量计算规则

电力电缆绝缘穿刺线夹安装根据设计图区分电缆不同的敷设方式和主电缆截面大小，以"个"为单位计算工程量。

7. 防火阻燃装置安装工程量计算规则

防火阻燃装置工程主要包括三个分项工程：防火封堵、电缆沟阻火墙的制作安装、刷防火涂料，其工程量计算规则如下：

对于防火封堵，根据设计要求区分不同的封堵部位、封堵用的材料，按照设计封堵面积，以"m²"为单位计算工程量；不扣除电缆、桥架所占面积，其中保护管处的防火封堵定额综合考虑了面积大小，以"处"为单位计算工程量。

对于电缆沟阻火墙的制作安装，根据设计图区分电缆沟不同的尺寸、结构类型和不同的封堵材料，按照电缆沟横截面积，以"m²"为单位计算工程量，不扣除电缆、支架等所占面积。

刷防火涂料按照设计图和规范要求，区分不同的涂刷部位，以"m²"为单位计算工程量。

三、电缆不同敷设方法造价费用组成

电缆敷设有多种敷设方法，其施工工艺不同，从而其造价费用组成也有所不同。

1. 电力电缆埋地敷设造价费用

电力电缆直接埋地敷设造价包括以下六项费用：电缆沟挖填、人工开挖路面、电缆沟铺砂盖砖、电力电缆埋地敷设、电缆中间头制作安装、电缆终端头制作安装。

2. 电力电缆穿保护管敷设造价费用组成

电力电缆穿保护管敷设造价费用包括以下6项费用：电缆沟挖填、人工开挖路面、电力电缆保护管敷设及顶管、电力电缆穿管敷设、电缆中间头制作安装、电缆终端头制作安装。若电力电缆保护管穿越建筑物，还需增加电力电缆防水套管制作安装子目。

3. 电缆沿电缆沟支架敷设造价费用组成

电缆沿沟支架敷设造价费用包括以下7项费用：电缆沟挖填、人工开挖路面，电缆沟砌筑，电缆沟盖揭保护板，支架的制作安装，电力电缆敷设，电缆中间头制作安装，电缆终端头制作安装。各费用计算方法与前面所述内容相似，只是在计算中要注意，电缆沟的砌筑没涉及，费用按土建造价考虑。电缆的支架制作安装子目套用《山东省安装工程消耗量定额》（2016）的第四册第七章"金属构件、穿通板、箱盒制作安装工程"中的第一节"一般铁钩件制作安装"子目，并另计主材费。

支架的制作、安装工程量计算与线路的长度、电缆固定点间距及支架层数有关。

支架制作安装工程量＝线路长度/电缆固定点间距×支架层数×每根支架的质量。

4. 电缆沿钢索敷设造价费用组成

电缆沿钢索敷设造价费用计算包括以下四项费用：钢索架设、电力电缆敷设、电缆中间头制作安装、电缆终端头制作安装。钢索架设套用《山东省安装工程消耗量定额》（2016）的第四册第十三章"配线工程"中的第十节"钢索架设"子目，并另计主材费。钢索架设工程量根据电缆平行还是垂直敷设两种方法来计算。

电缆平行钢索敷设：钢索架设工程量＝线路长度。

电缆垂直钢索敷设：钢索架设工程量＝线路长度/固定点间距×每根钢索长度。

5. 电缆桥架敷设造价费用组成

电缆桥架敷设造价费用计算包括以下四项费用：电缆桥架安装、电力电缆敷设、电缆中间头制作安装、电缆终端头制作安装。各费用计算方法与前面所述内容相似。其中电力电缆桥架敷设定额套用《山东省安装工程消耗量定额》（2016）的第四册第十三章"配线工程"中的第七节"线槽配线"子目，并另计主材费。

四、电缆敷设工程计价案例

例 3-1：已知某电缆穿管敷设工程如图 3.14 所示，2 根电缆分别穿 2 根 SC50 钢管埋地敷设，两台配电箱均安装在同一建筑物内，均为落地式安装，基础高为 0.20m，配电箱的宽与高之和为 2.0m，两台配电箱之间的土质为普通土。试计算此电缆敷设工程的各项工程量。

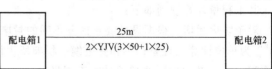

图 3.14　电缆穿管敷设工程

解：

1. 列出预算项目

①电缆沟挖填土方量；②电缆保护管敷设；③电力电缆穿保护管敷设；④电缆头制作、安装等项目；⑤落地式配电箱安装。

2. 计算工程量

1）挖填电缆沟：

$$V = (0.06 \times 2 + 0.3 \times 2) \times 0.9 \times 25 \text{m}^3 = 16.2 \text{m}^3$$

2）电缆保护管（SC50）敷设工程量：

$$L_{水平} = 25 \text{m}; \quad L_{垂直} = (0.9 + 0.2) \text{m} \times 2 = 2.2 \text{m}$$

$$L_{水平} = (25 + 2.2) \text{m} \times 2 = 54.4 \text{m}$$

3）电缆穿保护管敷设工程量 YJV（$3 \times 50 + 1 \times 25$）：

$$L_{预留} = (1.5 \times 4 + 2.0 \times 2) \text{m} = 10 \text{m}$$

$$L_{单根} = (L_{水平} + L_{垂直} + L_{预留}) \times (1 + 2.5\%)$$

$$= (25 + 2.2 + 10) \text{m} \times (1 + 2.5\%) = 38.13 \text{m}$$

$$L_{总} = L_{单根} \times 2 = 76.26 \text{m}$$

4）电缆终端头制作安装工程量（户内干包式）：2 个×2 = 4 个。

5）落地式配电箱安装：2 台。

例 3-2： 某电缆敷设工程，采用电缆沟铺砂盖砖直埋，并列敷设 5 根 VV_{22}（4×50）电力电缆，如图 3.15 所示，变电所配电柜至室内部分电缆穿 SC50 钢管做保护，共 5m 长。室外电缆敷设共 100m 长，中间穿过热力管沟，在配电间有 10m 穿 SC50 钢管保护。试列出预算项目和工程量，并计算该电缆工程的工程量及安装费用。配电所和配电间内配电柜安装高度均为 20cm。

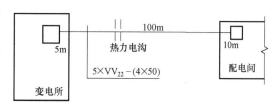

图 3.15　电缆敷设工程（一）

解：

1）预算项目（该电缆工程的施工费用）：

电缆沟挖填土方量，电缆沟铺砂盖砖，电缆保护管敷设，电缆穿墙防水套管制作安装，电缆敷设，电缆头制作、安装等项目。

2）计算工程量：

① 电缆沟挖填土方量（电缆直埋挖沟+电缆保护管挖沟）：

$$(0.45 + 0.153 \times 3) \times 100 \text{m}^3 + (0.06 \times 5 + 0.3 \times 2) \times 0.9 \times 15 \text{m}^3 = 103.05 \text{m}^3$$

② 电缆沟铺砂盖砖工程量：100m。

每增加一根工程量：100m×3 = 300m

③ 电缆敷设工程量：按施工图计算电缆敷设工程量，要考虑电缆敷设弛度：2.5%，并计入电缆在各处的预留长度。

电缆埋地敷设工程量（VV_{22}-4×50）：

$$L = (L_{水平} + L_{垂直} + L_{预留}) \times (1 + 2.5\%) \times 电缆根数$$

$$L_{水平} = 100 \text{m} \qquad L_{垂直} = 0$$

$L_{预留}$ = 变电所出线+电缆进入建筑物，其中变电所出线：1.5m；电缆进入建筑物：2.0m。

$$L_{预留} = (1.5 + 2) \text{m} = 3.5 \text{m}$$

$$L = (100 + 3.5) \text{m} \times (1 + 2.5\%) \times 5 = 530.44 \text{m}$$

④ 电缆保护管（SC50）埋地敷设工程量：

$$(5+10+0.9+0.2+1.0\times2)\,\text{m}\times5=90.5\text{m}$$

1.0m 为穿建筑物外墙。

⑤ 电缆穿墙防水套管制作安装（公称口径 50mm）：

$$2\times5\ \text{个}=10\ \text{个}$$

⑥ 电缆穿保护管敷设工程量（SC50）：

$$L=(L_{水平}+L_{垂直}+L_{预留})\times 电缆根数$$

$$L_{垂直}=(0.9+0.2)\,\text{m}（电缆埋深+设备安装高度）\times2=2.2\text{m}$$

$$L=(15+2.2+1.5\times2+2.0\times2)\times(1+2.5\%)\times5\text{m}=124.03\text{m}$$

其中，1.5m：电缆终端头安装项目预留长度；2.5%：电缆敷设弛度；2.0m：高压开关柜、低压配电屏安装项目预留长度。

⑦ 电缆头制作安装工程量（VV$_{22}$—4×50，户内干包式）：

$$5\times2\ \text{个}=10\ \text{个}$$

3）套用定额，列出工程预算表，计算安装费用，见表3.19。

采用《山东省安装工程消耗量定额》（2016）和《山东省济南地区价目表》（2017）。

表 3.19　电缆敷设工程预算表　　　　　　　（金额单位：元）

序号	定额编码	子目名称	单位	工程量	单价	合价	其中		
							人工合价	材料合价	机械合价
1	4-9-1	沟槽人工挖填 一般沟土	m³	103.05	40.79	4203.41	4203.41		
2	4-9-23	铺砂盖砖 电缆根数≤1~2根	10m	10	136.59	1365.9	361.5	1004.4	
3	4-9-24	铺砂盖砖 电缆根数≤每增加1根	10m	30	51.2	1536	306	1230	
4	4-9-30	电缆保护管钢管埋地敷设 DN50 内	10m	9.05	94.39	854.23	612.41	144.53	97.29
	Z17000015@2	钢管 公称口径 50mm	m	93.215	17.94	1672.28		1672.28	
5	4-9-124	铜芯电力电缆埋地敷设 截面≤120mm²	100m	5.334	743.24	3964.44	3527.43	102.31	335
	Z28000079@2	电缆 截面 120mm²	m	538.774	116.66	62853.37		62853.37	
6	4-9-134	铜芯电力电缆穿管敷设 截面≤120mm²	100m	1.24	826.35	1024.67	866.8	80.24	77.89
	Z28000079@2	电缆 截面 120mm²	m	125.27	116.66	14614.00		14614.00	
7	4-9-245	户内热缩 铜芯终端头 ≤1kV 截面≤120mm²	个	10	175.05	1750.5	754	996.5	
	Z29000123@1	户内热缩式电缆终端头 铜芯终端头 1kV 截面 120mm²	套	10.2	32.84	334.97		334.97	
8	4-9-40	电缆穿墙防水套管埋地敷设制作安装 DN80 内	个	10	137.2	1372	937.3	319.8	114.9
	Z17000031@2	焊接钢管 DN80	m	5.3	76.43	405.08		405.08	
9	BM47	脚手架搭拆费（《山东省安装工程消耗量定额》（2016）的《第四册 电气设备安装工程》）（单独承担的室外直埋敷设电缆工程除外）	元	1	609.65	609.65	213.38	396.27	
		合计				96560.50	11782.23	84153.75	625.08

复习练习题

1. 我国的电线电缆产品按其用途可分为哪几大类？

2. 常用的电力电缆有哪些？简述电力电缆的结构。

3. 室内低压电缆常用的敷设方式有哪些？分别适用于什么环境和条件？

4. 电缆线路敷设前应具备哪些条件？

5. 简述电缆直埋敷设程序及其预算费用的内容。

6. 矿物绝缘电缆与电力电缆敷设有哪些区别？

7. 电缆保护管埋地敷设时，挖填土方工程量如何计算？

8. 电力电缆若采用沿桥架敷设时，其预算费用应包括哪些？

9. 某电缆敷设工程，采用电缆沟铺砂盖砖直埋，4 根 VV$_{22}$（3×35＋1×25）电力电缆进入建筑物时电缆穿管 SC50，如图 3.16 所示，电缆室外水平距离 50m，进入 1 号车间后 5 m 到配电柜，从配电室到配电柜外墙 5 m。配电室内配电柜安装高度为 20cm，车间内

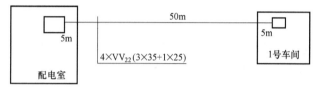

图 3.16　电缆敷设工程（二）

配电箱安装高度为 140cm。电缆终端头采用干包式终端头。该工程的土质为建筑垃圾土，计算此电缆工程的工程量与安装费用。

10. 某二层办公楼的负荷等级均为三级，从箱式变压器引来 220/380V 电源，承担本工程的负荷。户外进线采用电缆直埋方式引到本楼总配电箱内，进行配电。总配电箱距地 1.8m 挂墙明装。如图 3.17 所示，电缆室外敷设水平距离为 1.5m，室内敷设水平距离为 3.2m，计算该工程中的电缆入户的工程量。

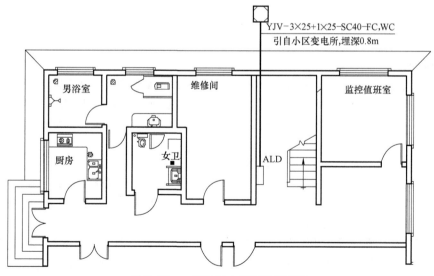

图 3.17　一层电源入户配电平面图

第四章

配管配线工程

第一节 配管配线工程识图

配管、配线是指由配电屏（箱）接到各用电器具的供电和控制线路的安装，配管一般有明配管和暗配管两种方式。明配管通常用管卡子固定于砖、混凝土结构上或固定于钢结构支架及钢索上。暗配管是需要配合土建施工，将管子预敷设在墙、顶板、梁、柱内。配管、配线工程是电气施工预算的重点内容之一。

一、室内导线敷设方式

室内导线敷设方式有多种，根据线路用途和供电安全要求，配线可分为线管配线、瓷夹和瓷瓶配线、槽板配线、线槽配线、塑料护套线明敷设、钢索配线、桥架配线、车间带形母线安装等。其中线管配线是应用最多的一种配线方式。根据线路在建筑物内敷设位置的不同，分为明敷设和暗敷设，暗敷设是建筑物内导线敷设的主要方式。导线明敷设是在建筑物全部完工后进行的，一般用于简易建筑或新增加的线路。导线明敷设的部位是墙、顶棚、柱、梁等部位的表面，敷设要求横平竖直、整齐美观。导线明敷设的固定一般采用瓷瓶固定法、线槽固定法、线管固定法、塑料卡钉固定法。导线暗敷设与建筑结构施工同步进行，在施工过程中首先把导管和预埋件放置在建筑结构中，建筑主体结构完工后再进行导线敷设工作。导线暗敷设的部位是墙、顶棚、柱、梁等部位的内部，敷设要求：线路尽量走最短，线路尽量少转弯，导线暗敷设一般采用线管、线槽敷设。

1. 线管配线

把绝缘导线穿在管内敷设，称为线管配线。线管配线安全可靠，可避免腐蚀性气体的侵蚀和机械损伤、更换导线方便。暗配管敷设时对建筑物结构影响小，普遍用于重要建筑和工业厂房中，以及易燃、易爆及潮湿的场所。电气工程中常使用的线管有两大类：钢管和塑料管。

（1）钢管

钢管按管壁厚的不同，分为薄壁管和厚壁管。

1）薄壁管（电线管）。管壁厚度均为1.6mm，代号TC，管径以外径表示，是专门用来穿电线的，其内外均已做过防腐处理。抗压强度较厚壁管差。套接扣压式钢管（KBG管）、紧定螺钉式钢管（JDG管）是薄壁电线管的一个变种，是两种新型电气安装专用线管。

套接紧定式镀锌钢导管（JDG管）是建筑电气领域采用新材料、新技术的一项突破性革新，无需做跨接地线、焊接和套丝，克服了普通金属导管的施工复杂、施工损耗大的缺点，解决了PVC管耐火性差、接地困难等问题。JDG管较普通管材成本上稍高，在施工中多局部用于综合布线、消防布线等施工。扣压式电气导管（KBG管），用专用的压钳将套接管与导管压接紧固。管与管件连接不需再跨接地线，是针对吊顶、明装等电气线路安装工程而研制的，具有质量轻、价格便宜、施工简便且安全等特点，广泛应用于国内各大城市的商业、民用、公用等电线线路工程，特别是临时或短期使用的建筑。

2）厚壁管（壁厚不小于3mm）。代号SC，分镀锌管和非镀锌管（俗称黑铁管）两种，其管径以公称口径表示，黑铁管在使用前需先做防腐处理。厚壁管抗压强度高，若是镀锌钢管还比较耐腐蚀。在现场浇筑的混凝土结构中主要使用厚壁管，另外厚壁管电气性能良好、安全可靠、造价便宜。

（2）塑料管

塑料管配线适用于一般民用建筑、工业厂房室内正常环境。在酸、碱等腐蚀和潮湿场所，用塑料管作电气线路明暗敷设保护管。塑料管不宜在高层建筑的吊顶内敷设。穿管敷设使用的塑料管有聚氯乙烯硬质管、半硬质阻燃塑料管、刚性阻燃管。

1）聚氯乙烯硬质管。聚氯乙烯硬质管系由聚氯乙烯树脂加入稳定剂、润滑剂等助剂经捏合、滚压、塑化、切粒、挤出成型加工而成，在建筑上主要用于电线、电缆的保护套管等。管材长度一般4m/根，颜色一般为灰色。管材连接一般为加热承插式连接和塑料热风焊，弯曲必须加热进行。特点：耐腐蚀性能较好，不耐高温，属非阻燃型管。含氧气指数低于27%，不符合防火规范的要求。适用于腐蚀性较大的场所明敷设。

2）半硬质阻燃塑料管。半硬质阻燃塑料管指聚氯乙烯管，也叫PVC阻燃塑料管，由聚氯乙烯树脂加入增塑剂、稳定剂及阻燃剂等经挤出成型而得，用于电线保护，一般颜色为黄、红、白色等。管子连接采用专用接头抹塑料胶后粘接，管道弯曲自如无须加热，成捆供应，每捆100m。规范规定不允许明配，只能用于建筑工程暗敷设使用。

3）刚性阻燃管（也称刚性PVC管）。也叫PVC冷弯电线管，分为轻型、中型、重型。管材长度一般4m/根，颜色有白、纯白，弯曲时需要专用弯曲弹簧。管子的连接方式采用专用接头插入法连接，连接处结合面涂专用胶合剂，接口密封。施工剪裁方便；耐腐蚀、耐高温；质量轻；价格便宜，因此民用住宅工程常用此管材。

（3）可挠金属套管

可挠金属套管指普利卡金属套管（PULLKA），它是由镀锌钢带（Fe、Zn）、钢带（Fe）及电工纸（P）构成双层金属制成的可挠性电线、电缆保护套管，主要用于砖、混凝土内暗敷设和吊顶内敷设及钢管、电线管与设备连接间的过渡，与钢管、电线、设备入口均采用专用混合接头连接。普利卡金属套管是电线电缆保护套管的更新换代产品，它具有搬运方便、施工容易等特点，管道连接采用专用连接器，弯曲自如，采用专用固定夹子来固定，成盘供应，每盘视管径大小一般在5~50m之间。

（4）金属波纹管

也叫金属软管或蛇皮管，主要用于设备上的配线，或用于管、槽与设备的连接等。它是用0.5mm以上的双面镀锌薄钢带加工压边卷制而成的，轧缝处有的加石棉垫，有的不加，其规格尺寸与电线管相同。

2. 瓷夹和瓷瓶配线

瓷夹和瓷瓶配线就是利用瓷夹或瓷瓶支持和固定导线的一种配线方式。瓷夹（或塑料线夹）配线适用于用电量较小，且无机械损伤的干燥明显处。瓷瓶的尺寸比瓷夹大，瓷瓶配线适用于用电量较大、比较潮湿的场所，如地下室、浴室及户外场所。这种配线方式费用少，安装简单便利。

瓷夹配线由瓷夹、瓷套管及截面在$10mm^2$以下的导线组成。瓷夹有两线式及三线式两种，配线时导线夹于底板和盖板之间，用木螺钉固定，要求横平竖直，导线拉紧。瓷夹之间距离应符合要求，在直线段：1~4mm² 的导线为 600mm；6~10mm² 的导线为 800mm。在距离开关、插座、灯具、接线盒以及距导线转角分支点 40~60mm 处，也要安装瓷夹。室内瓷瓶配线所用瓷瓶有鼓形瓷瓶、针式瓷瓶、蝶式瓷瓶等。

3. 线槽配线

当导线的数量较多时，多用线槽配线（穿管线最多 8 根）。线槽泛指金属线槽、塑料线槽、电缆桥架、地面线槽，是线缆敷设的载体。线槽习惯上指金属线槽和塑料线槽。这里只介绍金属线槽和塑料线槽。

（1）金属线槽布线

金属线槽布线适用于正常环境的室内场所明敷设，有严重腐蚀的场所不宜采用金属线槽。

具有槽盖的封闭式金属线槽，具有与金属管相当的耐火性能，可在建筑顶棚内敷设。

金属线槽一般由 0.4~1.5mm 厚的钢板制成，由底板和盖板组成。槽长一般为 2m，高×宽有：50mm×100mm、100mm×100mm、100mm×200mm、100mm×300mm、200mm×400mm 等多种。敷设时先固定底板，然后装线，最后盖盖板。金属线槽可直接敷设在墙上，也可采用支架、吊架、托架敷设。金属槽盒敷设的吊架或支架，应在下列部位设置：直线段宜为 2~3m 或槽盒接头处；槽盒首端、终端及进出接线盒 0.5m 处；槽盒转角处。

（2）塑料线槽配线

塑料线槽配线一般适用于正常环境室内场所的配线，也用于预制墙板结构及无法暗配线的工程。塑料线槽外形与金属线槽类似，但种类更多：20mm×12mm、25mm×12.5mm、25mm×25mm、30mm×15mm、40mm×20mm、60mm×25mm、86mm×40mm 等。与金属线槽类似，也有阳角、阴角、直转角、左三通、右三通、平三通等附件。塑料线槽一般沿建筑物墙面、顶棚、踢脚板上口线敷设。

4. 塑料护套线配线

塑料护套线是由塑料护层的双芯或多芯构成的绝缘导线，具有防潮和耐腐蚀等性能，对于比较潮湿有腐蚀性的特殊场所，可采用塑料护套线。塑料护套线多用于照明线路，可以直接敷设在楼板、墙壁等建筑物表面上，用线卡或铝片卡（钢精轧头）作为导线的支持物。

5. 钢索配线

钢索配线是将导线悬吊在拉紧的钢索上的一种配线方法，一般适用于屋架较高，跨距较大，灯具安装高度要求较低的工业厂房内。钢索两端用穿墙螺栓固定，并用双螺母紧固，钢索用花篮螺栓拉紧。

6. 电气竖井内配线

电气竖井就是从建筑物的底层到顶层留出的一条井道。竖井在每个楼层设有配电小间，它是竖井的一部分，每层都有楼板隔开，只留出不同尺寸的孔洞。电气竖井内配线一般适用于多层和高层建筑内垂直配电干线的敷设，是高层建筑特有的一种综合配线方式。

在配电小间内，除了有垂直敷设的干线外，还有用于本层的强电配电箱和弱电端子箱等设备。竖井内的设备布置如图 4.1 所示。

电气竖井有强电井、弱电井，也有强弱合一的，这时强弱电干线之间必须采取隔离措施，以免干扰。电气竖井内常用的配线方式是金属管、金属线槽、电缆或电缆桥架及封闭母线等。

二、配管配线工程识图

1. 常用绝缘导线

电线又叫导线，常用导线分为绝缘导线和裸导线两类。绝缘导线按线芯股数分为单股和多

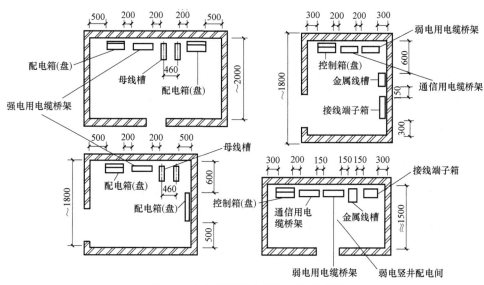

图 4.1 电气竖井配电设备布置示意图

股两类；按结构分为单芯、双芯、多芯；按绝缘材料分为橡皮绝缘、聚氯乙烯绝缘、交联聚乙烯绝缘。绝缘导线的型号表示方法如图4.2所示。

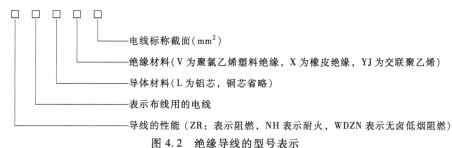

图 4.2 绝缘导线的型号表示

例如，BV-3×4 表示 3 根截面积为 4mm² 的塑料绝缘铜芯导线。又如，WDZN-BYJ-3×2.5 表示 3 根截面积为 2.5mm² 的无卤低烟阻燃耐火的交联聚乙烯绝缘铜芯导线。

铜芯绝缘线的截面规格有：1.5mm²、2.5mm²、4mm²、6mm²、10mm²、16mm²、25mm²、35mm²、70mm²、95mm²、120mm²、150mm²、185mm²、240mm²。目前使用较多的是聚氯乙烯绝缘电线，这种导线用聚氯乙烯作为绝缘包层，又称塑料线。塑料线具有耐油、耐酸、耐腐蚀、防潮、防霉等特点，常用作 500V 以下室内照明线路，可直接敷设在空心板或墙壁上。其型号、类型及用途见表4.1。

表 4.1 聚氯乙烯绝缘电线型号、类型及用途

类型	型号	名　　　称	用　　途
普通型	BV	铜芯聚氯乙烯绝缘电线	适用于交流额定电压 500V 以下或直流 1000V 以下的电气设备及照明装置
	BLV	铝芯聚氯乙烯绝缘电线	
	BVR	铜芯聚氯乙烯绝缘软电线	
	BVV	铜芯聚氯乙烯绝缘聚氯乙烯护套圆形电线	
	BLVV	铝芯聚氯乙烯绝缘聚氯乙烯护套电线	
	BVVB	铜芯聚氯乙烯绝缘聚氯乙烯护套扁形电线	
	BLVVB	铝芯聚氯乙烯绝缘聚氯乙烯护套扁形电线	
	VB-105	铜芯耐热 105℃ 聚氯乙烯绝缘电线	

（续）

类型	型号	名　称	用　途
绝缘软线	RV RVB RVS RVV RVVB RV-105	铜芯聚氯乙烯绝缘软线 铜芯聚氯乙烯绝缘平型软线 铜芯聚氯乙烯绝缘绞型软线 铜芯聚氯乙烯绝缘聚氯乙烯护套圆形连接软电线 铜芯聚氯乙烯绝缘聚氯乙烯护套扁形连接软电线 铜芯耐热105℃聚氯乙烯绝缘连接软电线	适用于各种交流、直流电器,工业仪器、家用电器、小型电动工具,动力及照明装置的连接

2. 常用设备及管线的标注

（1）用电设备的文字标注

照明或电力配电设备在平面图或系统图上的表达的内容有设备编号、设备型号、设备功率，标注格式为 a/b。

其中 a 为设备编号或设备位号，b 为额定功率（kW 或 kV · A）。

例如 DT2/25kW 表示 2 号电梯功率为 25kW。

（2）配电箱的文字标注

配电箱的文字标注为 ab/c 或 a-b-c。

例如：AP1-4（XL-3-2）/40 则表示第 1 层的 4 号动力配电箱，其型号为 XL-3-2，功率为 40kW。又：AL4-2（XRM-302-20）/10.5 则表示第 4 层的 2 号配电箱，其型号为 XRM-302-20，功率为 10.5kW。

（3）配电系统图上线路的标注

配电系统图上线路的标注多采用《建筑电气工程设计常用图形和文字符号》（09DX001）国家建筑标准设计图集中的标注方法。标注内容主要是线路的敷设方式及敷设部位，采用英文字母表示。配电线路的文字标注形式为 a-b(c×d)e-f。

其中 a 为线路的编号；b 为导线的型号；c 为导线的根数；d 为导线的截面积（mm^2）；e 为敷设方式；f 为线路的敷设部位。

例如：WP1-BV（3×50+1×35）CT CE，表示：1 号动力线路，导线型号为铜芯塑料绝缘线，3 根 50mm^2、1 根 35mm^2，沿顶板面用电缆桥架敷设。又如：WL2-BV（3×2.5）SC15WC，则表示：2 号照明线路、3 根 2.5mm^2 铜芯塑料绝缘导线穿钢管沿墙暗敷。线路敷设方式及敷设部位的文字符号见表 4.2、表 4.3。

表 4.2　线路敷设方式的文字符号

序号	中文名称	文字符号	英文名称
1	电缆桥架敷设	CT	Installed in cable tray
2	金属线槽	MR	Installed in metallic raceway
3	塑料线槽	PR	Installed in PVC raceway
4	穿钢管敷设	SC	Run in steel conduit
5	穿电线管敷设	MT	Run in electrical metallic tubing
6	穿硬塑料管敷设	PC	Run in rigid PVC conduit
7	钢索架设	M	Supported by messenger wire
8	金属软管	CP	Run in flexible metallic conduit
9	穿聚氯乙烯塑料波纹电线管敷设	KPC	Run in corrugated PVC conduit

表 4.3　导线敷设部位的文字符号

序号	名　称	文字符号	英文名称
1	暗敷在梁内	BC	Concealed in beam
2	暗敷在柱内	CLC	Concealed in column

（续）

序号	名　称	文字符号	英文名称
3	暗敷在墙内	WC	Concealed in wall
4	暗敷在屋面内或顶板内	CC	Concealed in ceiling or slab
5	暗敷在地面或者地板内	FC	In floor or ground
6	沿顶棚或顶板面敷设	CE	Along ceiling or slab surface
7	沿墙明敷设	WE	Along wall or slab surface
8	沿或跨梁（层架）敷设	AB	Along or across beam
9	沿柱明敷设	AC	Along or across column
10	在能进人的吊顶内敷设	SCE	Recessed in ceiling

3. 常用照明基本线路

在照明平面图中清楚地表现了灯具、开关、插座的具体位置、安装方式，但照明灯具一般都是单相负荷，其控制方式多种多样，再加上配线方式的不同，其连接关系比较复杂，比如"相线进开关，中性线进灯头"，指中性线可以直接接灯座，相线必须经开关后接灯座——开关必须串接在相线上，而现在使用的都是Ⅰ类灯具，其保护线直接与灯具的金属外壳连接。对于造价人员中的初学者，必须搞清楚照明基本线路和配线基本要求，为后面的配管配线工程量计算打下基础。常用照明控制基本线路有下面几种。

（1）一只开关控制一盏灯

最简单的照明线路是在1个房间内采用一只开关控制一盏灯，若采用管内穿线敷设方式，其照明平面图如图4.3所示，透视接线图如图4.4所示。

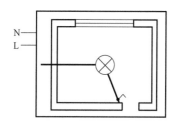

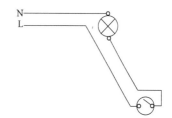

图4.3　一只开关控制一盏灯的照明平面图　　　　图4.4　一只开关控制一盏灯的透视接线图

（2）多只开关控制多盏灯

图4.5是两个房间的照明平面图，采用管内穿线的配线方式，图中有一个照明配电箱，三盏灯，一只双联开关和一只单联开关。此外线管中间不允许有接头，接头只能放在灯座盒内或开关盒内。透视接线图如图4.6所示。

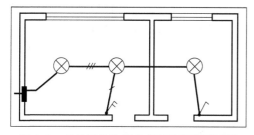

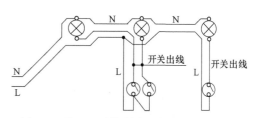

图4.5　多只开关控制多盏灯的照明平面图　　　　图4.6　多只开关控制多盏灯的透视接线图

（3）两只开关控制一盏灯

用两只双控开关在两处控制一盏灯，一般用于建筑物内的楼梯、过道或客房等处。其平面图如图4.7所示。由图4.8可看出，在图示开关位置时，灯不亮，但无论扳动哪个开关，灯都会亮。透视接线图如图4.9所示。

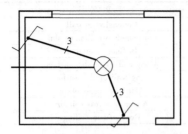

图4.7　两只开关控制一盏灯的照明平面图

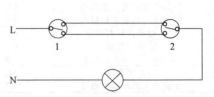

图4.8　两只开关控制一盏灯的原理图

由以上分析可以看出，照明工程中，室内导线的根数与所采用的配线方式、灯与开关之间的连接有关，当配线方式或连接关系发生变化时，导线的根数也会发生变化。要真正地看懂照明平面图，就必须了解导线根数变化的规律，掌握照明线路的基本环节。

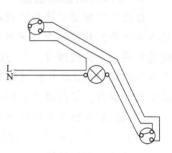

图4.9　两只开关控制一盏灯的透视接线图

4. 室内电气施工图的识读顺序

阅读建筑电气施工图，在了解电气施工图的基本知识的基础上，按照一定顺序进行，才能快速地读懂图样，从而实现识图的目的。一套建筑电气施工图所包括的内容较多，图样往往有很多张，一般应按一定的顺序阅读，并应相互对照阅读。

（1）首先看图样目录、设计说明、设备材料表

看标题栏及图样目录，了解工程名称、项目内容、设计日期及图样内容、数量等。看设计说明，了解工程概况、设计依据等，了解图样中未能表达清楚的各有关事项。看设备材料表，了解工程中所使用的设备、材料的型号、规格和数量。

（2）再看系统图

读懂系统图，对整个电气工程就有了一个总体的认识。电气照明工程系统图是表明照明的供电方式、配电线路的分布和相互联系情况的示意图，可以了解以下内容：建筑物的供电方式和容量分配；供电线路的布置形式，进户线和各干线、支线、配线的数量、规格和敷设方法；配电箱及电度表、开关、熔断器等的数量、型号等。

（3）结合系统图看各平面图

根据平面图标示的内容，识读平面图要按电源、引入线、配电箱、引出线、用电器具的顺序这样沿"线"来读。在识读过程中，要注意了解导线根数、敷设方式、灯具型号、数量、安装方式及高度，插座和开关安装方式、安装高度等内容。识读平面图的内容和顺序：

1）电源进户线的位置、导线规格、型号、根数、引入方法（架空引入时注明架空高度，从地下敷设时注明穿管材料、名称、管径等）。

2）配电箱的位置（包括配电柜、配电箱）。

3）各用电器材、设备的平面位置、安装高度、安装方法、用电功率。

4）线路的敷设方法，穿线器材的名称、管径，导线名称、规格、根数。

5）从各配电箱引出回路及编号。

5. 室内配管配线工程施工图的识图案例

以某三层砖混结构、现浇混凝土楼板的办公楼为例，说明配管配线工程识图的识读过程，如图4.10～图4.18所示。

（1）工程概况

本工程为济南市某办公楼，建筑面积 369.3m²；总建筑高度 11.25m，层数 3 层，一层层高 3.6m，二、三层层高 3.3m。吊顶高度 0.3m。

（2）主要参数

1）供电电源：本工程从箱式变压器引来 220/380V 电源，承担本工程的负荷。进线电缆引到本楼总配电箱内，进行配电。

2）照明配电：照明、插座均由不同的支路供电；所有插座回路均设漏电断路器保护。除注明外，开关、插座分别距地 1.4m、0.3m 暗装。卫生间开关、插座选用防潮、防溅型面板。空调设置专门的配电箱，空调用配电箱距地 0.3m 暗装。

3）总配电箱距地 1.5m 嵌墙暗装，各分配电箱距地 1.5m 嵌墙暗装。

4）照明支线选用 BV 导线，2~4 根穿 SC15 钢管，5~6 根穿 SC20 钢管。

主要设备材料表见表 4.4。

表 4.4 主要设备材料表

序号	图例	名称	规格	备注
1	▬	配电箱 AL01	详见系统图	安装高度为 1.5m，暗装
2	▬	分配电箱 AL02、AL03	详见系统图	安装高度为 15m，暗装
3	▭	双管荧光灯	2×36W（3500lm）	吸顶安装（T8 荧光灯管）
4	▬	单管荧光灯	1×36W（3350lm）	吸顶安装（T8 荧光灯管）
5	◗	吸顶灯	1×20W（声控为 PZ-25）	吸顶安装
6	⊗	防水灯	1×32W	吸顶安装
7	⊥	二/三极暗装插座	E2426/10US 10A	安装高度为 0.3m
8	✎	暗装单极开关	E2031/1/2A 10A	安装高度为 1.4m
9	✎	暗装三极开关	E2033/1/2A 10A	安装高度为 1.4m
10	✎	暗装双极开关	E2032/1/2A 10A	安装高度为 1.4m
11	⌒t	声光控开关	250V 10A	安装高度为 1.4m
12	▭	空调箱 KTX1	250V 25A	安装高度为 0.3m
13	▱	空调箱 KTX2	380V 25A	安装高度为 0.3m
14	⊖	排气扇	详见设备	安装高度距地 2.8m

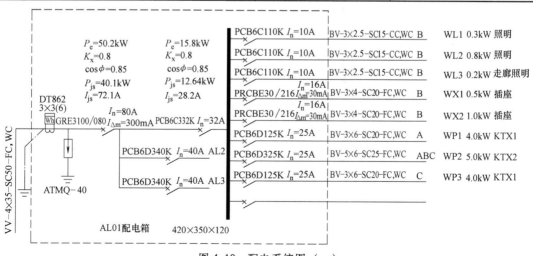

图 4.10　配电系统图（一）

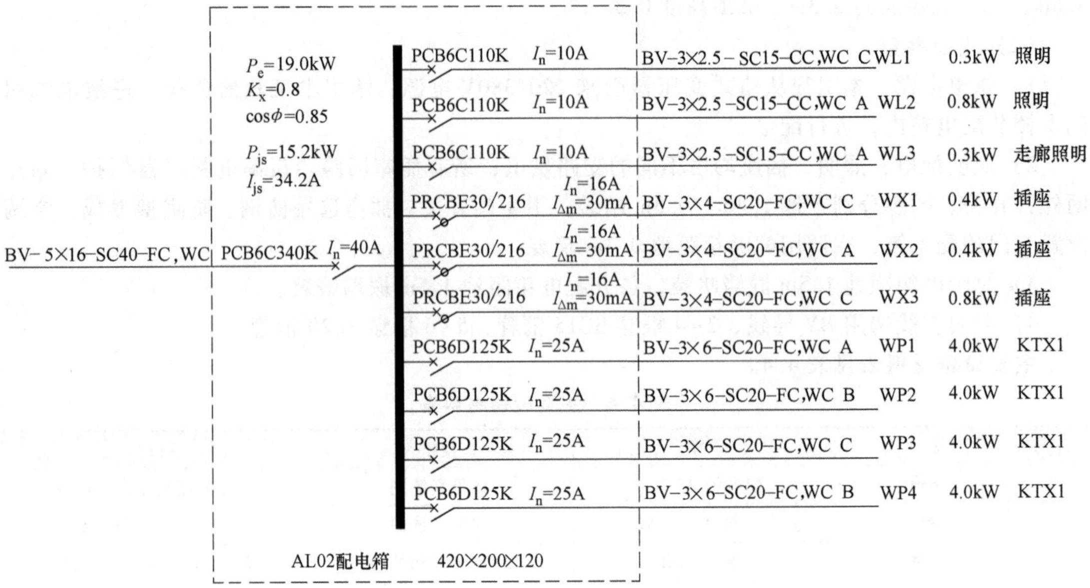

$P_e=19.0kW$
$K_x=0.8$
$\cos\phi=0.85$

$P_{js}=15.2kW$
$I_{js}=34.2A$

BV–5×16–SC40–FC,WC PCB6C340K $I_n=40A$

AL02配电箱　420×200×120

PCB6C110K $I_n=10A$	BV–3×2.5–SC15–CC,WC C WL1	0.3kW 照明
PCB6C110K $I_n=10A$	BV–3×2.5–SC15–CC,WC A WL2	0.8kW 照明
PCB6C110K $I_n=10A$	BV–3×2.5–SC15–CC,WC A WL3	0.3kW 走廊照明
PRCBE30/216 $I_n=16A$ $I_{\Delta m}=30mA$	BV–3×4–SC20–FC,WC C WX1	0.4kW 插座
PRCBE30/216 $I_n=16A$ $I_{\Delta m}=30mA$	BV–3×4–SC20–FC,WC A WX2	0.4kW 插座
PRCBE30/216 $I_n=16A$ $I_{\Delta m}=30mA$	BV–3×4–SC20–FC,WC C WX3	0.8kW 插座
PCB6D125K $I_n=25A$	BV–3×6–SC20–FC,WC A WP1	4.0kW KTX1
PCB6D125K $I_n=25A$	BV–3×6–SC20–FC,WC B WP2	4.0kW KTX1
PCB6D125K $I_n=25A$	BV–3×6–SC20–FC,WC C WP3	4.0kW KTX1
PCB6D125K $I_n=25A$	BV–3×6–SC20–FC,WC B WP4	4.0kW KTX1

图 4.11　配电系统图（二）

$P_e=15.4kW$
$K_x=0.8$
$\cos\phi=0.85$

$P_{js}=12.32kW$
$I_{js}=27.5A$

BV–5×16–SC40–FC,WC PCB6C332K $I_n=32A$

AL03配电箱　420×200×120

PCB6C110K $I_n=10A$	BV–3×2.5–SC15–CC,WC B WL1	0.1kW 照明
PCB6C110K $I_n=10A$	BV–3×2.5–SC15–CC,WC B WL2	0.6kW 照明
PCB6C110K $I_n=10A$	BV–3×2.5–SC15–CC,WC B WL3	0.3kW 走廊照明
PRCBE30/216 $I_n=16A$ $I_{\Delta m}=30mA$	BV–3×4–SC20–FC,WC B WX1	0.4kW 插座
PRCBE30/216 $I_n=16A$ $I_{\Delta m}=30mA$	BV–3×4–SC20–FC,WC B WX2	1.0kW 插座
PCB6D125K $I_n=25A$	BV–3×6–SC20–FC,WC A WP1	4.0kW KTX1
PCB6D325K $I_n=25A$	BV–5×6–SC25–FC,WC ABC WP2	5.0kW KTX2
PCB6D125K $I_n=25A$	BV–3×6–SC20–FC,WC C WP3	4.0kW KTX1
		备用

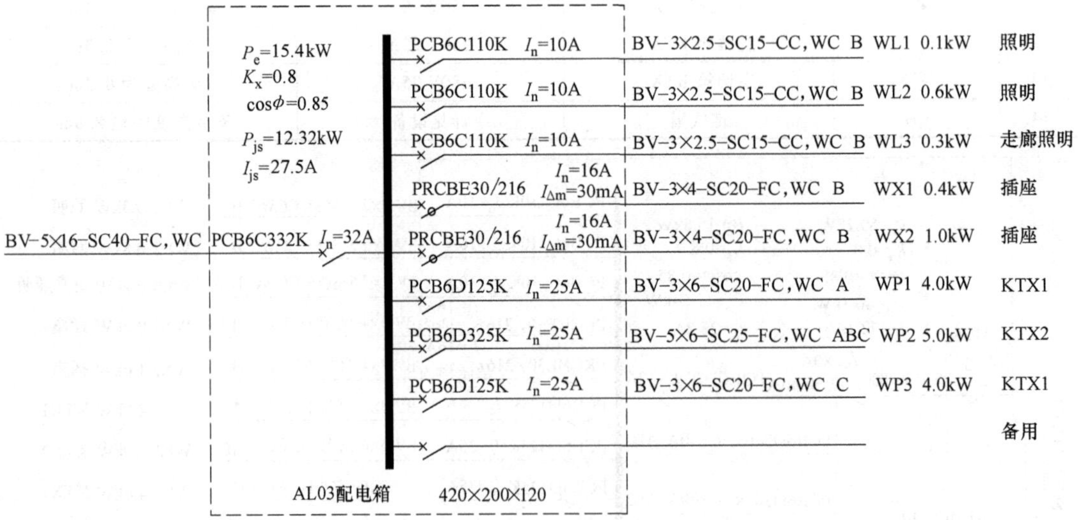

图 4.12　配电系统图（三）

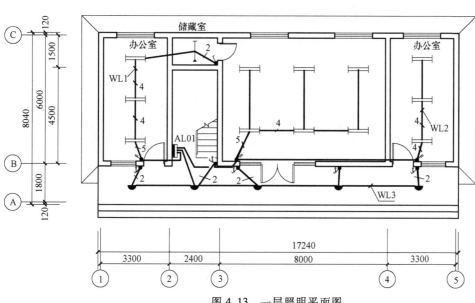

图 4.13　一层照明平面图

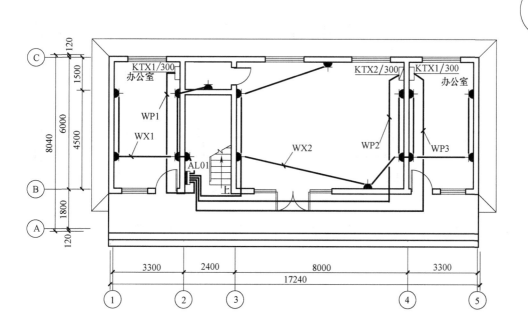

图 4.14　一层动力平面图

注：图中未标注的导线根数均为三根。

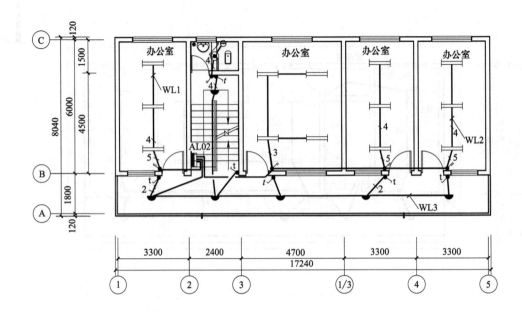

图 4.15 二层照明平面图

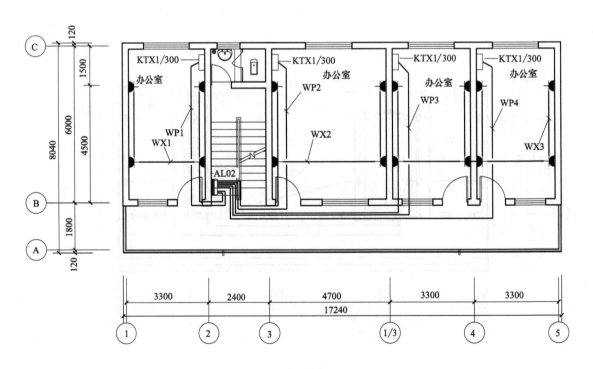

图 4.16 二层动力平面图

注：图中未标注的导线根数均为三根。

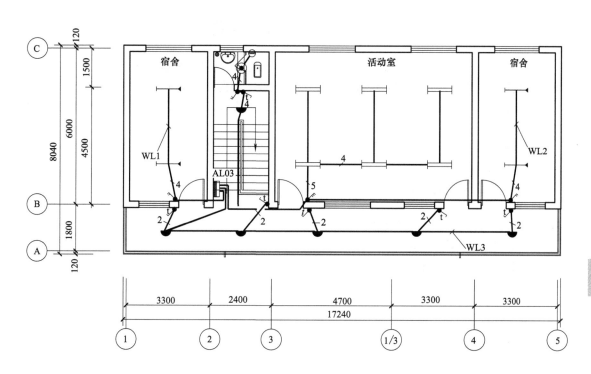

图 4.17　三层照明平面图

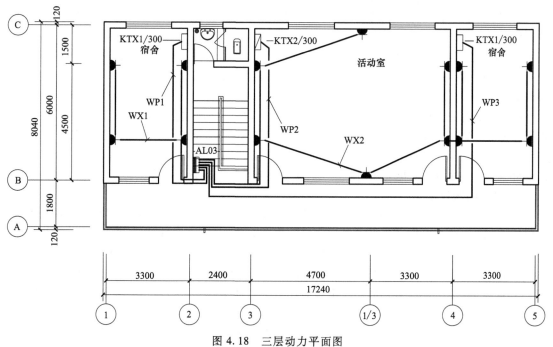

图 4.18　三层动力平面图

注：图中未标注的导线根数均为三根。

第二节 配管配线工程施工

配管配线工程施工的主要依据有《建筑电气工程施工质量验收规范》（GB 50303—2015）、《低压配电设计规范》（GB 50054—2011）等。配管配线工程施工程序如下：

1）定位划线。根据施工图，确定电器安装位置、导线敷设路径及导线穿过墙壁和楼板的位置。

2）预留预埋。在土建施工过程中配合土建搞好预留预埋工作，或在土建抹灰前将配线所有的固定点打好孔洞。

3）装设绝缘支持物、保护管。

4）敷设导线。

5）安装灯具、开关及电器设备。

6）测试导线绝缘、连接导线。

7）校验、自检、试通电。

一、导管敷设工程

导管敷设俗称配管，配管分明配管和暗配管。导管敷设前应符合下列规定：

1）配管前，除埋入混凝土中的非镀锌钢导管的外壁外，应确认其他场所的非镀锌钢导管内、外壁均已做防腐处理。

2）埋设导管前，应检查确认室外直埋导管的路径，沟槽深度、宽度及垫层处理等符合设计要求。

3）现浇混凝土板内的配管，应在底层钢筋绑扎完成，上层钢筋未绑扎前进行，且配管完成后应经检查确认，再绑扎上层钢筋和浇捣混凝土。

4）墙体内配管前，现浇混凝土墙体内的钢筋绑扎及门、窗等位置的放线应已完成。

5）接线盒和导管在隐蔽前，经检查应合格。

6）穿梁、板、柱等部位的明配导管敷设前，应检查其套管、埋件、支架等设置符合要求。

7）吊顶内配管前，吊顶上的灯位及电气器具位置应先进行放样，并应与土建及各专业施工协调配合。

暗管敷设的施工程序为：施工准备→预制加工管煨弯→测定盒箱位置→固定盒、箱→管路连接→变形缝处理→接地处理。明管敷设的施工程序为：施工准备→预制加工管煨弯、支架、吊架→确定盒、箱及固定点位置→支架、吊架固定→盒箱固定→管线敷设与连接→变形缝处理→接地处理。这里主要说明导管的预制加工，盒、箱定位，管路敷设与连接。

1. 导管的预制加工

1）制弯。镀锌管的管径为 20mm 及以下时，要拗棒弯管；管径为 25mm 时使用液压弯管器；塑料管采用配套弹簧操作。导管的弯曲半径应符合下列规定：明配导管的弯曲半径不宜小于管外径的 6 倍，当两个接线盒间只有一个弯曲时，其弯曲半径不宜小于管外径的 4 倍；埋设于混凝土内的导管的弯曲半径不宜小于管外径的 6 倍，当直埋于地下时，其弯曲半径不宜小于管外径的 10 倍；电缆导管的弯曲半径不应小于电缆最小允许弯曲半径，电缆最小允许弯曲半径应符合表 4.5 的规定。

2）管子切断。钢管应用钢锯、割管锯、砂轮锯进行切割；将需要切割的管子量好尺寸，放入钳口内固定进行切割，切割口应平整不歪斜，管口刮锉光滑、无飞边，管内铁屑除净。塑料管采用配套截管器操作。

表 4.5 电缆最小允许弯曲半径

电缆形式		电缆外径/mm	多芯电缆	单芯电缆
塑料绝缘电缆	无铠装		15D	20D
	有铠装		12D	15D
橡皮绝缘电缆		—	10D	
控制电缆	非铠装型、屏蔽型软电缆		6D	
	铠装型、钢屏蔽型		12D	—
	其他		10D	
铝合金导体电力电缆		—	7D	
氧化镁绝缘刚性矿物绝缘电缆	<7		2D	
	≥7,且<12		3D	
	≥12,且<15		4D	
	≥15		6D	
其他矿物绝缘电缆		—	15D	

注：D 为电缆的外径。

3）钢管套丝。钢管套丝采用套丝板，应根据管外径选择相应板牙，套丝过程中，要均匀用力。

2. 盒、箱定位

首先测定盒、箱位置，应根据设计要求确定盒、箱轴线位置，以土建弹出的水平线为基准，挂线找正，标出盒、箱实际尺寸位置。然后固定盒、箱，先稳定盒、箱，然后灌浆，要求砂浆饱满、牢固、平整、位置正确。现浇混凝土板墙固定盒、箱加支铁固定；现浇混凝土楼板，将盒子堵好随底板钢筋固定牢固，管路配好后，随土建浇筑混凝土施工同时完成。

3. 管路敷设

敷设方式有明配和暗配，明配管一般沿墙、沿柱跨柱、沿构架敷设。可用塑料膨胀管、膨胀螺栓和角钢支架固定。导管明敷的管材可采用热镀锌钢管、焊接钢管、硬塑料管、刚性阻燃管。暗配管施工多用在混凝土建筑物及室内装饰装修工程内，其施工方法有随墙（砌体）配管，在混凝土楼板垫层内配管，在现场浇筑混凝土构件时埋入金属管、接线盒、灯位盒。最后一种施工方法需根据电气设计要求，随土建结构施工进程同步进行，在建筑电气安装工程中常见。

导管敷设应符合下列规定：

1）导管穿越外墙时应设置防水套管，且应做好防水处理。

2）钢导管或刚性塑料导管跨越建筑物变形缝处应设置补偿装置（见图 4.19）。

3）除埋设于混凝土内的钢导管内壁应进行防腐处理，外壁可不进行防腐处理外，其余场所敷设的钢导管内、外壁均应做防腐处理。

4）导管与热水管、蒸汽管平行敷设时，敷设在热水管、蒸汽管的下面，当有困难时，可敷设在其上面；相互间的最小距离宜符合表 4.6 的规定。

表 4.6 导管与热水管、蒸汽管间的最小距离 （单位：mm）

配线槽盒的敷设位置	管道种类	
	热水	蒸汽
在热水、蒸汽管道上面平行敷设	300	1000
在热水、蒸汽管道下面或水平平行敷设	200	500
与热水、蒸汽管道交叉敷设	不小于其平行的净距	

明配的电气导管应符合下列规定：

1）导管应排列整齐、固定点间距均匀、安装牢固。

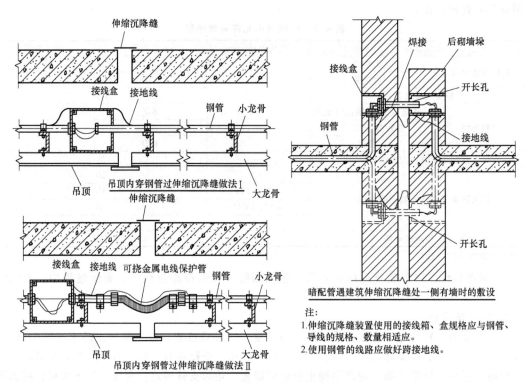

图 4.19　吊顶内钢管过伸缩沉降缝的做法

2）在距终端，弯头中点或柜、台、箱、盘等边缘 150～500mm 范围内应设有固定管卡，中间直线段固定管卡间的最大距离应符合表 4.7 的规定。

3）明配管采用的接线或过渡盒（箱）应选用明装盒（箱）。

表 4.7　管卡间最大距离

敷设方式	导管种类	导管直径/mm			
		15～20	25～32	40～50	65 以上
		管卡间最大距离/m			
支架或沿墙明敷	壁厚>2mm 刚性钢导管	1.5	2.0	2.5	3.5
	壁厚≤2mm 刚性钢导管	1.0	1.5	2.0	—
	刚性绝缘导管	1.0	1.5	1.5	2.0

暗配的电气导管应符合下列规定：

1）除设计要求外，对于暗配的导管，导管表面埋设深度与建筑物、构筑物表面的距离不应小于 15mm。

2）进入配电（控制）柜、台、箱、盘内的导管管口，当箱底无封板时，管口应高出柜、台、箱、盘的基础面 50～80mm。

3）导管穿越密闭或防护密闭隔墙时，应设置预埋套管，预埋套管的制作和安装应符合设计要求，套管两端伸出墙面的长度宜为 30～50mm，导管穿越密闭穿墙套管的两侧应设置过线盒，并应做好封堵（图 4.20）。

4. 接线盒或拉线盒的设置

管路敷设时，应根据管路的长度、弯头的多少等实际情况在管路中间设置接线盒或拉线盒。设置原则如下：

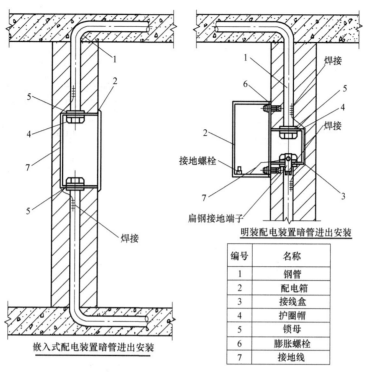

图 4.20　配电箱进出线穿钢管示意图

1）安装电器（灯具、开关、插座等）的部位应设置接线盒（见图 4.21、图 4.22）。

2）线路分支处或导线规格改变处应设置接线盒。

3）水平敷设管路遇到下列情况之一时，中间应增设接线盒或拉线盒，且接线盒或拉线盒的位置应便于穿线。管长＞30m，且无弯曲；管长＞20m，有一个弯曲；管长＞15m，有 2 个弯曲；管长＞8m，有 3 个弯曲。

4）垂直敷设的管路遇到下列情况之一时，应增设固定导线用的拉线盒。管内导线截面为 50mm² 及以下，长度每超过 30m；管内导线长度截面为 70～95mm²，长度每超过 20m；管内导线截面为 120～240mm²，长度每超过 18m。

5）管路通过建筑物变形缝处应增设接线盒作补偿装置（见图 4.23）。

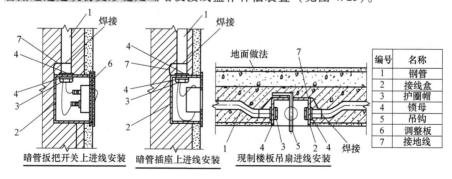

图 4.21　插座、开关的钢管进线示意图

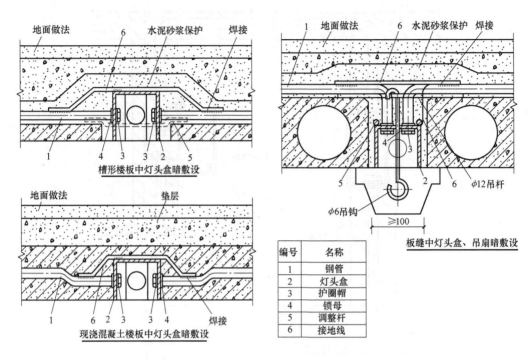

编号	名称
1	钢管
2	灯头盒
3	护圈帽
4	锁母
5	调整杆
6	接地线

图 4.22　灯头盒、吊扇的钢管进线示意图

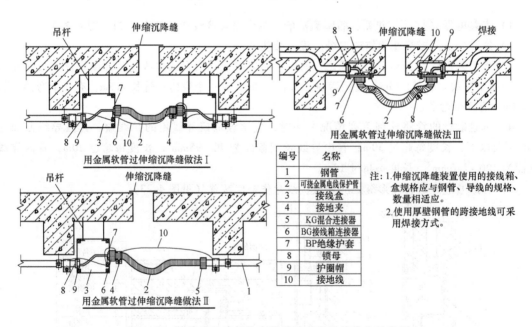

编号	名称
1	钢管
2	可挠金属电线保护管
3	接线盒
4	接地夹
5	KG混合连接器
6	BG接线箱连接器
7	BP绝缘护套
8	锁母
9	护圈帽
10	接地线

注：1. 伸缩沉降缝装置使用的接线箱、盒规格应与钢管、导线的规格、数量相适应。
2. 使用厚壁钢管的跨接地线可采用焊接方式。

图 4.23　管路通过建筑物变形缝处应增设接线盒示意图

5. 可挠金属导管及金属软管敷设

钢导管与电气设备器具间可采用可弯曲金属导管或金属软管等做过渡连接，其两端应有专用接头，连接可靠牢固、密闭良好。潮湿或多尘场所应采用能防水的导管。过渡连接的导管长度，动力工程不宜超过 0.8m，照明工程不宜超过 1.2m。可弯曲金属导管及柔性导管敷设应符合下列规定：

1）刚性导管经柔性导管与电气设备、器具连接时，柔性导管的长度在动力工程中不宜大于 0.8m，在照明工程中不宜大于 1.2m。

2）可弯曲金属导管或柔性导管与刚性导管或电气设备、器具间的连接应采用专用接头；防液型可弯曲金属导管或柔性导管的连接处应密封良好，防液覆盖层应完整无损。

3）当可弯曲金属导管有可能受重物压力或明显机械撞击时，应采取保护措施。

4）明配的金属、非金属柔性导管固定点间距应均匀，不应大于 1m，管卡与设备、器具、弯头中点、管端等边缘的距离应小于 0.3m。

5）可弯曲金属导管和金属柔性导管不应做保护导体的接续导体。

二、导管内穿线和槽盒内敷线

绝缘导线、电缆穿导管及槽盒内敷线应符合下列规定：

1）焊接施工作业应已完成，检查导管、槽盒安装质量应合格。

2）导管或槽盒与柜、台、箱应已完成连接，导管内积水及杂物应已清理干净。

3）绝缘导线、电缆的绝缘电阻应经测试合格。

4）通电前，绝缘导线、电缆交接试验应合格，检查并确认接线去向和相位等应符合设计要求。

1. 一般要求

1）同一交流回路的绝缘导线不应敷设于不同的金属槽盒内或穿于不同金属导管内。

2）绝缘导线接头应设置在专用接线盒（箱）或器具内，不得设置在导管和槽盒内，盒（箱）的设置位置应便于检修。

3）与槽盒连接的接线盒（箱）应选用明装盒（箱）；配线工程完成后，盒（箱）盖板应齐全、完好。

4）当采用多相供电时，同一建（构）筑物的绝缘导线绝缘层颜色应一致。

绝缘导线外护层的颜色要有区别，是为识别其不同功能或相位而规定的，既有利于施工又方便日后检修。我国电力供电线路和大量国内电气产品的绝缘导线外护层颜色尚未采用国际上建议采用的颜色（即相线 L1、L2、L3 用黑色、棕色、灰色），一直沿用相线 L1、L2、L3 采用黄色、绿色、红色的标准。

2. 管内穿线

管内穿线工艺流程：扫管→穿带线→放线与断线（注意预留）→导线与带线绑扎→管内穿线→绝缘遥测（测量绝缘电阻能否达到设计要求）。管内配线一般规定：

1）绝缘导线穿管前，应清除管内杂物和积水，绝缘导线穿入导管的管口在穿线前应装设护线口。

2）除设计有特殊要求外，不同电压等级和交流与直流线路的电线不应穿于同一导管内。除下列情况外，不同回路的电线不宜穿于同一导管内：额定工作电压 50V 及以下回路；同一设备或同一联动系统设备的主电路和无抗干扰要求的控制电路；同一个照明器具的几个回路。

3）管内电线的总截面积（包括外护层）不应大于导管内截面积的 40%，且电线总数不宜多于 8 根。

4）导线穿入钢管后，在导线出口处，应装护线口保护导线，在不进入箱（盒）内的垂直管口，穿入导线后，应将管口作密封处理。

5）导线在变形缝处，补偿装置应活动自如，导线应留有一定的余量。

6）敷设于垂直管路中的导线，当超过下列长度时，应在管口处和接线盒中加以固定：截面积为 50mm² 及以下导线为 30m，截面积为 70~95mm² 导线为 20m，截面积为 180~240mm² 之间的导线为 18m。

3. 槽盒内敷线

槽盒内敷线应符合下列规定：

1）同一槽盒内不宜同时敷设绝缘导线和电缆。

2）同一路径无防干扰要求的线路，可敷设于同一槽盒内；槽盒内的绝缘导线总截面积（包括外护套）不应超过槽盒内截面积的 40%，且载流导体不宜超过 30 根。

3）当控制和信号等非电力线路敷设于同一槽盒内时，绝缘导线的总截面积不应超过槽盒内截面积的 50%。

4）分支接头处绝缘导线的总截面面积（包括外护层）不应大于该点盒（箱）内截面面积的 75%。

5）绝缘导线在槽盒内应留有一定余量，并应按回路分段绑扎，绑扎点间距不应大于 1.5m；当垂直或大于 45°倾斜敷设时，应将绝缘导线分段固定在槽盒内的专用部件上，每段至少应有一个固定点；当直线段长度大于 3.2m 时，其固定点间距不应大于 1.6m；槽盒内导线排列应整齐、有序。

6）敷线完成后，槽盒盖板应复位，盖板应齐全、平整、牢固。

4. 导线连接

（1）导线与设备或器具的连接

导线与设备或器具的连接应符合下列规定：

1）截面积在 10mm² 及以下的单股铜芯线和单股铝/铝合金芯线可直接与设备或器具的端子连接。

2）截面积在 2.5mm² 及以下的多芯铜芯线应接续端子或拧紧搪锡后再与设备或器具的端子连接。

3）截面积大于 2.5mm² 的多芯铜芯线，除设备自带插接式端子外，应接续端子后与设备或器具的端子连接；多芯铜芯线与插接式端子连接前，端部应拧紧搪锡。

4）多芯铝芯线应接续端子后与设备、器具的端子连接，多芯铝芯线接续端子前应去除氧化层并涂抗氧化剂，连接完成后应清洁干净。

5）每个设备或器具的端子接线不多于 2 根导线或 2 个导线端子。

（2）导线间的连接

截面积 6mm² 及以下铜芯导线间的连接应采用导线连接器或缠绕搪锡连接，并应符合下列规定：

1）导线连接器应符合现行国家标准《家用和类似用途低压电路用的连接器件》（GB 13140）的相关规定，并应符合下列规定：导线连接器应与导线截面相匹配；单芯导线与多芯软导线连接时，多芯软导线宜搪锡处理；与导线连接后不应明露线芯；采用机械压紧方式制作导线接头时，应使用确保压接力的专用工具；多尘场所的导线连接应选用 IP5X 及以上的防护等级连接器；潮湿场所的导线连接应选用 IPX5 及以上的防护等级连接器。

2）导线采用缠绕搪锡连接时，连接头缠绕搪锡后应采取可靠绝缘措施。

（3）接线端子压接

多股导线可采用与导线同材质且规格相应的接线端子。削去导线的绝缘层，但不要碰伤线芯，将线芯紧紧地绞在一起，清除接线端子孔内的氧化膜，将线芯插入，用压接钳压紧，导线外露部分应小于1～2mm。

第三节　配管配线工程定额简介

《山东省安装工程消耗量定额》（2016）的《第四册　电气设备安装工程》中第十二章编制了配管工程定额，第十三章编制了配线工程定额。

一、配管配线工程定额设置内容

配管工程定额主要设置了电线管敷设，钢管敷设，防爆钢管敷设，可挠金属套管敷设，硬聚氯乙烯管敷设，刚性阻燃管暗敷设，半硬质阻燃管暗敷设，套接紧定式、扣压式钢导管电线管敷设，金属软管敷设，接线箱安装，接线盒安装，动力配管混凝土地面刨沟，墙体剔槽，打孔洞等项目，共计13节251个定额子目，定额子目编号：4-12-1～4-12-251。

配线工程定额主要设置了管内穿线，鼓形绝缘子配线，针式绝缘子配线，蝶式绝缘子配线，塑料槽板配线，塑料护套线明敷设，线槽配线，车间带形母线安装，盘、柜、箱、板配线，钢索架设，拉紧装置制作与安装等，共编制了11节193个子目，定额编号：4-13-1～4-13-193。

1. 配管项目

（1）电线管敷设

电线管敷设定额按建筑物结构形式、敷设位置（砖、混凝土结构明配，砖、混凝土结构暗配，钢结构配管，钢索配管）及公称口径（mm以下）划分定额子目，共编制了22个子目，计量单位：100m。定额工作内容：测位、划线、打眼、埋螺栓、锯管、套丝、煨弯、配管、接地、穿引线、补漆。

（2）钢管敷设

钢管敷设定额按钢管类型（镀锌钢管、焊接钢管）、建筑物结构形式和敷设位置（砖、混凝土结构明配，砖、混凝土结构暗配，钢结构配管，钢索配管）及公称口径（mm以下）划分定额子目，共编制了74个子目，计量单位：100m。定额工作内容：测位、划线、打眼、埋螺栓、锯管、套丝、煨弯、配管、接地、穿引线、补漆。

（3）防爆钢管敷设

防爆钢管敷设定额按建筑物结构形式、敷设位置（砖、混凝土结构明配，砖、混凝土结构暗配，钢结构配管，箱罐、塔器照明配管）及公称口径（mm以内）划分定额子目，共编制了30个子目，计量单位：100m。定额工作内容：测位、划线、锯管、套丝、煨弯、零星刨沟、配管、气密性试验、接地、穿引线、补漆。

（4）可挠金属套管敷设

可挠金属套管敷设定额按建筑物结构形式、敷设位置（砖、混凝土结构暗配，吊顶内敷设，现浇板灯具接线盒至吊顶处灯具接线盒保护管）、规格划分定额子目，共编制了20个子目，计量单位：100m。定额工作内容：测位、划线、零星刨沟、断管、配管、固定、接地、清理、填补、穿引线。

（5）硬聚氯乙烯管敷设

硬聚氯乙烯管敷设定额按建筑物结构形式、敷设位置（砖、混凝土结构明配，砖、混凝土结构暗配，钢索配管）及公称口径（mm以下）划分定额子目，共编制了22个子目，计量单位：100m。定额工作内容：测位、划线、打眼、埋螺栓、锯管、煨弯、接管、配管、穿引线。

（6）刚性阻燃管敷设

刚性阻燃管敷设定额按建筑物结构形式、敷设位置（砖、混凝土结构明配，砖、混凝土结构暗配，吊顶内敷设）及公称口径（mm 以下）划分定额子目，共编制了 21 个子目，计量单位：100m。定额工作内容：测位、划线、打眼、下胀管、断管、连接管件、配管、上螺钉、穿引线。

（7）半硬质阻燃管暗敷设

半硬质阻燃管暗敷设定额按公称口径（mm 以下）划分定额子目，共编制了 6 个子目，计量单位：100m。定额工作内容：测位、划线、零星刨沟、打眼、敷设、固定、穿引线。

（8）套接紧定式、扣压式钢导管电线管敷设

套接紧定式、扣压式钢导管电线管敷设是新增项目，定额按建筑物结构形式、敷设位置（砖、混凝土结构明配，砖、混凝土结构暗配，钢结构支架配管，轻型吊顶内敷设）及外径（mm 以下）划分定额子目，共编制了 24 个子目，计量单位：100m。定额工作内容：测位、划线、打眼、下胀塞、煨弯、锯断、配管、紧定（扣压）、固定、穿引线。

（9）金属软管敷设

金属软管敷设定额按照管径大小划分定额子目，共编制了 6 个子目，计量单位：10m。定额工作内容：量尺寸、断管、连接接头、钻眼、攻丝、固定、接地。

2. 配线项目

（1）管内穿线

管内穿线定额区分线路性质（照明线路、动力线路）、线芯材质（铝芯、铜芯）和导线截面规格（mm² 以下）划分定额子目，编制了 37 个定额子目，计量单位：100m 单线。管内穿多芯软导线定额区分芯数和导线截面规格（mm² 以下）划分定额子目，编制了 19 个项目，计量单位：100m/束。定额工作内容：扫管、涂滑石粉、穿线、编号、焊接包头。

（2）鼓形绝缘子配线

鼓形绝缘子配线定额按照敷设位置不同（沿木结构，顶棚内及砖、混凝土结构；沿钢结构及钢索）和导线截面规格（mm² 以内）分别列项，共编制了 10 个子目，计量单位：100m 单线。定额工作内容：测位、划线、打眼、埋螺钉、钉木楞、下过墙管、上绝缘子、配线、焊接包头。

（3）针式绝缘子配线

针式绝缘子配线定额按照敷设位置不同（沿屋架、梁、柱、墙，跨屋架、梁、柱），并区分导线截面规格（mm² 以内）分别列项，共编制了 14 个子目，计量单位：100m 单线。定额工作内容：测位、划线、打眼、安装支架、下过墙管、上绝缘子、配线、焊接包头。

（4）蝶式绝缘子配线

蝶式绝缘子配线定额按照敷设位置不同（沿屋架、梁、柱，跨屋架、梁、柱），并区分导线截面规格（mm² 以内）分别列项，共编制了 14 个子目，计量单位：100m 单线。定额工作内容：测位、划线、打眼、安装支架、下过墙管、上绝缘子、配线、焊接包头。

（5）塑料槽板配线

塑料槽板配线定额分为木结构，砖、混凝土结构，有两线式和三线式，按照导线截面规格（mm² 以下）划分定额子目，共编制了 8 个定额子目，计量单位：100m。定额工作内容：测位、打眼、埋螺钉，下过墙管、断料、做角弯、装盒子、配线、焊接包头。

（6）塑料护套线明敷设

塑料护套线明敷设定额区别敷设位置（沿木结构，沿砖、混凝土结构，沿钢索，砖、混凝土结构粘接）、导线截面规格（mm² 以下）、导线芯数划分定额子目，编制了 24 个定额子目，计量单位：100m/束。定额工作内容：测位、划线、打眼、下过墙管、固定扎头、装盒子、配线、

焊接包头。

（7）线槽配线

线槽配线定额编制了 27 个定额子目，计量单位：100m 单线或 100m/束（多芯软导线）。定额工作内容：清扫线槽、放线、编号、对号、焊接包头。

（8）盘、柜、箱、板配线

盘、柜、箱、板配线定额区别导线截面积（mm² 内）划分定额子目，编制了 9 个定额子目，计量单位：10m。定额工作内容：放线、下料、包绝缘带、排线、卡线、校线、接线。

3. 其他项目

（1）钢索架设

钢索架设定额区分钢索材料（圆钢、钢丝绳）、直径规格（mm 以下）划分定额子目，共编制了 4 个子目，计量单位：100m。定额工作内容：测位、断料、调直、架设、绑扎、拉紧、刷漆。

（2）拉紧装置制作与安装

母线拉紧装置制作、安装定额区别母线截面规格（mm² 以下）划分定额子目，共编制了 2 个子目；钢索拉紧装置制作、安装定额区别花篮螺栓直径规格（mm 以下）划分定额子目，编制了 3 个定额子目，计量单位：10 套。定额工作内容：下料、钻孔、煨弯、组装、测位、打眼、埋螺栓、连接、固定、刷漆。

（3）车间带形母线安装

车间带形母线安装定额区别安装位置（沿屋架、梁、柱、墙和跨屋架、梁、柱）、母线材质（铝、钢）、母线截面规格（mm² 以下）划分定额子目，编制了 22 个定额子目，计量单位：100m。定额工作内容：打眼、支架安装，绝缘子灌注、安装，母线平直、煨弯、钻孔、连接、架设、夹具、木夹板制作安装、刷分相漆。

（4）动力配管混凝土地面刨沟

动力配管混凝土地面刨沟指电气工程正常配合主体施工后，有设计变更时，需要将管路再次敷设到混凝土结构内的情况。定额区别管径规格（mm 以下）划分定额子目，共编制了 5 个项目，计量单位：10m。定额工作内容：测位、划线、刨沟、清理、填补。

（5）墙体剔槽、打孔洞

墙体剔槽定额区分配管管径规格（mm 以下）划分定额子目，共编制了 6 个子目，计量单位：10m。定额工作内容：测位、划线、切割、剔除、清理、填补。

混凝土结构水钻钻孔定额区分钻头直径（mm 以下）划分定额子目，共编制了 5 个子目，计量单位：个。定额工作内容：测位、划线、固定钻机、钻孔、清理。

（6）接线箱安装

接线箱是指箱内不安装开关设备，只用来分支接线的空箱体，管线长度超过施工规范要求长度，便于管路穿线及线路检修，更换导线所设的管、线过渡箱，导线接头集中在箱内。接线箱安装定额区分安装方式（明装、暗装），按照接线箱半周长（mm 以下）大小划分定额子目，共编制了 4 个子目，计量单位：10 个。定额工作内容：测位、打眼、埋螺栓、预留洞、箱子开孔、修孔、刷漆、固定、接地。

（7）接线盒安装

配管出口处要安装接线盒，用来安装照明器具及接线，体积比接线箱小。接线盒安装定额区分安装形式（明装、暗装、钢索上）、接线盒盖分别列项，明装接线盒又包括接线盒、防爆接线盒两个子项，暗装接线盒包括接线盒和开关（插座）盒两个子项，共编制了 6 个定额子目，计量单位：10个。定额工作内容：测位、打眼、上胀塞、固定、修孔。

二、配管配线工程定额工作内容及施工工艺

1. 配管工程定额工作内容及施工工艺

配管定额均综合考虑了穿引线的工作，不再将引线包含在穿线子目中。

下面对配管工程定额中的钢管和塑料管的施工工艺进行简要介绍。

1）定额中电线管、紧定（扣压）式钢导管、刚性阻燃管长度按4m取定，钢管长度按6m取定。

2）镀锌钢管、防爆钢管敷设中接地跨接按接地卡子考虑，焊接钢管敷设中接地跨接按焊接跨接线考虑。

3）刚性阻燃管为刚性PVC管，管子的连接方式采用插入法连接，连接处结合面涂专用胶合剂，接口密封。

4）紧定（扣压）式钢套管，连接采用专用接头螺栓头紧定（接头扣压紧定），该管最大特点是：连接、弯曲操作简易，不用套丝，无需做跨接线，无需刷油，效率仅次于刚性阻燃管。

5）半硬质阻燃塑料管指聚氯乙烯管，一般成盘供应，采用套接粘接法连接，只能用于暗敷设。

6）可挠金属套管（表4.8）指普利卡金属套管（PULLKA），它是由镀锌钢带（Fe、Zn）、钢带（Fe）及电工纸（P）构成双层金属制成的可挠性电线、电缆保护套管，主要用于砖、混凝土内暗设和吊顶内敷设及钢管、电线管与设备连接间的过渡，与钢管、电线、设备入口均采用专用混合接头连接。

7）金属软管（又称蛇皮管）一般敷设在较小型电动机的接线盒与钢管口的连接处，用来保护电缆或导线不受机械损伤。定额按其内径分别以每根管长列项。

表4.8 可挠金属套管规格表

规格	内径/mm	外径/mm	外径公差/mm	每卷长/m	螺距/mm	每卷质量/kg
10#	9.2	13.3	±0.2	50		11.5
12#	11.4	16.1	±0.2	50		15.5
15#	14.1	19.0	±0.2	50	1.6±0.2	18.5
17#	16.6	21.5	±0.2	50		22.0
24#	23.8	28.8	±0.2	25		16.25
30#	29.3	34.9	±0.2	25		21.8
38#	37.1	42.9	±0.4	25	1.8±0.25	24.5
50#	49.1	54.9	±0.4	20		28.2
63#	62.6	69.1	±0.6	10		20.6
76#	76.0	82.9	±0.6	10		25.4
83#	81.0	88.1	±0.6	10	2.0±0.3	26.8
101#	100.2	107.3	±0.6	6		18.72

2. 配线工程定额工作内容及施工工艺

下面对塑料护套线、车间母线等项目的定额工作内容及施工工艺进行简要介绍。

塑料护套线、塑料槽板配线、线槽配线的定额工作内容及施工工艺如下：

1）塑料护套线卡子间距，除钢索敷设按200mm考虑外，其余均按150mm考虑。

2）导线穿墙按每根瓷管穿一根考虑；塑料软管用于导线交叉隔离，按长度40mm考虑。

3）沿砖、混凝土结构敷设按冲击电钻打眼，埋塑料胀管考虑。

4）电气器具（灯具开关、插座、按钮等）的预留线均包括在器具本身内。

车间母线安装的施工工艺如下：

1）铝母线按每根长 6.6m，铜母线按 6m，平直断料用手工操作考虑。

2）铜母线焊接，采用氧气乙炔+铜焊丝+硼砂方式，铈钨棒不再包含。铝母线焊接，采用氩弧焊+铝焊条。钢母线焊接，采用交流弧焊机+低碳钢焊条。

3）铜、铝母线安装沿墙、梁、屋架时，母线采取夹板式夹具固定，跨梁、柱、屋架时，母线采取卡板式夹具固定，终点及中间安装拉紧装置。铝、铜母线安装支持绝缘子间距见表 4.9。

另外钢母线安装定额，钢母线每根 6m，作中性线考虑。

表 4.9　铝、铜母线安装支持绝缘子间距

安装方式	沿墙、梁、屋架	跨梁、柱、屋架
间距/m	2.5	4.8

第四节　配管配线工程计价

一、配管配线工程定额应用说明

1. 配管工程定额应用说明

配管工程定额区分管材、敷设方式、敷设位置、公称口径编制了 225 个定额子目，在定额应用中容易混淆，下面将配管工程中定额应用过程中一些问题说明如下：

1）管线埋地发生挖填土石方工作时，应执行《山东省安装工程消耗量定额》（2016）的第四册第九章沟槽挖填土相应定额。

2）套接紧定式、扣压式钢导管电线管（俗称彩镀管），定额综合考虑了紧定式和扣压式两种连接方式；在钢索上敷设时执行钢结构配管定额；在轻型吊顶内敷设时定额考虑了沿楼板、吊顶吊杆、吊顶支架三种固定方式，但吊管支架的制作、安装应另套相应定额。

3）现浇板灯具接线盒至吊顶处灯具接线盒保护管，采用的是可挠金属套管，在吊顶内其他部位的同类型保护管应执行"可挠金属套管在吊顶内敷设"相应项目。

4）箱体后墙及成排配管处的墙面防裂处理，应执行建筑工程相应定额。

5）配管工程定额中接线箱安装亦适用于电缆兀接箱、模块箱等的安装。

6）钢索配管项目中未包括钢索架设及拉紧装置制作和安装、接线盒安装，发生时其工程量另行计算。

7）配管定额考虑的是符合规范要求的正常施工工序，正常情况下配管和穿引线是连在一起的两个工序，即配完管后就穿上引线，对于只配管不穿钢丝引线的，如果发生，可按如下处理：按相应配管定额工日扣减合计工日 0.4 工日/100m；按相应定额扣除镀锌钢丝的含量。

8）半硬质阻燃塑料管规范不允许明配，定额综合考虑了沿砖、混凝土和埋地暗设两种敷设方式，均执行暗设定额。

9）暗配管定额是按照正常的配合土建预留预埋施工的，包括了零星的剔槽打洞，对于设计或工艺无法做到配合预留预埋的（如：框架填充墙结构中使用大块或空心泡沫砖做填充墙，车间机床设备电机口局部位移等），应执行《山东省安装工程消耗量定额》（2016）的第四册第十二章的混凝土地面刨沟、墙体剔槽、打孔洞相应项目。

2. 配线工程定额应用说明

配线工程定额区分配线方式、线路性质、线芯材质、导线芯数、截面规格等特点编制了 153 个定额子目，在定额应用中容易混淆，下面将配线工程中定额应用过程中一些问题说明如下：

1）管内穿线中照明线路导线截面大于 6mm² 时，执行动力线路穿线相应定额。

2）导线在桥架内敷设时，执行线槽配线相应定额。

3）鼓形绝缘子（沿钢索除外）、针式绝缘子、蝶式绝缘子的配线及车间带形母线的安装均已包括支架安装，支架制作另计。木槽板配线执行塑料槽板配线定额。

4）盘、柜、箱、板配线仅适用于盘、柜、箱、板上的设备元件的少量现场配线，不适用于工厂设备的修、配、改工程。

5）除管内穿线外，导线敷设不论材质，只区别不同的敷设方式执行相应的定额（如绝缘子配线、线槽配线、护套线等）。

二、配管配线工程工程量计算规则

配管、配线工程是电气工程造价计价的重点、难点内容。对配管、配线工程的工程量进行计算时，应依据照明、动力系统图和平面图，按进户线、总配电箱，向各照明分配电箱配线，经各照明分配电箱向灯具、用电器具的顺序逐项进行计算。计算配管配线工程量时，还要注意以下事项：

1）明确总配电箱与层配电箱之间的供电关系，注意引上管和引下管。防止漏算干线支线线路。

2）要求列出简明的计算式，可以防止漏项、重复和潦草，也便于复核。

3）计算应"先管后线"，可按照回路编号依次进行，也可按管径大小排列顺序计算。

4）管内穿线根数在配管计算时，用符号表示，以利于简化和校核。另外还要注意明配线管和暗配线管，均发生接线盒（分线盒）或接线箱安装。

1. 配管工程工程量计算规则

各种管路在计算其长度时，均不扣除管路中间的接线箱、接线盒、灯头盒、开关盒、插座盒、管件等所占长度。配管工程工程量计算规则如下：

（1）电线管、钢管、防爆钢管敷设

电线管、钢管、防爆钢管敷设根据设计图区分不同的敷设方式和公称口径，以"100m"为单位计算工程量。

（2）可挠金属套管敷设

可挠金属套管敷设根据设计区分不同的敷设方式、位置以及规格，以"100m"为单位计算工程量；对现浇板处灯头盒至吊顶处灯头盒的保护管，根据设计图和吊顶到现浇板的实际高差，区分保护管每根不同的长度，以"10m"为单位计算工程量。

（3）硬聚氯乙烯管、刚性阻燃管、半硬质阻燃塑料管敷设

硬聚氯乙烯管、刚性阻燃管、半硬质阻燃塑料管敷设根据设计图区分不同的敷设方式和敷设位置以及公称口径，以"100m"为单位计算工程量。

（4）套接紧定式、扣压式钢导管电线管敷设

套接紧定式、扣压式钢导管电线管敷设根据设计图区分不同的敷设方式和部位以及管外径，以"100m"为单位计算工程量。

（5）金属软管敷设

金属软管敷设根据设计图和施工规范要求，区分不同的公称口径和每根管长度，以"10m"为单位计算工程量。

（6）接线箱、盒安装

接线箱安装区分不同的安装方式和箱体半周长尺寸大小，以"个"为单位计算工程量。

接线盒安装区分不同的安装方式和接线盒类型，以"个"为单位计算工程量；接线盒盖安装，以"个"为单位计算工程量。接线箱、盒计算工程量时的注意事项：

灯具、开关和插座安装均发生开关盒、灯头盒及插座盒安装。明配线管和暗配线管，均发生接线盒（分线盒）或接线箱安装。接线盒一般发生在管线分支处或管线转弯处；线管敷设长度超过下列情况之一时，中间应加接线盒：①管长>30m，且无弯曲；②管长>20m，有一个弯曲；③管长>15m，有2个弯曲；④管长>8m，有3个弯曲。

（7）其他相关项目

动力配管混凝土地面刨沟按照施工现场设备安装实际情况，区分不同的配管公称口径，以"10m"为单位计算工程量。

墙体剔槽根据设计图和建筑结构型式，区分不同的配管公称口径，以"10m"为单位计算工程量。水钻打眼根据实际工艺需要和钻头的口径大小，以"个"为单位计算工程量。

各种电气配管长度的计算可参考以下计算公式：

$$配管长度 = 配管水平方向长度 + 配管垂直方向长度 \tag{4.1}$$

水平方向敷设的线管应以施工平面图的管线走向、敷设部位和设备安装位置的中心点为依据，并借用平面图上所标墙、柱轴线尺寸进行线管长度的计算，若没有轴线尺寸可利用时，则应运用比例尺或直尺直接在平面图上量取线管长度。

配管在垂直方向敷设一般是指配管沿墙、柱引上敷设，或者配管沿墙、柱引下敷设。垂直方向的线管敷设（沿墙、柱引上），其配管长度一般应根据楼层高度和箱、柜、盘、板、开关、插座等的安装高度进行计算，如图4.24所示。

$$垂直方向敷设的线管长度 = 层高 - （设备安装高度 + 设备的高度） \tag{4.2}$$

当线路埋地敷设时，穿出地面向设备或向墙上电气设备配管时，按配管埋设的深度和引向墙、柱的高度计算其配管长度。埋地管出地面长度示意图如图4.25所示。

$$垂直方向敷设的线管长度 = 设备安装高度 + 设备的高度 + 配管在地面埋深 \tag{4.3}$$

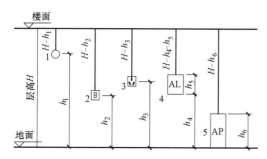

图 4.24　配管垂直方向长度计算示意图（一）

1—拉线开关　2—板式开关　3—插座
4—墙上配电箱　5—落地配电柜

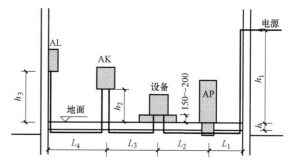

图 4.25　配管垂直方向长度计算示意图（二）

2. 配线工程工程量计算规则

室内配线敷设方式有管内穿线、绝缘子配线、塑料槽板配线、塑料护套线敷设、线槽配线等多种，其配线工程量计算规则基本相同，这里详细介绍管内穿线工程量计算方法。

（1）管内穿线

管内穿线应根据设计图区分不同的线路性质（照明线路、动力线路）、导线材质、导线截面，以"100m单线"为单位计算工程量；管内穿多芯软导线时，根据设计图区分不同的芯数和每芯的截面大小，以"100m/束"为单位计算工程量。

$$管内穿线长度 = (配管长度 + 导线预留长度) \times 同截面导线根数 \qquad (4.4)$$

计算时注意：灯具、开关、插座、按钮等的预留线，已分别综合在相应定额内，不另行计算。配线在各处进出线预留长度按照设计规定计算，设计无规定的按照表 4.10 计算。

表 4.10　配线在各处进出线预留长度　　　　　　（单位：m/根）

序号	项目	预留长度	说明
1	各种盘、柜、箱、板	高+宽	盘面尺寸
2	单独安装的铁壳开关、自动开关、刀开关、启动器、箱式电阻器、变阻器母线槽进出线盒等	0.3m	以安装对象中心算起
3	继电器、控制开关、信号灯、按钮、熔断器等小电器	0.3m	以安装对象中心算起
4	分支接头	0.2m	分支线预留
5	由地坪管子出口引至动力接线箱	1m	以管口计算
6	电源与管内导线连接（管内穿线与软、硬母线接头）	1.5m	以管口计算
7	出户线	1.5m	以管口计算

（2）其他绝缘子配线

绝缘子配线根据设计图区分不同的绝缘子形式（针式、鼓形、蝶式）、绝缘子配线位置（沿屋架、梁、柱、墙，跨屋架、梁、柱，木结构，顶棚内，砖、混凝土结构，沿钢结构及钢索）、导线截面积，以"100m 单线"为单位计算工程量。引下线按线路支持点至天棚下缘距离的长度计算。

（3）塑料槽板配线

塑料槽板配线根据设计图区分槽板敷设的不同位置（木结构，砖、混凝土结构）、不同导线截面积、线式（二线、三线），按设计图表示的槽板长度，以"100m"为单位计算工程量。

（4）塑料护套线明敷设

塑料护套线明敷设根据设计图区分不同的芯数（二芯、三芯）、敷设位置（木结构，砖、混凝土结构，沿钢索）、导线截面，以"100m/束"为单位计算工程量。

（5）线槽配线

线槽配线，对于单线，按照设计图区分不同的导线截面，以"100m 单线"为单位计算工程量，对于多芯软线，根据设计区分不同的芯数和截面，以"100m/束"为单位计算工程量。

（6）车间带形母线安装

车间带形母线安装根据设计图区分母线不同的材质（铜、铝、钢）、安装位置（沿屋架、梁、柱、墙，跨屋架、梁、柱）、截面积，以"100m"为单位计算工程量。

（7）盘、柜、箱、板配线

盘、柜、箱、板配线按照设计图区分不同的导线截面，以"m"为单位计算工程量。

（8）钢索架设

钢索架设根据设计图区分钢索不同的材质和直径大小，按图示墙（柱）内缘距离，以"100m"为单位计算工程量；不扣除拉紧装置所占长度。

（9）拉紧装置制作与安装

拉紧装置分母线拉紧装置和钢索拉紧装置两种，对于母线拉紧装置制安，根据设计图区分不同的母线截面，以"10 套"为单位计算工程量；对于钢索拉紧装置制安，根据设计图区分拉紧装置中花篮螺栓直径的大小，以"10 套"为单位计算工程量。

三、配管配线工程计价案例

例：某工程消防水泵房部分电气照明安装如图 4.26、图 4.27 所示。

说明：1）主要图例。

　▇　照明配电箱，箱下沿距地 1.5m 暗装，（宽×高×深）：300mm×200mm×150mm。

　⊗　杆吊防水防尘灯，100W，杆长 800mm。

　═　双管日光灯，2×40W，吸顶安装。

　🔺KT　三孔空调插座，30A，距地 1.8m 暗装。

　🔺　防水五孔插座，15A，距地 0.5m 暗装。

　●　单联板式开关，10A，距地 1.3m 暗装。

2）PVC 管采用刚性阻燃冷弯电线管。

3）照明在顶棚内暗配管按 0.1m 考虑，插座暗配管深埋按 0.3m 考虑。

4）图中数值为配电管平均水平长度，垂直长度另计。

5）N1：ZR-BV3×4 SC20 WC，FC；N2：BV3×2.5 PVC15 WC，CC；N3：BV3×6 PVC25 WC，FC；N4：BV3×2.5 PVC15 WC，CC。

根据定额工程量计算规则，计算此照明配电工程中的电气工程量，并列出预算表计算安装费用。

1）计算结果均保留两位小数，以下四舍五入。

2）其他未说明的事项，均按符合定额要求。

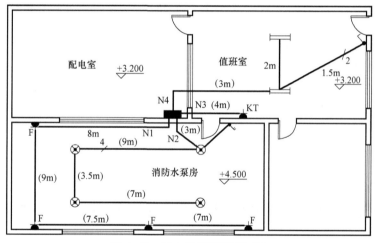

图 4.26　某水泵房照明平面图

图 4.27　某水泵房照明系统图

解：

1. 工程量计算。

（1）嵌入式配电箱（嵌入式、半周长1.m以内）：1台。

（2）无端子外部接线$2.5mm^2$：6个。

无端子外部接线$6mm^2$：6个。

（3）N1回路：ZR-BV3×4 SC20 WC，FC。

1）配管SC20工程量：8m+9m+7.5m+7m（水平管长）+1.5m+0.3m（配电箱处垂直管长）+（0.3+0.5）m×7（插座处垂直管长）= 38.9m。

2）配线ZR-BV4工程量：3×38.9m（配管工程量）+（0.3+0.25）m×3（配电箱预留长度）= 118.35m。

3）墙体剔槽DN20内：1.5m（配电箱处垂直管长）+0.5m×7（插座处垂直管长）= 5m。

4）单相五孔防水暗插座15A：4个。

5）暗装插座盒：4个。

（4）N2回路：BV3×2.5 PVC15 WC，CC。

1）配管PVC15工程量：3m+1m+9m+3.5m+9m（水平管长）+（4.5-1.5-0.25+0.1）m（配电箱处垂直管长）+（4.5-1.3+0.1）m（开关处垂直管长）= 31.65m。

2）配线BV2.5工程量：[31.65m+（0.3+0.25）m（配电箱预留长度）]×3+9m= 105.6m。

3）墙体剔槽公称口径15mm内：（4.5-1.5-0.25）m（配电箱处垂直管长）+（4.5-1.3）m（开关处垂直管长）= 5.95m。

4）直杆式防水防尘灯100W：4套。

5）暗装灯头盒：4个。

6）双联开关：1个。

7）暗装开关盒：1个。

（5）N3回路：BV3×6PVC25WC，FC。

1）配管PVC25工程量：4m（水平管长）+（1.5+0.3）m（配电箱处垂直管长）+（0.3+1.8）m（插座处垂直管长）= 7.9m。

2）配线BV6工程量：[7.9+（0.3+0.25）]m×3 = 25.35m。

3）墙体剔槽公称口径25mm内：1.5m（配电箱处垂直管长）+1.8m（插座处垂直管长）= 3.3m。

4）成套吸顶双管荧光灯2×40W：2套。

5）暗装灯头盒：2个。

6）单联单控开关：1个。

7）暗装开关盒：1个。

（6）N4回路：BV3×2.5 PVC15 WC，CC。

1）配管PVC15工程量：3m+2m+1.5m（水平管长）+（3.2-1.5-0.25+0.1）m（配电箱处垂直管长）+（3.2-1.3+0.1）m（开关处垂直管长）= 10.05m。

2）配线BV2.5工程量：[10.05+（0.3+0.25）]m×3-（1.5+3.2-1.3+0.1）m（开关至单联开关水平长+开关处垂直长）= 28.3m。

3）墙体剔槽公称口径15mm以内：（3.2-1.5-0.25）m（配电箱处垂直管长）+（3.2-1.3）m（开关处垂直管长）= 3.35m。

（7）工程量小计：配管配线工程量合计见表4.11。

表 4.11　配管配线工程量合计

序号	项目名称	工程量	序号	项目名称	工程量
1	SC20	38.9m	11	单联单控开关	1个
2	PVC15	(31.65+10.05)m=41.7m	12	双联单控开关	1个
3	PVC25	7.9m	13	暗装接线盒	6个
4	BV2.5	(105.6+28.3)m=133.9m	14	暗装开关插座盒	7个
5	ZR-BV4	118.35m	15	剔槽配管DN15	5.95m+3.35m=9.3m
6	BV6	25.35m	16	剔槽配管DN20	5m
7	单相五孔暗插座	4个	17	剔槽配管DN25	3.3m
8	单相三孔暗插座	1个	18	嵌入式配电箱	1台
9	直杆式防水防尘灯	4套	19	无端子外部接线 2.5mm²	6个
10	成套吸顶双管荧光灯	2套	20	无端子外部接线 6mm²	6个

2. 套用定额并计算安装费（见表 4.12）。

表 4.12　单位工程预算表（含主材及设备）　　　　　　　（金额单位：元）

序号	定额编码	子目名称	单位	工程量	单价	合价	其中		
							人工合价	材料合价	机械合价
1	4-2-84	成套配电箱安装嵌入式半周长≤1.0m	台	1	196.76	196.76	129.99	63.19	3.58
	001	配电箱宽×高×深：300mm×200mm×150mm	台	1	500	500		500	
2	4-4-18	无端子外部接线≤2.5mm²	个	3	3.46	10.38	3.72	6.66	
3	4-4-19	无端子外部接线≤6mm²	个	3	3.97	11.91	5.25	6.66	
4	4-12-72	砖、混凝土结构暗配焊接钢管 DN20 内	100m	0.39	534.1	208.3	178.6	21.2	8.5
	Z17000019@1	焊接钢管公称口径 20mm	m	40.95	6.03	246.93		246.93	
5	4-12-176	砖、混凝土结构暗配刚性阻燃管 DN15 内	100m	0.42	369.09	155.02	138.43	16.59	
	Z29000069@1	刚性阻燃管公称口径 15mm	m	46.2	3.5	161.7		161.7	
6	4-12-178	砖、混凝土结构暗配刚性阻燃管 DN25 内	100m	0.08	554.82	44.39	39.55	4.83	
	Z29000069@2	刚性阻燃管公称口径 25mm	m	8.8	2.6	22.88		22.88	
7	4-12-232	暗装接线盒	10个	0.6	40.35	24.21	18.91	5.3	
	Z29000137@1	接线盒	个	6.12	0.8	4.9		4.9	
8	4-12-233	暗装开关插座盒	10个	0.7	38.39	26.87	24.01	2.86	
	Z29000137@2	开关底盒	个	7.14	0.6	4.28		4.28	
9	4-12-241	墙体剔槽配管 DN20 内	10m	0.95	42.69	40.56	25.83	10.47	4.26
10	4-12-242	墙体剔槽配管 DN32 内	10m	3.3	47.04	155.23	98.24	40.23	16.76
11	4-13-5	照明管内穿线铜芯截面≤2.5mm²	100m单线	1.34	98.18	131.56	111.8	19.77	
	Z28000055@1	绝缘电线铜芯截面 2.5mm²	m	155.44	1.86	289.12		289.12	
12	4-13-6	照明管内穿线铜芯截面≤4mm²	100m单线	1.18	69.94	82.53	65.63	16.9	
	Z28000055@2	绝缘电线铜芯截面 4mm²	m	129.8	2.78	360.84		360.84	
13	4-13-7	照明管内穿线铜芯截面≤6mm²	100m单线	0.25	70.37	17.59	13.91	3.69	
	Z28000055@3	绝缘电线铜芯截面 6mm²	m	27.5	6.56	180.4		180.4	
14	4-14-214	吸顶式双管成套型荧光灯	套	2	19.44	38.88	36.06	2.82	
	Z25000011@1	吸顶式双管荧光灯	套	2.02	48	96.96		96.96	
15	4-14-227	工厂灯安装直杆式	套	4	23.94	95.76	79.12	16.64	

（续）

序号	定额编码	子目名称	单位	工程量	单价	合价	人工合价	材料合价	机械合价
							其中		
	Z25000011@2	直杆式防水防尘灯	套	4.04	60	242.4		242.4	
16	4-14-351	跷板暗开关（单控）单联	套	1	7.05	7.05	6.39	0.66	
	Z26000011@1	单联开关	只	1.02	16.5	16.83		16.83	
17	4-14-352	跷板暗开关（单控）双联	套	1	7.56	7.56	6.7	0.86	
	Z26000011@2	双联开关	只	1.02	18.5	18.87		18.87	
18	4-14-382	暗插座≤15A 单相带接地	套	4	7.73	30.92	28	2.92	
	Z26000029@1	单相五孔防水暗插座单相带接地 15A	套	4.08	30	122.4		122.4	
19	4-14-385	暗插座 30A 单相带接地	套	1	8.71	8.71	7.62	1.09	
	Z26000029@2	单相三孔暗插座单相带接地 30A	套	1.02	13	13.26		13.26	
20	BM47	脚手架搭拆费（《山东省安装工程消耗量定额》（2016）的《第四册　电气设备安装工程》）（单独承担的室外直埋敷设电缆工程除外）	元	1	50.89	50.89	17.81	33.08	
		合计				3626.85	1035.57	2558.19	33.1

复习练习题

1. 简述室内导线常用的敷设方式。

2. 室内配电线路常用塑料管有哪些？分别适用于什么环境和条件？

3. 简述配管、配线工程施工程序。

4. 导线与设备或器具的连接应符合哪些规定？

5. 如何计算配管、管内穿线？计算时要注意什么？

6. 什么是可挠金属套管敷设？如何计算其工程量？

7. 如何计算接线盒工程量？计算时要注意什么？

8. 简述线槽配线与塑料槽板配线的区别。

9. 某工程部分照明平面布置图如图 4.28 所示。按照消耗量定额及其工程量计算规则的规定，计算配管配线工程量及安装费用。

（1）主要图例：

照明配电箱，中心距地 1.5m 暗装，尺寸（宽×深×高）：350mm×200mm×120mm。

成套双管荧光灯，2×40W，吸顶安装。

单联单控暗开关，10A 距地 1.5m。

双联单控暗开关，10A 距地 1.5m。

（2）图中办公室净高为 3m，导管埋入混凝土深度均按 1cm 计，进出配电箱管口长度不计。

（3）WL1：BV3×2.5 PVC15 WC，CC；PVC 管采用刚性阻燃冷弯电线管。

（4）图中数值为配电导管平均水平长度，垂直长度另计。

（5）图中未标注导线根数为三根，其他未说明的事项，均按符合定额要求。

10. 已知某办公楼局部动力配电平面图，如图 4.29 所示，试计算此配管配线工程的工程量。

说明：（1）动力配电箱落地式安装，配电箱基础高出地面 0.1m；（2）钢管埋入地坪下，埋深为 0.3m；（3）引至设备的钢管管口距地面 0.5m；（4）动力配电箱的（宽+高）为 1.5m，设备处的导线预留为 1.0m。

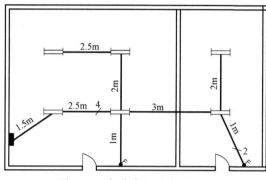

图 4.28 部分房间照明平面图

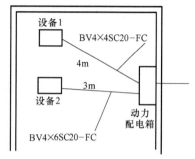

图 4.29 某办公楼局部动力配电平面图

第五章

照明器具安装工程

第一节 照明器具安装工程识图

一、照明电光源

电光源泛指各种通电后能发光的器件，而用作照明的电光源则称作照明电光源。

1. 照明电光源的分类及性能指标

（1）照明电光源的分类

照明电光源按工作原理分类，可分为固体发光光源和气体放电光源两大类。固体发光光源主要包括热辐射光源和电致发光光源两类。热辐射光源是以热辐射作为光辐射的电光源，包括白炽灯、卤钨灯，它们都是以钨丝为辐射体，通电后达到白炽温度，产生辐射。电致发光光源是直接把电能转换成光能的电光源，包括场致发光灯和半导体灯。

气体放电光源主要是利用电流通过气体（蒸汽）时，激发气体（或蒸汽）电离和放电而产生可见光。气体放电光源按其发光物质可分为：金属、惰性气体和金属卤化物三种。

目前高层建筑照明的电光源主要有：热辐射类的场致发光灯和卤钨灯；气体放电类的荧光灯、高压汞灯、高压钠灯和金属卤化物灯。其中场致发光灯和荧光灯被广泛应用在建筑物内部照明；金属卤化物灯、高压钠灯、高压汞灯和卤钨灯应用在广场道路、建筑物立面、体育馆等照明。

（2）电光源的主要性能指标

电光源的性能指标通常用参数表示光源的光电特性，这些参数由制造厂家提供给用户，作为选择和使用光源的依据。电光源的主要性能指标有额定电压、灯泡功率、光通量输出、发光效率、寿命、颜色特性、启燃和再启燃时间、闪烁与频闪效应。

2. 照明电光源性能比较和选用

电光源技术的迅速发展，使得新型电光源越来越多，这些新光源具有光效高、光色好、功率大、寿命长或者适合某些特殊场所的需要等特点。表 5.1 为常用电光源的性能比较。

表 5.1 常用电光源比较

光源种类	光效/(lm/W)	显色指数(Ra)	色温/K	平均寿命/h
普通照明白炽灯	15	100	2800	1000
卤钨灯	25	100	3000	2000~5000
普通荧光灯	70	70	全系列	10000
三基色荧光灯	93	80~98	全系列	12000
紧凑型荧光灯	60	85	全系列	8000
高压汞灯	50	45	3300~4300	6000
金属卤化物灯	75~95	65~92	3000/4500/5600	6000~20000
高压钠灯	100~200	23/60/85	1950/2200/2500	24000
低压钠灯	200	很差	1750	28000

根据各种常用电光源性能比较，常用照明电光源选用范围如下：

1）白炽灯应用在照度和光色要求不高、频繁开关的室内外照明。除普通照明灯泡外，还有6~36V的低压灯泡以及用作机电设备局部安全照明的携带式照明。

2）卤钨灯光效高，光色好，适合大面积、高空间场所照明。

3）荧光灯光效高，光色好，适用于需要照度高、区别色彩的室内场所，例如教室、办公室和轻工车间。但不适合有转动机械的场所照明。

4）荧光高压汞灯光色差，常用于街道、广场和施工工地大面积的照明。

5）氙灯发出强白光，光色好，又称"小太阳"，适合大面积的高大厂房、广场、运动场、港口和机场的照明。

6）高压钠灯光色较差，适合城市街道、广场的照明。

7）低压钠灯发出黄绿色光，穿透烟雾性能好，多用于城市道路、户外广场的照明。

二、照明器具的分类

1. 照明灯具

在照明工程中，照明装置是为实现一个或几个具体目的且特性相配合的照明设备的组合。而灯具则是指除光源以外，支撑、固定和保护光源所必需的所有部件，以及必需的辅助装置和将它们与电源连接的装置。在实际应用中，"照明装置"和"灯具"却并没有十分严格的定义界限。在不作任何说明的情况下，本书所用的"照明灯具"或"灯具"指的就是照明装置。

照明工程中所用灯具的种类很多，其分类方法也有多种，在此介绍几种常用的分类方式。

（1）按灯具的结构特点分类

1）开启型。光源裸露在外，灯具是敞口的或无灯罩的。

2）闭合型。透光罩将光源包围起来的照明器。但透光罩内外空气能自由流通，尘埃易进入罩内，照明器的效率主要取决于透光罩的透射比。

3）封闭型。透光罩固定处加以封闭，使尘埃不易进入罩内，但当内外气压不同时空气仍能流通。

4）密闭型。透光罩固定处加以密封，与外界可靠地隔离，内外空气不能流通。根据用途又分为防水防潮型和防水防尘型，适用于浴室、厨房、潮湿或有水蒸气的车间、仓库及隧道、露天堆场等场所。

5）防爆安全型。这种照明器适用于在不正常情况下可能发生爆炸危险的场所。其功能主要是使周围环境中的爆炸性气体进不了照明器内，可避免照明器正常工作中产生的火花而引起爆炸。

6）隔爆型。这种照明器适用于在正常情况下可能发生爆炸的场所。其结构特别坚实，即使发生爆炸，也不易破裂。

7）防腐型。这种照明器适用于含有腐蚀性气体的场所。灯具外壳用耐腐蚀材料制成，且密封性好，腐蚀性气体不能进入照明器内部。

（2）按使用的光源分类

1）白炽灯具。采用白炽灯或卤钨灯作为光源的灯具。

2）荧光灯具。采用荧光灯作为光源的灯具。直管荧光灯具的型式很多，主要有带式、简式、格栅、组合式等，是应用最多的灯具。

3）高强度气体放电（HID）灯具。采用 HID 灯作为光源的灯具，多用于工厂照明和城市闹市区的装饰照明。

4）混光灯具。为了改善显色性和光色，保证灯具较高的光效率，可将两种不同的高压气体放电光源混光使用。例如，把高压汞灯（$Ra = 30~40$）和高压钠灯（$Ra = 20~30$）安装在一起，按适当的比例产生的混合光,其显色指数可提高到40～50。

(3)按安装方式分类

常用灯具的安装方式有四类,即吊式、吸顶式、壁装式和嵌墙式灯具。

1)吸顶式灯具。吸顶式灯具是直接安装在顶棚上的灯具。吸顶式又有一般吸顶式、嵌入吸顶式两种方式。这种安装方式常有一个较亮的顶棚,但易产生眩光,光通利用率不高。常用于大厅、门厅、走廊、厕所、楼梯及办公室等场所。

2)吊式灯具(吊灯)。吊式灯具用软线、链条或钢管等将灯具从顶棚吊下。根据挂吊的材料不同可分为线吊式、链吊式和管吊式。一般吊灯用于装饰性要求不高的各种场所;而比较高档的装饰场所多采用花吊灯,这种灯具以装饰为主,花样品种繁多,广泛应用于酒店、餐厅、会议厅和居民住宅等场所。

3)壁装式灯具。照明器吸附在墙壁上,主要作为室内装饰,兼做辅助性照明。由于安装高度较低,易成为眩光源,故多采用小功率光源。广泛用于酒店、餐厅、歌舞厅、卡拉 OK 包房和居民住宅等场所。

4)嵌墙式灯具。将灯具嵌入墙体上,多用于应急疏散指示照明或酒店等场合作为脚灯。

2. 开关

开关的作用是接通或断开照明灯具电源。开关的分类方式有多种。

1)按其安装方式分为明装、暗装。明装式有拉线开关、扳把开关等,暗装式多采用扳把开关(跷板式开关)。

2)按其控制方式分为单控开关、双控开关。开关的控数表明有几个开关可以同时控制一条线路。单控开关用于一个开关控制一盏灯具或多盏灯具,应用广泛,其平面图如图5.1所示,图5.2是其接线原理图。多控开关用于两只双控开关控制一盏灯具,通常用于楼梯、过道或客房等处。其平面图如图5.3所示,图5.4是其透视接线图。

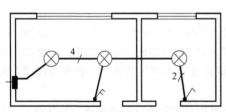

图 5.1 局部照明平面图

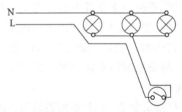

图 5.2 局部照明接线原理图

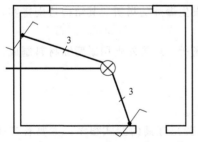

图 5.3 局部照明平面图

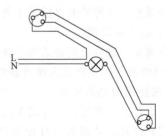

图 5.4 局部照明接线原理图

3)按其控制回路分为:单联开关、双联开关、三联开关、四联开关、五联开关、六联开关。开关的联数,是指一次能同时控制的线路数,单联开关一次只能控制一条线路,双联开关一次能同时控制两条独立的线路。在平面图中用开关符号上的短线的数量来表示,一条短线表示单极开关,两条短线表示双极开关,如图5.1所示。

4）按其用途分为拉线开关（目前很少使用）、扳把开关（目前很少使用）、跷板（板式）开关、声控开关、柜门触动开关、带指示灯开关、密闭开关等。

3. 插座

插座的作用是为移动式电器和设备提供电源。插座种类很多，有普通插座、防爆插座、多联组合开关插座、地面插座等。其中普通插座按其安装方式分为明装插座、暗装插座以及防爆插座；按其电源的相数分为单相插座、三相插座；按其额定电流分为 15A、30A；按其孔数又分为带接地插座、不带接地插座。

三、照明器具安装工程识图

1. 照明器具的图例符号

照明器具的符号和标号都有统一的国家标准，在实际工程设计中，若统一图例（国标）不能满足图样表达的需要时，可以根据工程的具体情况，自行设定某些图形符号，此时必须附有图例说明，并在设计图中列出来。一般而言，每项工程都应有图例说明。

常用电气照明图形符号见表 5.2。

表 5.2　常用电气照明图形符号

图形符号	名称	图形符号	名称
	照明配电箱		风扇
	动力或动力-照明配电箱	Wh	电度表
	低压配电柜		单联开关
	事故照明配电箱		双联开关
	多种电源配电箱		三联开关
	单管荧光灯		四联开关
	双管荧光灯		双控开关
	三管荧光灯		延迟开关
	自带电源事故照明灯		吊扇调速开关
	专用线路事故照明灯		钥匙开关
	防水防尘灯		按钮
	壁灯		暗装单相插座
	球形灯		明装单相插座
	花灯		密闭单相插座
	嵌入式筒灯		防爆单相插座
	普通灯		带接地插孔明装三相插座
	天棚灯		带接地插孔密闭三相插座
E	安全出口标志灯		带接地插孔暗装三相插座
	双向疏散指示灯		带接地插孔防爆三相插座
	单向疏散指示灯		

2. 照明器具安装工程识图

照明器具安装工程识图案例见第五章配管配线工程识图案例。

第二节　照明器具安装工程施工

照明器具安装工程施工的主要依据有《建筑电气照明装置施工与验收规范》（GB 50617—2010）、《建筑电气工程施工质量验收规范》（GB 50303—2015）等。建筑照明器具装置施工前，建筑工程应符合下列规定：

1）灯具安装前，应确认安装灯具的预埋螺栓及吊杆、吊顶上安装嵌入式灯具用的专用支架等已完成，需做承载试验的预埋件或吊杆经试验应合格。

2）影响灯具安装的模板、脚手架应已拆除，顶棚和墙面喷浆、油漆或壁纸等及地面清理工作应已完成。

3）灯具接线前，导线的绝缘电阻测试应合格。

4）高空安装的灯具，应先在地面进行通断电试验合格。

一、照明器具安装工程施工的基本规定

1）照明装置安装施工中采用的设备、材料及配件进入施工现场应有清单、施工说明书、合格证明文件、检验报告等文件，当设计文件有要求时，尚需提供电磁兼容检测报告。列入国家强制性认证产品目录的照明装置必须有强制性认证标识，并有相应认证证书。

2）设备及器材到达施工现场后，应按下列要求进行检查：

① 技术文件应齐全。

② 型号、规格应符合设计要求。

③ 灯具及其附件应齐全、适配并无损伤、变形、涂层剥落和灯罩破裂等缺陷。

④ 开关、插座的面板及接线盒盒体完整、无碎裂、零件齐全，风扇无损坏、涂层完整，调速器等附件适配。

3）民用建筑内的照明设备应符合节能要求，未经建设单位现场代表或监理工程师签字确认，照明设备不得安装。

4）电气照明装置施工结束后，应及时修复施工中造成的建筑物破损。

二、照明灯具安装工程施工

照明灯具的施工程序：灯具开箱检查→灯具组装→灯具通电试亮→定位、放线→导线绝缘测试→灯具安装→送电运行。这里主要介绍照明器具中的普通灯具安装规范规定。

1. 吸顶式灯具安装

吸顶安装的灯具固定用的螺栓或螺钉不应少于 2 个。室外安装的壁灯其泄水孔应在灯具腔体的底部，绝缘台与墙面接线盒盒口之间应有防水措施。暗配线吸顶灯安装如图 5.5 所示。楼板可以是现场预制槽形板或空心楼板，施工时应根据工程设计情况采用合适的安装方式，并配合土建埋设预埋件。

2. 吊式灯具安装

吊式灯具是用吊绳、吊链、吊管等悬吊在顶棚或墙支架上的灯具，如图 5.6 所示。根据灯具的悬吊材料不同，吊灯分为软线吊灯、吊链吊灯和钢管吊灯。吊式灯具安装应符合下列规定：

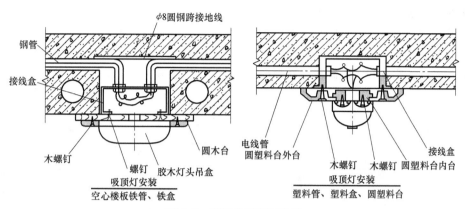

图 5.5　暗配线吸顶灯安装

1）带升降器的软线吊灯在吊线展开后，灯具下沿应高于工作台面 0.3m。

2）质量大于 0.5kg 的软线吊灯，应增设吊链（绳）。

3）质量大于 3kg 的悬吊灯具，应固定在吊钩上，吊钩圆钢直径不应小于灯具挂销直径，且不应小于 6mm。

4）采用钢管作灯具吊杆时。钢管应有防腐措施，其内径不应小于 10mm，壁厚不应小于 1.5mm。

5）灯具与固定装置及灯具连接件之间采用螺纹连接的，螺纹啮合扣数不应少于 5 扣。

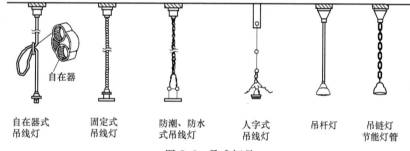

图 5.6　吊式灯具

花灯在吊顶下安装如图 5.7 所示。楼板厚度 H_1、吊顶高 H_2 和花灯外形尺寸 H_3 选用时按实际数据确定。所有孔均于焊接后加工。

3. 嵌墙式灯具

嵌墙式灯具安装应符合下列规定：

1）灯具的边框应紧贴安装面。

2）多边形灯具应固定在专设的框架或专用吊链（杆）上，固定用的螺钉不应少于 4 个。

3）接线盒引向灯具的电线应采用导管保护，电线不得裸露；导管与灯具壳体应采用专用接头连接。当采用金属软管

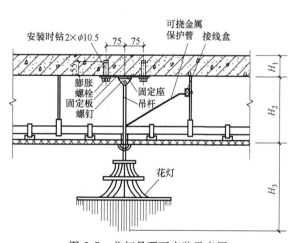

图 5.7　花灯吊顶下安装示意图

时，其长度不宜大于 1.2m。

　　小型嵌墙式灯具安装在吊顶的顶板上或吊顶内龙骨上，大型嵌墙式灯具应安装在混凝土梁、板中伸出的支撑铁架、铁件上。大型嵌墙式荧光灯安装如图 5.8 所示。荧光灯嵌入在吊顶内，用吊杆分两段吊挂。钢管和接线盒预埋在混凝土中，尺寸 H、H_1、L_1、L_2、L_3、C、D 等值由工程设计确定。

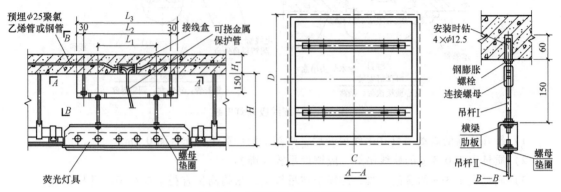

图 5.8　大型嵌墙式荧光灯安装

4. 壁装式灯具

壁装式灯具的安装要求与吸顶式灯具的安装一致。

5. 应急照明灯具

应急照明灯具安装应符合下列规定：

1）消防应急照明灯具必须采用经消防检测中心检测合格的产品。

2）安全出口标志灯应设置在疏散方向的里侧上方，灯具底边宜在门框（套）上方 0.2m。地面上的疏散指示标志灯，应有防止被重物或外力损坏的措施。当厅室面积较大，疏散指示标志灯无法装设在墙面上时，宜装设在顶棚下且距地面高度不宜大于 2.5m。

3）疏散照明投入使用后，应检查灯具始终处于点亮状态。

4）应急照明灯回路的设置除符合设计要求外，尚应符合防火分区设置的要求。

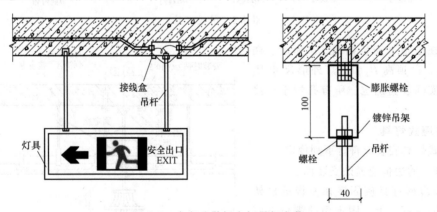

图 5.9　应急疏散标志灯吊杆安装

　　5）应急照明灯具安装完毕，应检验灯具电源转换时间，其值为：备用照明不应大于 5s；金融商业交易场所不应大于 1.5s；疏散照明不应大于 5s；安全照明不应大于 0.25s。应急照明最少持续供电时间应符合设计要求。

应急疏散标志灯常用的安装方式有吊杆安装、嵌墙安装、地面安装、吊顶安装等如图 5.9、图 5.10、图 5.11 所示。

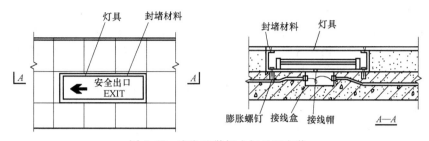

图 5.10　应急疏散标志灯地面安装

三、开关、插座及风扇等安装

开关、插座安装工艺流程是：清理→接线→安装。风扇安装工艺流程是：检查吊扇→组装吊扇→安装吊扇→通电试运行。下面重点介绍开关、插座及风扇的安装。

1. 插座安装

插座安装时，按接线要求，将盒内甩出的导线与插座（开关）的面板连接好，将插座（开关）推入盒内，对正盒眼，用机螺钉固定牢固。固定时要使面板端正，并与墙面贴齐。地插座面板与地面齐平或紧贴地面，盖板固定牢固，密封良好。在易燃物上安装时，要用防火材料将插座（开关）与易燃物隔离开。

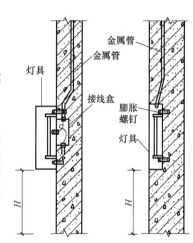

图 5.11　应急疏散标志灯墙壁安装

（1）插座的接线规定

1）单相两孔插座，面对插座，右孔或上孔应与相线连接，左孔或下孔应与中性导体连接；单相三孔插座，面对插座，右孔应与相线连接，左孔应与中性导体连接（图 5.12a、b）。

2）单相三孔、三相四孔及单相五孔插座的保护接地导体（PE）必须接在上孔。插座的保护接地端子不应与中性导体端子连接。同一场所的三相插座，接线的相序应一致（图 5.12c）。

3）保护接地线（PE）在插座之间不得串联连接。

4）相线与中性导体（N）不得利用插座本体的接线端子转接供电。

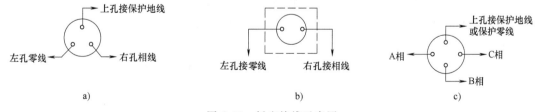

图 5.12　插座接线示意图
a）单相三孔插座　b）单相两孔插座　c）三相四孔插座

（2）插座的安装规定

1）当住宅、幼儿园及小学等儿童活动场所电源插座底边距地面高度低于 1.8m 时，必须选用安全型插座。

129

2）当设计无要求时，插座底边距地面高度不宜小于 0.3m；无障碍场所插座底边距地面高度宜为 0.4m，其中厨房、卫生间插座底边距地面高度宜为 0.7~0.8m；老年人专用的生活场所插座底边距地面高度宜为 0.7~0.8m。

3）暗装的插座面板紧贴墙面或装饰画，四周无缝隙，安装牢固，表面光滑整洁、无碎裂、划伤，装饰帽（板）齐全；接线盒应安装到位，接线盒内干净整洁，无锈蚀。暗装在装饰面上的插座，电线不得裸露在装饰层内。

4）地面插座应紧贴地面，盖板固定牢固，密封良好。地面插座应用配套接线盒。插座接线盒内应干净整洁，无锈蚀。

5）同一室内相同标高的插座高度差不宜大于 5mm；并列安装相同型号的插座高度差不宜大于 1mm。

6）不间断电源插座及应急照明插座应设标识。

7）当设计无要求时，有触电危险的家用电器和频繁插拔的电源插座，宜选用能断开电源的带开关的插座，开关断开相线。

2. 开关安装

开关安装同插座安装，且开关安装应符合下列规定：

1）同一建筑物、构筑物内，开关的通断位置应一致，操作灵活，接触可靠。同一室内安装的开关控制有序不错位，相线应经开关控制。

2）开关的安装位置应便于操作，同一建筑物内开关边缘距门框（套）的距离宜为 0.15~2m（见图 5.13）。

3）同一室内相同规格相同标高的开关高度差不宜大于 5mm，并列安装相同规格的开关高度差不宜大于 1mm；并列安装不同规格的开关宜底边平齐；并列安装的拉线开关相邻间距不小于 20mm。

4）暗装的开关面板应紧贴墙面或装饰面，四周应无缝隙，安装应牢固，表面应光滑整洁、无碎裂、划伤、装饰帽（板）齐全；接线盒应安装到位，接线盒内干净整洁，无锈蚀。安装在装饰面上的开关，其电线不得裸露在装饰层内。

5）当设计无要求时，开关安装高度应符合下列规定：开关面板底边距地面高度宜为 1.3~1.4m；拉线开关底边距地面高度宜为 2~3m，距顶板不小于 0.1m，且拉线出口应垂直向下；无障碍场所开关底边距地面高度宜为 0.9~1.1m；

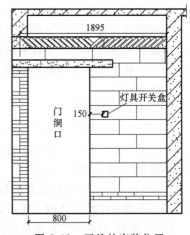

图 5.13　开关的安装位置

老年人生活场所开关宜选用宽板按键开关，开关底边距地面高度宜为 1.0~1.2m。

第三节　照明器具安装工程定额简介

《山东省安装工程消耗量定额》（2016）的《第四册　电气设备安装工程》中第十四章编制了"照明器具安装工程"定额。

一、照明器具安装工程定额设置内容

照明器具安装工程定额主要设置了普通灯具安装，装饰灯具安装，荧光灯具安装，嵌入式地灯安装，工厂灯安装，医院灯具安装，浴霸安装，路灯安装，景观照明灯具安装，艺术喷泉照明系统安装，开关，按钮安装，插座安装等项目，共计 12 节 400 个定额子目。定额子目编号为：4-14-1～4-14-400。工厂厂区内、住宅小区内路灯、景观照明灯、艺术喷泉照明安装执行本章定额，除此以外属于城市道路、建筑物、城市广场等的路灯、景观照明灯、高杆灯等的安装执行市政相关定额。

1．普通灯具安装

普通灯具安装定额按吸顶灯具和其他普通灯具分类立项。

（1）吸顶灯具安装

根据灯罩形状划分为圆球形、半圆球形、方形三种。圆球形、半圆球形按灯罩直径大小编制了 5 个子目；方形吸顶灯具按灯罩形式（矩形罩、大口方罩）编制了 2 个定额子目，定额计量单位：套。定额工作内容：测位、划线、打眼、上塑料胀塞、灯具安装、接线、接焊包头、接地。

（2）其他普通灯具安装

根据灯的用途及安装方式立项，分为软线吊灯、吊链灯、防水吊灯、一般弯脖灯、一般壁灯、座灯头、三头吊花灯、五头吊花灯项目，共编制了 8 个定额子目，定额计量单位：套。定额工作内容：测位、划线、打眼、上塑料胀塞、上塑料圆台、灯具组装、吊链加工、接线、焊接包头、接地。

2．装饰灯具安装

装饰灯具安装定额适用于新建、扩建、改建的宾馆、饭店、影剧院、商场、住宅等建筑物装饰用灯具安装。装饰灯具安装定额共有 9 类灯具，分 21 项，184 个子目。为了减少因产品规格、型号不统一而发生争议，定额采用灯具彩色图片与子目对照方法编制，以便认定，给定额使用带来极大方便。这九类灯具的定额工作内容均相同：开箱清点、测位划线、打眼、埋螺栓、灯具拼装固定、挂装饰部件、接焊线包头、接地。

（1）吊式艺术装饰灯具

吊式艺术装饰灯具安装定额区别不同装饰物以及灯体直径大小和灯体垂吊长度，编制了 39 个定额子目，定额计量单位：套。

（2）吸顶式艺术装饰灯具

吸顶式艺术装饰灯具安装定额区别不同装饰物、吸盘的几何形状、灯体直径大小、灯体周长和灯体垂吊长度，编制了 66 个定额子目，定额计量单位：套。

（3）荧光艺术装饰灯具

组合荧光灯带安装定额区别安装形式、灯管数量，编制了 12 个定额子目，定额计量单位：m。内藏组合式灯安装定额区别灯具组合形式，编制了 7 个定额子目，定额计量单位：m。发光棚安装及其他定额编制了发光棚荧光灯、立体广告灯箱、荧光灯光沿安装 3 个定额子目。

（4）几何形状组合艺术装饰灯具

几何形状组合艺术装饰灯具安装定额区别不同安装形式及灯具的不同形式，编制了 16 个定额子目，定额计量单位：套。

（5）标志、诱导装饰灯具

标志、诱导装饰灯具安装定额区别不同安装形式（吸顶式、吊杆式、墙壁式、嵌入式），编制了 4 个定额子目，定额计量单位：套。

（6）水下艺术装饰灯具

水下艺术装饰灯具安装定额区别灯具的不同形式（简易型彩灯、密封型彩灯、喷水池灯、幻光型灯），编制了 4 个定额子目，定额计量单位：套。

（7）点光源艺术装饰灯具

点光源艺术装饰灯具安装定额区别灯具的安装方式（吸顶式、嵌入式、射灯、滑轨）、灯具直径大小，编制了7个定额子目，定额计量单位：套。

（8）草坪灯具

草坪灯具安装定额区别灯具的不同安装方式（立柱式、墙壁式），编制了2个定额子目，定额计量单位：套。

（9）歌舞厅灯具

歌舞厅灯具安装定额区别灯具的不同形式（变色转盘灯、雷达射灯、十二头幻影转彩灯等），编制了24个定额子目，定额计量单位：套。

3. 荧光灯具安装

荧光灯具安装的预算定额按组装型和成套型分项。

（1）组装型荧光灯具安装

凡不是工厂定型生产的成套灯具，或由市场采购的不同类型散件组装起来，甚至局部改装者，执行组装定额。定额区分不同安装形式（吊链式、吸顶式、荧光灯电容器），按灯管数目编制了7个定额子目，定额计量单位：套。定额的工作内容与成套型荧光灯具安装的工作内容基本相同，只是灯具需要组装。

（2）成套型荧光灯具安装

凡由工厂定型生产成套供应的灯具，因运输需要，散件出厂、现场组装者，执行成套型定额。定额区分不同安装形式（吊链式、吊管式、吸顶式、嵌入式）和灯管数量编制了13个定额子目，定额计量单位：套。定额工作内容：测位、划线、打眼、上塑料胀管、上绝缘台、灯具安装、接线、接焊包头等。

4. 嵌入式地灯安装

嵌入式地灯安装按安装形式分为地板下和地坪下两个定额子目，定额计量单位：套。定额工作内容：测位、划线、打眼、上胀塞、上膨胀螺栓、灯具安装、接线、焊接包头、接地。

5. 工厂灯安装

工厂灯定额共列6类灯具，分21项，32个子目。

1）工厂罩灯安装区别不同安装方式，编制了5个定额子目，定额计量单位：套。定额工作内容：测位、划线、上绝缘台、灯具固定、接线、接焊包头。

2）防尘防水灯安装区别不同安装方式编制了3个定额子目，计量单位：套。定额工作内容：测位、划线、上绝缘台、灯具固定、接线、接焊包头。

3）工厂其他灯具安装定额区别不同灯具类型，编制了6个定额子目，计量单位：套。定额工作内容：测位、划线、上绝缘台、支架制安、灯具固定、接线、接焊包头。

4）混光灯安装定额区别不同的安装形式，编制了3个定额子目，计量单位：套。定额工作内容：测位、划线、打眼、埋螺栓、支架制安、灯具及镇流器箱组装、接线、接地、焊接包头。

5）烟囱、冷却塔、独立塔架上标志灯及航空障碍灯安装定额区别安装高度，编制了7个定额子目，计量单位：套。定额工作内容：测位、划线、打眼、埋螺栓、支架安装、灯具组装、接线、接焊包头等。

6）密闭灯具安装定额区别灯具的不同类型，按照不同安装方式编制了8个定额子目，定额工作内容：测位、划线、打眼、埋螺栓、上底台、支架安装、灯具安装、接线、接焊包头等。

6. 医院灯具安装

医院灯具安装定额区别灯具种类，编制了3个定额子目，计量单位：套。定额工作内容：测位、划线、打眼、埋螺栓、灯具安装、接线、接焊包头。

7. 浴霸安装

浴霸安装定额区别灯具种类和光源数量，编制了 3 个定额子目，计量单位：套。定额工作内容：开箱、检查、打眼、埋塑料胀管、清扫盒子、接线、接焊包头、安装固定、接地、调试。

8. 路灯安装

1）杆基础制作安装区别混凝土基础中有无钢筋编制定额子目。计量单位：m³。定额工作内容：钢模板安装、拆除、清理、刷润滑剂、木模制作、安装、拆除、钢筋制作、绑扎、安装、混凝土搅拌、浇捣、养护。

2）立金属灯杆安装定额区别不同杆长编制了 3 个定额子目，计量单位：根。定额工作内容：灯柱柱基杂物清理、立杆、找正、紧固螺栓、刷漆。

3）杆座安装区分杆座不同材料编制了 3 个定额子目，计量单位：套。定额工作内容：箱座部件检查、安装、找正、箱体接地、接点防水、绝缘处理。

4）单臂悬挑灯架安装有两种安装方式：抱箍式、顶套式，抱箍式按照臂长大小编制了 10 个定额子目，计量单位：套。定额工作内容：定位、抱箍灯架安装、配线、接线。顶套式区分成套型、组装型，按照臂长大小编制了 6 个定额子目，计量单位：套。定额工作内容：配件检查、安装、找正、螺栓固定、配线、接线。

5）双臂悬挑灯架安装区别成套型、组装型编制定额子目。成套型、组装型区别对称式、非对称式，按照臂长大小分别编制了 3 个定额子目，计量单位：套。定额工作内容：配件检查、定位安装、螺栓固定、配线、接线。

6）中杆灯安装有 12 个定额子目，计量单位：套。定额工作内容：配件检查、定位安装、螺栓固定、灯具安装、配线、焊接包头。

7）路灯灯具安装定额区别安装方式编制了敞开式、双光源式、密封式、悬吊式 4 个定额子目，计量单位：套。定额工作内容：开箱检查、灯具安装、接线、焊接包头。

8）路灯照明配件安装定额区别安装方式编制了镇流器、触发器、电容器 3 个定额子目，计量单位：套。定额工作内容：开箱、清扫、检查、安装、接线。

9）大马路弯灯安装定额区别灯具不同臂长编制了 2 个定额子目，庭院路灯安装定额区别灯具不同火数编制了 2 个定额子目，计量单位：套。定额工作内容：测位、划线、支架安装、灯具组装、接线。

9. 景观照明灯具安装

景观照明灯具分 4 项，10 个子目。地面射灯分 2 个子目、立面点光源灯分 3 个子目。计量单位："套"。立面轮廓灯分 2 个子目，计量单位：m。定额工作内容：均为开箱清点、测定划线、打眼、埋螺栓、灯具拼装固定、挂装饰部件、灯具安装、接焊线包头、接地。树挂彩灯分 3 个子目，工作内容为灯具挂设、固定、连接件接线、接焊包头。

10. 艺术喷泉照明系统安装

艺术喷泉照明系统安装定额共列 3 类灯具，分 7 项，21 个子目。

1）音乐喷泉控制设备安装定额区别不同控制器编制了 5 个定额子目，计量单位：台。定额工作内容：开箱、检验、定位、安装、校线、接线、接地、单体调试。

2）喷泉特技效果控制设备安装定额编制了 4 个定额子目，计量单位：台。定额工作内容：开箱检验、定位、安装、接地、单体调试。

3）艺术喷泉照明灯具安装定额编制了 3 项灯具。喷泉水下彩色照明编制了 3 个定额子目，工作内容为开箱清点、测定划线、打眼埋螺栓、灯具拼装固定、挂装饰部件、防水接线、接焊线包头、接地、调试等。计量单位：m。喷泉水上辅助照明安装编制了 6 个定额子目。工作内容为开箱检验、清洁搬运、铁件加工、接线、调试。

11. 开关、按钮安装

开关、按钮安装定额区别开关、按钮安装形式、种类、极数以及单控与双控，编制了 25 个定额子目。

（1）普通开关、按钮安装

拉线开关、翘板开关明装，计量单位：套。定额工作内容：测位、划线、打眼、上塑料台、装开关、接线。跷板暗开关（单控）和跷板暗开关（双控），计量单位：套。定额工作内容：清扫盒子、装开关、接线、装盖。一般按钮和密闭开关，计量单位：套；定额工作内容：测位、划线、打眼、上塑料台、清扫盒子、装按钮、接线。

（2）声控延时开关、柜门触动开关、风扇调速开关安装

编制了声控延时开关、柜门触动开关、风扇调速开关 3 个定额子目，计量单位：套。定额工作内容：①延时、柜门开关：测位、划线、打眼、埋螺栓、装开关、接线、调校。②风扇开关：清扫盒子、固定底板、装调速开关、接线。

（3）集中空调开关、自动干手装置、卫生洁具自动感应器安装

编制了集中空调开关、自动干手装置、卫生洁具自动感应器 3 个定额子目，计量单位：台。定额工作内容：开箱、检查、测位、划线、清扫盒子、接线、焊接包头、安装、调试。

（4）床头柜集控板安装

床头柜集控板安装定额根据开关数量编制了 3 个定额子目，计量单位：套。定额工作内容：开箱、清扫检查、集控板安装对号、接线等。

12. 插座安装

（1）普通插座安装

普通插座安装定额区别电源相数、额定电流大小、安装形式，按照插孔个数编制了 12 个定额子目，计量单位：套。其中，明插座定额工作内容：测位、划线、打眼、埋塑料胀管、上塑料台、装插座、接线、装盖；暗插座定额工作内容：清扫盒子、装插座、接线。

（2）防爆插座安装

防爆插座安装定额区分电源相数、插座插孔个数，按照电流大小编制了 6 个定额子目，计量单位：套。定额工作内容：测位、划线、打眼、清扫盒子、装插座、接线。

（3）多联组合开关插座安装

多联组合开关插座安装定额区分安装形式、联数不同编制了 4 个定额子目，计量单位：套。定额工作内容：测位、划线、打眼、清扫盒子、装插座、接线。

（4）地面插座安装

地面插座安装定额区分电源相数编制了 4 个定额子目，计量单位：套。定额工作内容：清扫盒子、接线、固定插座、接地。

二、照明器具安装工程定额工作内容及施工工艺

照明器具安装工程定额中各型灯具的引导线、各种灯架元器件的配线，除另注明者外，均已综合考虑在定额内。定额内还包括利用绝缘电阻表测量绝缘及一般灯具的试亮工作，但不包括程控调光灯具的调试工作。

1）各型灯具的支架制作安装，除另注明者外，均未考虑在定额内。

2）装饰灯具、路灯、投光灯、碘钨灯、氙气灯、烟囱或水塔指示灯、航空障碍灯，均已考虑了一般工程的高空作业因素，其他器具安装高度如超过 5m，则应按《山东省安装工程消耗量

定额》（2016）第四册说明中规定的系数另行计算操作高度增加费。

3）灯具及其他器具的固定方式见表5.3。

4）灯具、开关、插座除有说明者外，每套预留线长度为绝缘导线2×0.15m、3×0.15m。规格与容量相适应。

5）嵌入式灯具安装定额不包括吊顶的开孔、修补等工作；从安装工艺角度划分，不属于安装工序。

表5.3　灯具及其他器具的固定方式

名　　称	固　定　方　式
软线吊灯、圆球吸顶灯、半圆球吸顶灯、座灯头、吊链灯、荧光灯	在楼板上冲击钻打眼，上塑料胀塞，用木螺钉固定
一般弯脖灯、墙壁灯	在墙上冲击钻打眼，上塑料胀塞，用木螺钉固定
直杆、吊链、吸顶、弯杠式工厂灯，防水、防尘、防潮灯，腰形舱顶灯	在现浇混凝土楼板、混凝土柱上用螺栓固定
悬挂式吊灯、投光灯、高压汞灯镇流器	在钢结构上焊接吊钩固定、墙上埋支架固定
管形氙灯、碘钨灯	在塔架上固定
烟囱和水塔指示灯	在围栏上焊接固定
安全、防爆灯，防爆高压汞灯，防爆荧光灯	在现浇混凝土楼板上膨胀螺栓固定
病房指示灯、暗脚灯	在墙上嵌入安装
无影灯	在现浇混凝土楼板上预埋螺栓
装饰灯具	在现浇混凝土楼板上预埋圆钢、钢板、螺栓
庭院路灯	用地脚螺栓固定底座
明装开关、插座、按钮	在墙上打眼埋塑料胀管，木螺钉固定
暗装开关、插座、按钮	木螺钉在接线盒上固定
防爆开关、插座	膨胀螺栓

第四节　照明器具安装工程计价

一、照明器具安装工程定额应用说明

照明器具安装工程定额子目繁多，区分灯具用途、种类、发光方法等特点共编制了349个定额子目，在定额应用中容易混淆，下面将照明器具安装工程中定额应用过程中一些问题说明如下：

1）各型灯具的引导线、各种灯架元器件的配线，除另注明者外，均按灯具自带考虑，如灯具未带，执行定额时，应计算该部分主材费，其余不变。

2）各型灯具的支架制作安装，除另注明者外，均为考虑在定额内。

3）装饰灯具、路灯、投光灯、碘钨灯、氙气灯、烟囱或水塔指示灯、航空障碍灯，均已考虑了一般工程的高空作业因素，其他器具安装高度如果超过5m，则应按《山东省安装工程消耗量定额》（2016）第四册说明中规定的系数计算操作高度增加费。

4）装饰灯具定额项目与示意图号配套使用。艺术喷泉照明系统和航空障碍灯安装中的控制箱、柜执行《山东省安装工程消耗量定额》（2016）第四册第四章相应定额。灯柱穿线执行第十三章管内穿线相应子目。

5）照明器具安装工程定额仅列高度在10m以内的金属灯柱安装项目，其他不同材质、不同高度的灯柱（杆）安装可执行第十一章相应定额。灯柱穿线执行第十三章管内穿线相应子目。

6）灯具安装定额内已包括利用摇表测量绝缘及一般灯具的试亮工作，但不包括程控调光控制的灯具调试工作。

7）路灯安装适用于工厂厂区、住宅小区内的路灯安装，上述区域外的或安装高度超过《山东省安装工程消耗量定额》（2016）第四册第十四章定额子目所列高度限制的路灯安装应执行市政定额相关项目。

8）照明器具安装工程定额的标志、诱导装饰灯、应急灯，为一般不带地址模块的灯具，对带有地址模块的应急、标志、诱导、疏散指示的智能疏散照明灯具的安装应执行《山东省安装工程消耗量定额》（2016）第九册相应定额。

9）照明器具安装工程定额的灯具安装定额除注明者外，适用于 LED 光源的所有灯具安装。

10）并联的双光源、三光源灯具安装，执行点光源艺术装饰灯具相应定额人工分别乘以系数 1.2 和 1.4。

11）带保险盒的开关执行拉线开关、跷板开关明装定额，带保险盒的插座、须刨插座执行相同额定电流的单相插座定额，钥匙取电器执行单联单控开关安装定额。床头柜中的多线插座连插头安装根据插座连插头个数执行相应的床头柜集控板安装定额人工乘以系数 0.8。

二、照明器具安装工程工程量计算规则

照明灯具种类繁多，根据它们的用途及发光方法，将其安装预算定额分为 10 大类，定额应用非常繁琐，但其工程量计算相对比较简单，可以根据设备材料表上的图例、文字符号在施工图上分别统计出来。

1. 普通灯具安装工程量计算规则

普通灯具安装定额分为吸顶灯具和其他普通灯具两类，对于吸顶灯具安装，根据设计图区分灯具的灯罩形状以及不同的灯罩直径或大小，以"套"为单位计算工程量；对于其他普通灯具安装，应根据设计图区分不同的灯具种类、名称，以"套"为单位计算工程量。普通灯具安装项目适用范围见表 5.4。

表 5.4 普通灯具安装项目适用范围

项目名称	灯 具 种 类
圆球吸顶灯	灯罩材质为玻璃或亚克力,灯口为螺口、卡口,光源为白炽灯泡、节能灯管、LED 等的圆球独立吸顶灯
半圆球吸顶灯	灯罩材质为玻璃或亚克力,灯口为螺口、卡口,光源为白炽灯泡、节能灯管、LED 等的独立的半圆球吸顶灯、扁圆球吸顶灯、平圆形吸顶灯
方形吸顶灯	灯罩材质为玻璃或亚克力,灯口为螺口、卡口,光源为白炽灯泡、节能灯管、LED 等的独立的矩形罩吸顶灯、方形罩吸顶灯、大口方罩吸顶灯
软线吊灯	利用软线为垂吊材料,独立的,材质为玻璃、塑料、搪瓷,形状如碗、伞,平盘灯罩组成的各式软线吊灯
吊链灯	利用吊链作辅助悬吊材料,玻璃罩、塑料罩的各式独立吊链灯
防水吊灯	一般防水吊灯
一般弯脖灯	圆球弯脖灯、风雨壁灯
一般墙壁灯	各种材质的一般壁灯、镜前灯
座灯头	一般塑胶、瓷质座灯头
吊花灯	一般花灯

2. 装饰灯具安装工程量计算规则

装饰灯具定额共列 9 类灯具，其工程量计算规则如下：

（1）吊式艺术装饰灯具安装

吊式艺术装饰灯具安装根据设计图对照示意图号，区分不同的装饰物以及灯体直径和灯体垂吊长度，以"套"为单位计算工程量；灯体直径为装饰物的最大外缘直径，灯体垂吊长度为灯座底部到灯梢之间的总长度。

（2）吸顶式艺术装饰灯具安装

吸顶式艺术装饰灯具安装根据设计图对照示意图号，区分不同装饰物、吸盘的几何形状、灯体直径、灯体半周长和灯体垂吊长度，以"套"为单位计算工程量；灯体直径为吸盘最大外缘直径，灯体半周长为矩形吸盘的半周长，灯体的垂吊长度为吸盘到灯梢之间的总长度。

（3）荧光艺术装饰灯具安装

对于组合荧光灯带，根据设计图对照示意图号，区分不同的安装型式和灯管的数量，以"m"为单位计算工程量；对于内藏组合式灯，根据设计图对照示意图号，区分不同的灯具组合型式，以"m"为单位计算工程量；对于发光棚荧光灯安装，根据设计图对照示意图号，以"m²"为单位计算工程量；对于立体广告灯箱、荧光灯光沿，根据设计图对照示意图号，以"m"为单位计算工程量。灯具的设计数量与定额不符时，可根据设计数量加损耗量来调整主材含量。

（4）几何形状组合艺术装饰灯具安装

几何形状组合艺术装饰灯具安装根据设计图对照示意图号，区分不同的安装方式和灯具型式，以"套"为单位计算工程量。

（5）标志、诱导装饰灯具安装

标志、诱导装饰灯具安装根据设计图对照示意图号，区分不同的安装方式，以"套"为单位计算工程量。

（6）水下艺术装饰灯具安装

水下艺术装饰灯具安装根据设计图对照示意图号，区分不同的灯具类型，以"套"计算工程量。

（7）点光源艺术装饰灯具安装

点光源艺术装饰灯具安装根据设计图对照示意图号，区分不同的安装方式、灯具直径，以"套"为单位计算工程量，灯具滑轨安装根据设计图，以"m"为单位计算工程量。

（8）草坪灯具安装

草坪灯具安装根据设计图对照示意图号，区分不同的灯具形式，以"套"为单位计算工程量。

（9）歌舞厅灯具安装

歌舞厅灯具安装根据设计图对照示意图号，区分不同的灯具形式，分别以"套""m""台"为单位计算工程量。

装饰灯具安装定额适用范围见表5.5。

表5.5　装饰灯具安装定额适用范围

定额名称	灯具种类（形式）
吊式艺术装饰灯具	不同材质、不同灯体垂吊长度、不同灯体直径的蜡烛灯、挂片灯、串珠（穗）、串棒灯、吊杆式组合灯、玻璃罩（带装饰）灯
吸顶式艺术装饰灯具	不同材质、不同灯体垂吊长度、不同灯体几何形状的串珠（穗）、串棒灯、挂片、挂碗、挂吊蝶灯、玻璃罩（带装饰）灯
荧光艺术装饰灯具	不同安装形式、不同灯管数量的组合荧光灯带，不同几何组合形式的内藏组合式灯，不同几何尺寸、不同灯具形式的发光棚荧光灯，不同形式的立体广告灯箱、荧光灯光沿
几何形状组合艺术装饰灯具	不同固定形式、不同灯具形式的繁星灯、钻石星灯、礼花灯、玻璃罩钢架组合灯、凸片灯、反射柱灯、筒形钢架灯、U形组合灯、弧形管组合灯

（续）

定额名称	灯具种类（形式）
标志、诱导装饰灯具	不同安装形式的标志灯、诱导灯
水下艺术装饰灯具	简易型彩灯、密封型彩灯、喷水池灯、幻光型灯
点光源艺术装饰灯具	不同安装形式、不同灯体直径的筒灯、牛眼灯、射灯、轨道射灯
草坪灯具	各种立柱式、墙壁式的草坪灯
歌舞厅灯具	各种安装形式的变色转盘灯、雷达射灯、幻影转彩灯、维纳斯旋转彩灯、卫星旋转效果灯、飞碟旋转效果灯、多头转灯、滚筒灯、频闪灯、太阳灯、雨灯、歌星灯、边界灯、射灯、泡泡发生灯、迷你满天星彩灯、迷你单立（盘彩灯）、多头宇宙灯、镜面球灯、蛇管灯、满天星彩灯、彩控器

3. 荧光灯具安装工程量计算规则

根据设计图区分不同的灯具型式、安装方式和灯管数量，以"套"为单位计算工程量； 灯具上的电容器根据设计以"套"为单位计算工程量。荧光灯具安装定额适用范围见表5.6。

表5.6 荧光灯具安装定额适用范围

定额名称	灯 具 种 类
组装型荧光灯	单管、双管、三管、吊链式、吸顶式、现场组装独立荧光灯
成套型荧光灯	单管、双管、三管、四管、吊链式、吊管式、吸顶式、嵌入式、成套独立荧光灯

4. 嵌入式地灯安装工程量计算规则

嵌入式地灯安装，根据实际区分不同的安装位置，以"套"为单位计算工程量。

5. 工厂灯安装工程量计算规则

工厂灯的种类有多种：工厂罩灯、防尘防水灯、工厂其他灯具、航空障碍灯等，其工程量计算规则如下：

1）工厂罩灯和防尘防水灯的安装，根据设计图区分不同的安装方式，以"套"为单位计算工程量。

2）工厂其他灯具安装，根据设计区分不同的灯具类型，以"套"为单位计算工程量。

3）混光灯安装，根据设计图区分不同的安装方式，以"套"为单位计算工程量。

4）烟囱、冷却塔、独立塔架上标志灯安装，根据设计区分不同的安装高度，以"套"为单位计算工程量。

5）航空障碍灯安装，按设计图数量，以"套"为单位计算工程量。

6）密闭灯具安装，根据图样区分不同的灯具名称和类型，以"套"为单位计算工程量。

工厂灯安装定额适用范围见表5.7、表5.8。

表5.7 工厂灯安装定额适用范围（一）

定额名称	灯 具 种 类
直杆工厂吊灯	配照（GC1-A）、广照（GC3-A）、深照（GC5-A）、斜照（GC7-A）、圆球（GC17-A）、双罩（GC19-A）
吊链式工厂灯	配照（GC1-B）、深照（GC3-B）、斜照（GC5-C）、圆球（GC7-B）、双罩（GC19-A）、广照（GC19-B）
吸顶式工厂灯	配照（GC1-C）、广照（GC3-C）、深照（GC5-C）、斜照（GC7-C）、双罩（GC19-C）
弯杆式工厂灯	配照（GC1-D/E）、广照（GC3-D/E）、深照（GC5-D/E）、斜照（GC7-D/E）、双罩（GC19-C）、局部深照（GC26-F/H）
悬挂式工厂灯	配照（GC21-2）、深照（GC23-2）
防尘防水灯	广照（GC9-A、B、C）、广照保护网（GC11-A、B、C）、散照（GC15-A、B、C、D、E、F、G）

表 5.8　工厂灯安装定额适用范围（二）

定额名称	灯具种类
防潮灯	扁形防潮灯（GC-31）、防潮灯（GC-33）
腰形舱顶灯	腰形舱顶灯 CCD-1
碘钨灯	DW 型、220V、300～1000W
管形氙气灯	自然冷却式 200V/380V、20kW 内
投光灯	TG 型室外投光灯
高压汞灯镇流器	外附式镇流器 125～450W
安全灯	（AOB-1、2、3）、（AOC-1、2）型安全灯
防爆灯	CB　C-200 型防爆灯
高压汞防爆灯	CB　C-125/250 型高压汞防爆灯
防爆荧光灯	CB　C-1/2 单/双管防爆型荧光灯

6. 医院灯具安装工程量计算规则

医院灯具安装，根据设计图区分不同的灯具种类，以"套"为计量单位计算工程量。医院灯具安装定额适用范围见表 5.9。

表 5.9　医院灯具安装定额适用范围

定额名称	灯具种类
病房指示灯	病房指示灯（影剧院太平灯）
病房暗脚灯	病房暗脚灯（建筑物暗脚灯）
无影灯	3～12 孔管式无影灯

7. 浴霸安装工程量计算规则

浴霸安装，根据设计图区分不同的浴霸种类和光源数量，以"套"为计量单位计算工程量。

8. 路灯安装工程量计算规则

路灯安装工程有路灯杆基础制作、立金属灯杆、杆座安装、路灯悬挑灯架安装、路灯灯具安装等分项工程，其工程量计算规则如下：

（1）路灯杆基础制作

路灯杆基础制作根据设计要求区分不同的混凝土种类，以"m³"为单位计算工程量。

（2）立金属灯杆

立金属灯杆根据设计图区分不同的杆长，以"根"为单位计算工程量。

（3）杆座安装

杆座安装根据设计图区分路灯杆座的不同材质，以"套"为单位计算工程量。

（4）路灯悬挑灯架安装

路灯悬挑灯架安装根据设计图区分不同的路灯类型、型式和悬挑臂长度，以"套"为单位计算工程量。

（5）路灯灯具安装

路灯灯具安装根据设计图区分不同的灯具类型，以"套"为单位计算工程量。路灯灯具安装定额适用范围见表 5.10。

（6）路灯照明配件安装

路灯照明配件安装根据设计图区分不同的灯具种类，以"套"为单位计算工程量；对于路灯地下控制接线箱，根据图样以"台"为单位计算工程量。

（7）大马路弯灯、庭院路灯安装

大马路弯灯安装根据设计图区分不同的臂长，以"套"为单位计算工程量。庭院路灯安装根据设计图区分不同的灯头（火）数量，以"套"为单位计算工程量。

表 5.10　路灯灯具安装定额适用范围

定额名称		灯具种类
单臂悬挑灯架	1. 抱箍式	单抱箍臂长 1.2m、3m 以内；双抱箍臂长 3m、5m 以内,5m 以上
		双拉梗臂长 3.5m 以内,5m 以上
		双臂架臂长 3m、5m 以内,5m 以上
	2. 顶套式	成套型臂长 3m、5m 以内,5m 以上
		组装型臂长 3m、5m 以内,5m 以上
双臂悬挑灯架	1. 成套型	对称式 2.5m、5m 以内,5m 以上
		非对称式 2.5m、5m 以内,5m 以上
	2. 组装型	对称式 2.5m、5m 以内,5m 以上
		非对称式 2.5m、5m 以内,5m 以上
中杆灯杆高 11m 以下	成套型	灯火数：7、9、12、15、20、25
	组合型	灯火数：7、9、12、15、20、25
路灯灯具		敞开式、双光源式、密封式、悬吊式
大马路弯灯		臂长 1200mm 以下、臂长 1200mm 以上
庭院路灯		柱灯三火以下、七火以下

9. 景观照明灯具安装工程量计算规则

景观照明灯具安装，是新增项目，根据设计图区分不同的灯具种类、类型，分别以"m^2""m""套"为单位计算工程量。

10. 艺术喷泉照明系统安装工程量计算规则

艺术喷泉照明系统安装是新增项目，其工程量计算按下列规定执行：

（1）音乐喷泉控制设备安装

音乐喷泉控制设备安装按图样设计区分不同的控制设备功能，以"台"为单位计算工程量。

（2）喷泉特技效果控制设备摇摆传动器安装

喷泉特技效果控制设备摇摆传动器安装根据设计图，区分不同的摇摆型式和功率大小，以"台"为单位计算工程量。

（3）艺术喷泉照明中水下彩色照明安装

艺术喷泉照明中水下彩色照明安装根据设计图，区分不同的灯具型式和规格尺寸，以"m"为单位计算工程量；水上辅助照明中彩色灯阵安装根据设计图，区分不同的灯具类型以"m^2"为单位计算工程量；其他灯具根据设计图，区分不同的灯具类型以"套"为单位计算工程量。

11. 开关、按钮安装工程量计算规则

开关、按钮安装工程种类繁多，其工程量按下列规定计算。

（1）普通开关、按钮安装

对于明装拉线开关、跷板开关，根据设计图以"套"为单位计算工程量；对于跷板暗开关，根据设计图区分不同的控制方式、联数，以"套"为单位计算工程量；对于一般按钮安装，根据设计图区分不同的安装方式，以"套"为单位计算工程量；对于密闭开关安装，根据设计图区分电流大小，以"套"为单位计算工程量。

（2）声控延时开关、柜门触动开关、风扇调速开关安装

声控延时开关、柜门触动开关、风扇调速开关安装根据设计图区分不同的开关种类，以"套"为单位计算工程量。

（3）集中空调开关、自动干手装置、卫生洁具自动感应器安装

集中空调开关、自动干手装置、卫生洁具自动感应器安装根据设计图，以"台"为单位计算工程量。

（4）床头柜集控板安装

床头柜集控板安装根据设计图区分不同的开关数量，以"套"为单位计算工程量。

注意事项：开关安装不包括开关底盒安装，开关底盒安装应另执行开关、插座盒安装定额子目。开关、开关底盒均为未计价材料。

12. 插座安装工程量计算规则

插座安装项目根据插座种类不同分为普通插座、防爆插座、多联组合开关插座、地面插座四个分项工程，其工程量计算按下列规定进行。

（1）普通插座

普通插座安装根据设计图区分不同的安装方式、额定电流、供电方式，以"套"为单位计算工程量。

（2）防爆插座

防爆插座安装，根据图样区分不同的额定电流和供电方式，以"套"为单位计算工程量。

（3）多联组合开关插座

多联组合开关插座安装，根据设计图区分不同的安装方式和联数，以"套"为单位计算工程量。

（4）地面插座

地面插座安装，根据设计图区分不同的额定电流、供电方式，以"套"为单位计算工程量。

注意事项：插座安装不包括插座底盒安装，插座底盒安装应另执行开关盒安装定额子目。插座、插座底盒均为未计价材料。

三、照明器具安装工程计价案例

例：某会所二层照明平面图如图 5.14 所示，试列出该照明配电平面图中的预算项目，并计算其中照明器具安装工程的工程量，并套用定额计算其安装费用。

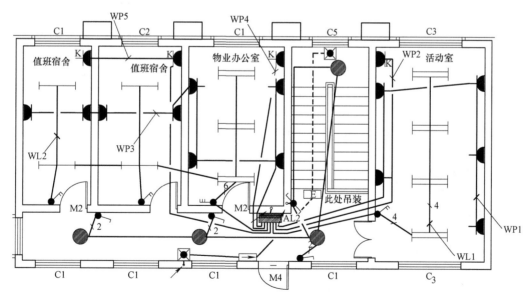

图 5.14　某会所二层照明平面图

注：图中未标注的导线根数均为三根。

主要材料表见表 5.11。

表 5.11 主要材料表

序号	图例	名称	规格	备 注
1		总配电箱	详见系统图	安装高度为 1.8m,明装
2		照明配电箱	详见系统图	安装高度为 1.5m,暗装
3		双管荧光灯	2×36W	吸顶安装(T8 荧光灯管)
4		单管荧光灯	1×36W	吸顶安装(T8 荧光灯管)
5		吸顶灯	1×32W	吸顶安装
6		防水灯	1×32W	吸顶安装
7		二/三极暗装插座	E2426/10US 10A	安装高度为 0.3m
8	K	空调插座	E2426/16CS 16A	安装高度为 1.8m
9	1.5	二/三极暗装插座	E2426/10US 10A	安装高度为 1.5m
10	2.0	抽油烟机插座	E2426/16CS 16A	安装高度为 2.0m
11	R	热水器插座(防溅)	E2426/16CS 16A	安装高度为 2.0m
12	1.5	二/三极暗装插座(防溅)	E2426/10US 10A	安装高度为 1.5m
13		暗装单极开关	E2031/1/2A 10A	安装高度为 1.4m
14		暗装三极开关	E2031/1/2A 10A	安装高度为 1.4m
15		暗装双极开关	E2031/1/2A 10A	安装高度为 1.4m
16		双控开关	E2031/1/2A 10A	安装高度为 1.4m
17		排气扇	1×60W	详见设备,安装高度距地 2.9m
18		监控用电箱	详见系统图	安装高度为 1.5m,暗装
19		自带电源事故照明灯	1×32W	安装高度为 2.2m
20		单向指示灯(应急电池)	1×20W	安装高度为 0.4m 或者吊装
21		双向指示灯(应急电池)	1×20W	安装高度为 0.4m
22	E	出口指示灯(应急电池)	1×20W	安装高度门上 0.3m,距地安装高度 2.5m

解：

1. 预算项目：配电箱安装、端子板外部接线、钢管敷设、管内穿线、灯具安装、开关安装、插座安装、接线盒安装、开关盒安装。

2. 灯具安装工程量计算。

(1) 双管荧光灯：7 套。

(2) 单管荧光灯：4 套。

(3) 圆球吸顶灯：4 套。

(4) 应急照明疏散指示灯：1 套。

(5) 应急照明安全出口指示灯：2 套。

(6) 自带电源事故照明灯：2 套。

(7) 单联单控开关：3 个。

(8) 双联单控开关：3 个。

(9) 三联单控开关：1 个。

（10）单联双控开关：1个。

（11）五孔普通插座（220V，10A）：13套。

（12）空调插座（220V，16A）：4套。

3. 套用定额并计算安装费用（见表 5.12~表 5.14）。

表 5.12　单位工程预算表（含主材设备）　（金额单位：元）

序号	定额编码	子目名称	单位	工程量	单价	合价	其中		
							人工合价	材料合价	机械合价
1	4-14-2	圆球吸顶灯（灯罩直径≤300mm）	套	4	16.2	64.8	56.84	7.96	
	Z25000011@1	圆球吸顶灯	套	4.04	92.44	373.46		373.46	
2	4-14-216	嵌入式单管成套型荧光灯	套	4	22.28	89.12	66.76	22.36	
	Z25000011@2	T8单管荧光灯	套	4.04	105.81	427.47		427.47	
3	4-14-217	嵌入式双管成套型荧光灯	套	7	35.11	245.77	188.16	57.61	
	Z25000011@3	T8双管荧光灯	套	7.07	141.54	1000.69		1000.69	
4	4-14-161	墙壁式标志、诱导装饰灯	套	2	26.76	53.52	34.2	19.32	
	Z25000011@4	自带电源事故照明灯	套	2.02	152	307.04		307.04	
5	4-14-160	吊杆式标志、诱导装饰灯	套	1	22.59	22.59	19.88	2.71	
	Z25000011@5	应急照明疏散指示灯	套	1.01	115.08	116.23		116.23	
6	4-14-162	嵌入式标志、诱导装饰灯	套	1	28.31	28.31	19.88	8.43	
	Z25000011@6	应急照明安全出口灯	套	1.01	17.86	18.04		18.04	
7	4-14-351	跷板暗开关（单控）单联	套	3	7.05	21.15	19.17	1.98	
	Z26000011@1	单联单控开关	只	3.06	4.79	14.66		14.66	
8	4-14-352	跷板暗开关（单控）双联	套	3	7.56	22.68	20.1	2.58	
	Z26000011@2	双联单控开关	只	3.06	8.63	26.41		26.41	
9	4-14-353	跷板暗开关（单控）三联	套	1	8.06	8.06	7	1.06	
	Z26000011@3	三联单控开关	只	1.02	11.79	12.03		12.03	
10	4-14-357	跷板暗开关（双控）单联	套	1	7.79	7.79	7	0.79	
	Z26000011@4	单联双控开关	只	1.02	7.52	7.67		7.67	
11	4-14-382	暗插座≤15A单相带接地	套	13	7.73	100.49	91	9.49	
	Z26000029@1	五孔普通插座单相带接地15A	套	13.26	6.24	82.74		82.74	
12	4-14-385	暗插座30A单相带接地	套	4	8.71	34.84	30.48	4.36	
	Z26000029@2	空调插座单相带接地30A	套	4.08	8.29	33.82		33.82	
13	BM47	脚手架搭拆费（《山东省安装工程消耗量定额》（2016）的《第四册电气设备安装工程》）（单独承担的室外直埋敷设电缆工程除外）	元	1	28.03	28.03	9.81	18.22	
	合　计					3147.41	570.28	2577.13	

表 5.13　单位工程主材表　（金额单位：元）

序号	名称及规格	单位	数量	市场价	合计
1	圆球吸顶灯	套	4.04	92.44	373.46
2	T8单管荧光灯	套	4.04	105.81	427.47
3	T8双管荧光灯	套	7.07	141.54	1000.69
4	自带电源事故照明灯	套	2.02	152	307.04
5	应急照明疏散指示灯	套	1.01	115.08	116.23
6	应急照明安全出口灯	套	1.01	17.86	18.04
7	单联单控开关	只	3.06	4.79	14.66
8	双联单控开关	只	3.06	8.63	26.41
9	三联单控开关	只	1.02	11.79	12.03
10	单联双控开关	只	1.02	7.52	7.67
11	五孔普通插座单相带接地15A	套	13.26	6.24	82.74
12	空调插座单相带接地30A	套	4.08	8.29	33.82
	合　计				2420.26

表 5.14　民用安装工程费用表

项目名称：电气照明设备安装工程

行号	序号	费用名称	费率	计算方法	费用金额/元
1	一	分部分项工程费		$\Sigma\{[\Sigma$（定额工日消耗量×人工单价）$+\Sigma$（定额材料消耗量×材料单价）$+\Sigma$（定额机械台班消耗量×台班单价）]×分部分项工程量}	3119.36
2	（一）	计费基础 JD1		Σ（工程量×省人工费）	560.47
3	二	措施项目费		2.1+2.2	76.23
4	2.1	单价措施费		$\Sigma\{[\Sigma$（定额工日消耗量×人工单价）$+\Sigma$（定额材料消耗量×材料单价）$+\Sigma$（定额机械台班消耗量×台班单价）]×单价措施项目工程量}	28.03
5	2.2	总价措施费		（1）+（2）+（3）+（4）	48.2
6	（1）	夜间施工费	2.5	计费基础 JD1×费率	14.01
7	（2）	二次搬运费	2.1	计费基础 JD1×费率	11.77
8	（3）	冬雨季施工增加费	2.8	计费基础 JD1×费率	15.69
9	（4）	已完工程及设备保护费	1.2	计费基础 JD1×费率	6.73
10	（二）	计费基础 JD2		Σ措施费中 2.1、2.2 中省价人工费	29.48
11	三	其他项目费		3.1+3.3+3.4+3.5+3.6+3.7+3.8	
12	3.1	暂列金额			
13	3.2	专业工程暂估价			
14	3.3	特殊项目暂估价			
15	3.4	计日工			
16	3.5	采购保管费			
17	3.6	其他检验试验费			
18	3.7	总承包服务费			
19	3.8	其他			
20	四	企业管理费	55	（JD1+JD2）×管理费费率	324.47
21	五	利润	32	（JD1+JD2）×利润率	188.78
22	六	规费		4.1+4.2+4.3+4.4+4.5	267.78
23	4.1	安全文明施工费		（1）+（2）+（3）+（4）	184.71
24	（1）	安全施工费	2.34	（一+二+三+四+五）×费率	86.79
25	（2）	环境保护费	0.29	（一+二+三+四+五）×费率	10.76
26	（3）	文明施工费	0.59	（一+二+三+四+五）×费率	21.88
27	（4）	临时设施费	1.76	（一+二+三+四+五）×费率	65.28
28	4.2	社会保险费	1.52	（一+二+三+四+五）×费率	56.38
29	4.3	住房公积金	0.21	（一+二+三+四+五）×费率	7.79
30	4.4	工程排污费	0.27	（一+二+三+四+五）×费率	10.01
31	4.5	建设项目工伤保险	0.24	（一+二+三+四+五）×费率	8.9
32	七	设备费		Σ（设备单价×设备工程量）	
33	八	税金	11	（一+二+三+四+五+六+七-甲供材料、设备款）×税率	437.43
34	九	不取费项目合计			
35	十	工程费用合计		一+二+三+四+五+六+七+八+九	4414.05

复习练习题

1. 照明工程中所用灯具的种类很多，其分类方法也有多种，简述照明灯具的分类，及各类灯具的适用场合。

2. 电气照明装置施工前，建筑工程应符合哪些规定？

3. 照明器具安装工程的施工工序有哪些？

4. 照明器具安装工程定额内编制了哪些定额子目？

5. 标志、诱导装饰灯具如何套用定额，若带有地址编码应套用哪些定额子目？

6. 开关、插座如何计算工程量？需要注意的事项有哪些？

7. 针对第四章配管配线中图 4.15～图 4.20 中的预算项目，计算灯具、插座的工程量，并套用定额，计算其安装费用。

8. 计算第四章复习练习题中第 9 题中照明器具安装工程量及其安装费用。

第六章

防雷与接地装置安装工程

第一节　防雷与接地装置安装工程识图

一、工程防雷体系及建筑物防雷类别

1. 工程防雷体系

建筑防雷不只是某一项或若干项技术的独立应用，而是一系列技术措施的相互配合与协作，由此形成的防雷措施的组合叫作工程防雷体系。按实施部位分类，目前工程防雷体系可归纳如图 6.1 所示。

以上所示的雷害中，直击雷是原生危害，其他都是因直击雷而产生的次生危害。这里主要介绍建筑物防雷。建筑物的防雷装置是用于对建筑物进行雷电防护的整套装置，由外部防雷装置和内部防雷装置组成。

外部防雷装置主要防直击雷（含顶击和侧击），也包括反击，由接闪器、引下线和接地装置组成。它是建筑防雷体系中的第一道防线，是内部防雷的基

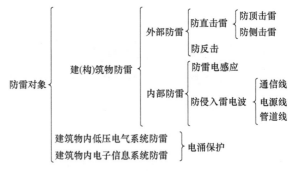

图 6.1　工程防雷体系

础，是预防性体系。内部防雷装置是用于减小雷电流在所需防护空间内产生的电磁效应的防雷装置，由屏蔽导体、等电位连接件和电涌保护器等组成。

2. 建筑物防雷类别

（1）建筑物防雷等级

根据《建筑物防雷设计规范》（GB 50057—2010），建筑物根据其重要性、使用性质、发生雷电事故的可能性和后果，按防雷要求分为三类：第一类防雷建筑物、第二类防雷建筑物、第三类防雷建筑物。其中一类防雷要求最高，二类次之，三类最低。不在以上三个类别中的建筑物，可不做人工防雷。

（2）建筑物年预计雷击次数计算

建筑物年预计雷击次数是划分建筑物防雷类别的一个重要参数，该参数表明了建筑物遭受雷击的概率。矩形建筑物的年预计雷击次数按以下公式计算：

$$N = K N_g A_e \tag{6.1}$$

$$N_g = 0.1 T_d \tag{6.2}$$

$$H<100\text{m 时}, S_e = \left[LW+2(L+W)\sqrt{H(200-H)}+\pi H(200-H) \right] \times 10^{-6} \tag{6.3}$$

$$H \geqslant 100\text{m 时}, S_e = \left[LW+2(L+W)H+\pi H^2 \right] \times 10^{-6} \tag{6.4}$$

式中　　N——建筑物年预计雷击次数（次/a）；

K——校正系数，在一般情况下取 1，在下列情况下取下列数值：位于旷野孤立的建筑物取 2；金属屋面的砖木结构建筑物取 1.7；位于河边、湖边山坡下或山地中土壤电阻率较小处、地下水露头处、土山顶部、山谷风口等处的建筑物，以及特别潮湿的建筑物取 1.5；

N_g——建筑物所处地区雷击大地的年平均密度 [次/（$\text{km}^2 \cdot \text{a}$）]；

A_e——建筑物的等值受雷面积（km^2）；

T_d——年平均雷暴日，以当地气象台的最新资料为准；

S_e——与建筑物截收相同雷击次数的等效面积（km^2）；

L、W、H——建筑物的长、宽、高（m）。

二、建筑物外部防雷系统

建筑物的外部防雷系统由接闪器、引下线和接地装置构成（见图 6.2）。其构成的基本思路是：引导雷电能量通过防雷装置向大地泄放，从而避免雷电能量损坏建筑物。

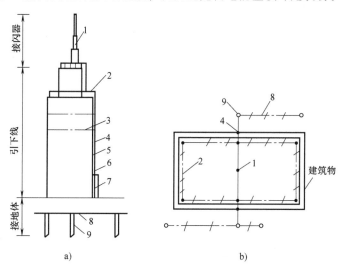

图 6.2　建筑物防雷接地装置组成示意图

1—接闪杆　2—接闪网　3—接闪带　4、5—引下线　6—断接卡子

7—引下线保护管　8—接地母线　9—接地极

1. 接闪器

接闪器是接受雷电闪击装置的总称，由拦截闪击的接闪杆、接闪带、接闪线、接闪网以及金属屋面、金属构件等组成。接闪线（带）、接闪杆和引下线的材料、结构和最小截面积应符合表 6.1 的规定。

1）接闪杆。接闪杆通常设在被保护的建筑物顶端的突出部位，适用于保护细高的建筑物或构筑物，如烟囱或水塔等。接闪杆一般采用热镀锌圆钢或钢管制成，上部做成半球状，其最小弯曲半径宜为 4.8mm，最大宜为 12.7mm。

2）接闪带和接闪网。接闪带和接闪网水平敷设在建筑物顶部突出部位，如屋脊、屋檐、女儿墙、山墙等位置，对建筑物易受雷击部位进行保护。接闪带宜采用圆钢或扁钢，优先采用圆钢。圆钢直径≥8mm，扁钢截面≥48mm²，其厚度≥4mm。接闪带（网）可以明装在预制混凝土支墩、女儿墙、屋脊上；也可以暗设在上人屋面上，埋设深度为屋面或女儿墙下50mm（见图6.3）。

3）接闪线。接闪线适用于长距离架空配电线路的防雷保护。一般用截面≥50mm²的镀锌钢绞线或铜绞线，架设在架空线路的上边，以保护架空线路免遭直接雷击。

4）接闪环。在独立烟囱或者其他建筑物顶上用环状金属作接闪器，可采用圆钢或者扁钢，圆钢直径≥12mm，扁钢截面≥100mm²，厚度>4mm。

表6.1 接闪线（带）、接闪杆和引下线的材料、结构和最小截面积

材料	结构	最小截面/mm²	备注
铜	单根扁铜	50	厚度2mm
	单根圆铜	50	直径8mm
	铜绞线	50	每股线直径1.7mm
	单根圆铜	176	直径15mm
镀锡铜	单根扁铜	50	厚度2mm
	单根圆铜	50	直径8mm
	铜绞线	50	每股线直径1.7mm
铝	单根扁铝	70	厚度3mm
	单根圆铝	50	直径8mm
	铝绞线	50	每股线直径1.7mm
铝合金	单根扁形导体	50	厚度2.5mm
	单根圆形导体	50	直径2.5mm
	绞线	50	每股线直径1.7mm
	单根圆形导体	176	直径15mm
	表面镀铜的单根圆形导体	50	径向镀铜厚度至少250μm，铜纯度99.9%
热浸镀锌钢	单根扁钢	50	厚度2.5mm
	单根圆钢	50	直径8mm
	绞线	50	每股线直径1.7mm
	单根圆钢	176	直径15mm
不锈钢	单根扁钢	50	厚度2mm
	单根圆钢	50	直径8mm
	绞线	70	每股线直径1.7mm
	单根圆钢	176	直径15mm
钢	表面镀铜的单根圆钢	50	径向镀铜厚度至少250μm，铜钝度99.9%

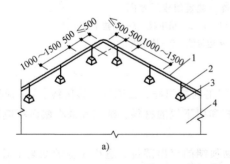
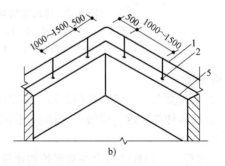

图6.3 接闪带（网）在屋顶敷设

a）在平面屋顶上安装 b）在女儿墙上安装

1—接闪带 2—支架 3—支座 4—平屋面 5—女儿墙

2. 引下线

避雷引下线是连接接闪器与防雷接地装置的金属导体，其作用是构建雷电流向大地泄放的通道，引下线一般由引下线、引下线支持卡子、断接卡子、引下线保护管等组成。

引下线宜采用热镀锌圆钢或扁钢，宜优先采用圆钢。当独立烟囱上的引下线采用圆钢时，其直径不应小于12mm；采用扁钢时，其截面不应小于100mm²，厚度不应小于4mm。专设引下线应沿建筑物外墙外表面明敷，并应经最短路径接地；建筑外观要求较高时可暗敷，但其圆钢直径不应小于10mm，扁钢截面不应小于80mm²。

建筑物的钢梁、钢柱、消防梯等金属构件，以及幕墙的金属立柱宜作为引下线，但其各部件之间均应连成电气贯通，可采用铜锌合金焊、熔焊、卷边压接、缝接、螺钉或螺栓连接；其截面应按防雷规范的规定取值。

3. 接地装置

接地装置是接地极和接地线的总和，用于传导雷电流并将其流散入大地。建筑物防雷装置的接地应与电气和电子系统等接地共用接地装置，并应与引入的金属管线做等电位连接。接地装置由接地体和接地线组成（见图6.4）。

（1）接地体（接地极）

接地体是指埋入地中并直接与大地接触的金属导体，又称为接地极，接地体分人工接地体和自然接地体两种。人工接地体由单个或若干个接地体构成，人工接地体按其敷设方式分为垂直接地体和水平接地体两种形式，垂直接地体一般用角钢或钢管制作，水平接地体一般由扁钢或圆钢制作（见图6.5）。

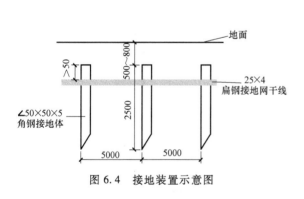

图 6.4 接地装置示意图

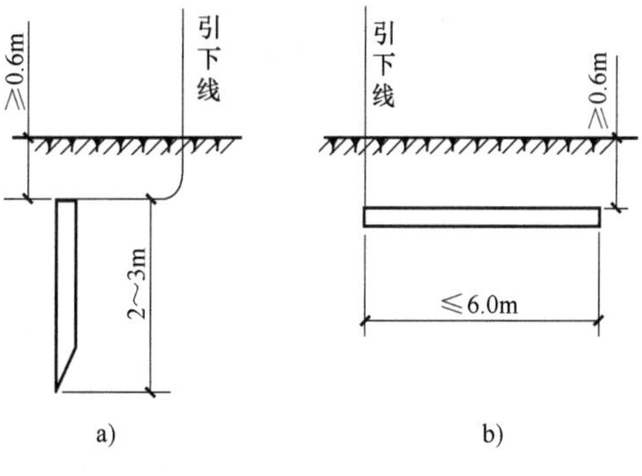

图 6.5 人工接地体

a）垂直埋设的棒形接地体　b）水平埋设的带形接地体

自然接地体是指兼作接地体用的直接与大地接触的各种金属构件、金属管道及建筑物的钢筋混凝土基础等。在设计和装设接地装置时，首先应充分利用自然接地体，以节约投资。

（2）接地线

从引下线断接卡或换线处至接地体的连接导体，或从接地端子、等电位连接带至接地体的连接导体，也称为接地母线。接地母线多采用扁钢或圆钢作为接地材料，按其敷设方式分为户内接地母线和户外接地母线。

户内接地母线一般明敷，明敷的接地母线一般敷设在砖混凝土墙、电缆沟支架、桥架上。有时因设备的接地需要也可埋地敷设或埋设在混凝土层中，埋设在地下时，沟的挖填土方按上口宽0.5m，下底宽0.4m，深0.75m，每米沟长0.34m³土方量。户外接地母线一般敷设在沟内，敷设前应按设计要求挖沟，沟深≥0.6m，然后埋入扁钢。由于接地母线不起接地散流作用，所

149

以埋设时不一定要立放。

三、建筑物内部防雷系统及雷击电磁脉冲防护

传统的建筑物内部防雷主要是防闪电感应和闪电电涌侵入，防护的目标是避免在建筑物内引起火花放电和出现电位差。而在涉及建筑物内电气电子系统的防雷问题时，又将闪电感应和闪电电涌侵入通称为雷击电磁脉冲，防护的目标是避免电气电子设备损坏，防护体系的名称叫雷击电磁脉冲防护。

1. 感应雷（闪电感应）的防护

感应雷的防护措施有下面三项：①设置防感应雷的接地装置，防感应雷的接地装置应和电气设备接地装置共用，其工频接地电阻不应大于 10Ω。②将建筑物内的所有金属体都接到防感应雷接地装置上，避免不同金属构件出现电位差，同时可泄放静电荷。③封闭开口金属环，避免大面积金属环路。如：管线连接处跨接，平行金属管线之间跨接等。其目的是避免感应电压击穿空气产生电火花。

2. 闪电电涌侵入的防护

闪电电涌侵入的途径主要是进出建筑物的各种金属管道和电力线路。防护方法是在金属管线进入建筑物处做等电位连接（消除由室外引入的电位差），并与防感应雷接地装置相连（泄放由室外引入的雷电能量）。图 6.6 是各种管线从同一位置进入建筑物时等电位连接的方法。当外来金属管道、电力线缆、通信线缆等是在不同地点进入建筑物时，宜沿分界面设置若干等电位连接带，并将其就近连到内部环形接地装置上，它们在电气上是导通的。

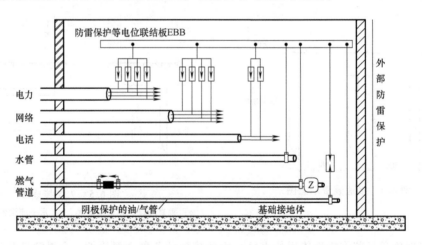

图 6.6　外来导电物从同一位置进入建筑物的等电位连接

3. 雷击电磁脉冲防护的防雷区及划分

雷击电磁脉冲（Lightning Electromagnetic Pulse，LEMP）就是雷电流经电阻、电感、电容耦合产生的电磁效应，包含闪电电涌和辐射电磁场。LEMP 的干扰主要指以下三种情况：

1）自然界天空中雷波电磁辐射对建筑物内部的电磁干扰。

2）建筑物的防雷装置接闪后，流经防雷装置的雷电流对建筑物内部的电磁干扰。

3）外部的各种管线引来的雷电电磁波对建筑物内部的干扰。LEMP 的来源主要是：天空雷电电磁辐射、防雷系统下泄雷电流、各种外部管线传导引入的雷电电磁波。

根据被保护空间可能遭受 LEMP 的严重程度及被保护系统（设备）所要求的电磁环境，

可将被保护空间划分为不同的区域，称为防雷区如图 6.7 所示。

LPZ0$_A$ 区，本区内各物体都可能遭受雷击，各物体都可能导走全部雷电流，本区内电磁场没有衰减。如：建筑物接闪器保护范围以外的区域，如屋面未做保护的空调冷却塔所处区域。

LPZ0$_B$ 区，本区内各物体不可能遭受直接雷击，但电磁场并未衰减。如：屋面以上接闪器保护范围内的空间。LPZ0$_A$ 和 LPZ0$_B$ 区一般都处于建筑物外。

LPZ1 区，本区内各物体不可能遭受直接雷击，流经导体的电流进一步减小，电磁场可能衰减，取决于屏蔽措施。如：顶层室内空间。

随后的防雷区（LPZ2、LPZ3…），如需要进一步减小所导引的电流和电磁场，应引入随后的防雷区。

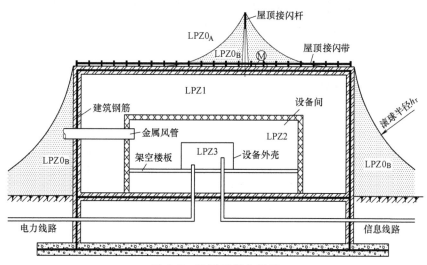

图 6.7　防雷区划分示例

4．实施在建筑物上的雷击电磁脉冲措施

在建筑物上实施的防雷击电磁脉冲措施主要有屏蔽、等电位连接、接地、间距等，这些措施不仅可直接衰减 LEMP 的强度，还构成电气电子系统保护的基础。这里主要介绍等电位连接。等电位连接就是人为地将原本分开的装置、诸导电物体等用导体连接起来，其目的就是减小雷电流在它们之间产生的电位差，并可能分走部分雷电流。主要有两个实施区域。

（1）在防雷区界面处的实施

在防雷区界面处实施的等电位连接的作用主要是均衡电位，即分流。在 LPZ0$_A$（或 LPZ0$_B$）与 LPZ1 区界面处的具体实施，所有进入建筑物的外来导电物均应在 LPZ0$_A$（或 LPZ0$_B$）与 LPZ1 区界面处做等电位连接。在各后续防雷区界面处的具体实施，与在 LPZ0 与 LPZ1 区界面处等电位连接原则相同。

（2）在防雷区内部的实施

某一防雷区内部所有电梯轨道、起重机、金属地板、金属门框架、设施管道、电缆桥架等大尺寸的内部导电物，其等电位连接应以最短路径连到最近的等电位连接带或其他已做了等电位连接的金属物体上。平行敷设的长金属管线，各管线之间宜附加多次相互连接。

四、低压系统电涌保护

电涌保护器是一种用于带电系统中限制瞬态过电压并泄放电涌能量的非线性器件，用以保护电气电子系统免遭雷电或操作过电压及涌流的损害。电涌保护器分为低压配电系统用和电子信息系统用两大类。

1. 电涌保护器的工作原理与类别

电涌保护器（SPD）具有与接闪器类似的性质，所不同的是电涌保护器用于低压配电系统和电子信息系统，而接闪器主要用于中、高压系统。低压配电系统用电涌保护器按照所使用的非线性元件特性分为：电压开关型 SPD、限压型 SPD、混合型 SPD。

1）电压开关型 SPD。无电涌时呈高阻状态，当电涌电压达到一定时突变为低阻抗，突然导通特征，又称为短路开关型 SPD。通流容量大，特性陡，残压高（见图 6.8）。电压开关型 SPD 主要用于泄放能量，适用于 LPZ0 与 LPZ1 区交界处的雷电电涌保护，不适合作终端设备的保护。

2）限压型 SPD。随电涌电压升高渐进导通，其阻抗持续下降，又称为钳位型 SPD，通流容量小，特性缓，逐渐释放能量，具有降低过电压幅值的作用（见图 6.9）。限压型 SPD 主要用于保护设备。适用于 $LPZ0_B$ 及以后防雷区内的电涌保护。

3）混合型 SPD。随承受的电涌电压不同而分别呈现电压开关型或限压型特性（见图 6.10）。可作为配电系统中间级的保护。

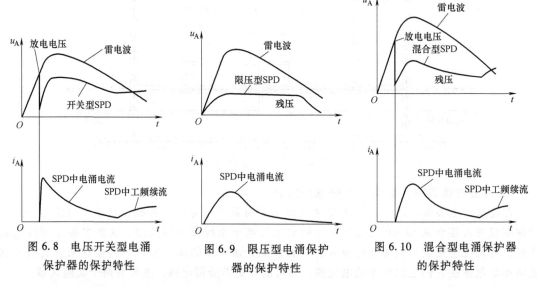

图 6.8 电压开关型电涌保护器的保护特性　　图 6.9 限压型电涌保护器的保护特性　　图 6.10 混合型电涌保护器的保护特性

2. 电涌保护器（SPD）的主要参数

电涌保护器（SPD）的参数有最大持续工作电压 U_c、标称放电电流 I_n、最大放电电流 I_{max}、冲击电流 I_{imp}、导通放电电压 U_{OP}、电压保护水平 U_P、响应时间等。

1）最大持续工作电压 U_c。最大持续工作电压 U_c 指允许施加在 SPD 端子间的最大工频电压有效值。U_c 选择关系 SPD 的寿命，大于系统最大持续运行电压按现有的制造水平，除工作电压外，一般持续 5s 以上的电压就应视为持续电压。

2）标称放电电流（额定放电电流）I_n。标称放电电流 I_n 指 SPD 多次通过 i_{sn}（8/20μs 冲击电流）的能力。在通过规定次数（15 次）、峰值为 I_n 的电流波 i_{sn} 后，SPD 的特性变化不超过允许范围。通常由 II 级分类试验测定。

3）最大放电电流 I_{max}。最大放电电流 I_{max} 指 SPD 能单次通过 i_{sn}（8/20μs 冲击电流）的最大值。在通过该电流后，SPD 不得发生实质性损坏。由 II 级分类试验确定。用以衡量限压型 SPD 的最大通流能力。

4）冲击电流 I_{imp}。指 SPD 能单次通过 i_{imp}（10/350μs 冲击电流）的最大值。通过峰值 $I_p = I_{imp}$ 的电流波 i_{imp} 1 次后，SPD 不得发生实质性损坏。由 I 级分类试验确定。用于衡量电压开关型 SPD 的最大通流能力。

5）SPD 的动作电压 U_{OP}。指电压开关型 SPD 的放电电压或限压型 SPD 的导通电压。

6）电压保护水平 U_p。表征 SPD 动作后，其将雷涌过电压限制到了哪种程度，对电压开关型 SPD，等于规定陡度电压波形下的最大放电电压。对限压型 SPD，则等于规定电流波形下的最大残压。

例如，施耐德电涌保护器 PR 系列参数如下：保护水平 U_p：1.0/1.2/1.5/2.0kV；最大放电电流 I_{max}（8/20μs）：100/65/40/20/10kA；标称放电电流 I_n（8/20μs）：35/20/10/5kA；最大持续运行电压 U_c：340V；符合标准：IEC61643-11/ II 级分类实验。

3. 低压系统电涌保护配置

低压系统的电涌保护是通过在电气电子设备的电源侧限制雷电过电压（兼限制大部分操作过电压）并泄放雷电能量，以保护设备绝缘及硬件不致损坏。低压系统电涌保护是建筑物内部防雷的重要组成部分；是综合防雷体系的末端环节；是采取基本防雷措施的前提下，专门针对耦合到低压配电系统中和电子信息系统中的雷电能量进行防护。

（1）电涌保护对象分级

电涌保护对象分级是以建筑物中电子信息系统为对象划分的，其主要依据是雷击风险、电子信息系统的重要性和使用性质。电气系统的防护级别与同一建筑内电子信息系统的防护级别等同，有时又简称建筑物的电涌防护等级。

电涌防护分级有两个依据：一种是雷击风险；另一种是电子信息系统的重要性和使用性质。在国家标准《建筑物电子信息系统防雷技术规范》（GB 50343—2012）中对电涌防护分级有明确的规定，见表 6.2。一共分为 A、B、C、D 四个等级，A 级防护要求最高，D 级最低。

表 6.2　建筑物电子信息系统雷电防护等级

雷电防护等级	建筑物电子信息系统
A 级	1. 国家级计算中心，国家级通信枢纽，特级和一级金融设施，大中型机场，国家级和省级广播电视中心，枢纽港口，火车枢纽站，省级城市水、电、气、热等重要公用设施的电子信息系统 2. 一级安全防范单位，如国家文物、档案库的闭路电视监控和报警系统 3. 三级医院电子医疗设备
B 级	1. 中型计算中心、二级金融设施、中型通信枢纽、移动通信基站、大型体育场（馆）、小型机场、大型港口、大型火车站的电子信息系统 2. 二级安全防范单位，如省级文物、档案库的闭路电视监控和报警系统 3. 雷达站、微波站电子信息系统，高速公路监控和收费系统 4. 二级医院电子医疗设备 5. 五星及更高星级宾馆电子信息系统
C 级	1. 三级金融设施、小型通信枢纽电子信息系统 2. 大中型有线电视系统 3. 四星及以下级宾馆电子信息系统
D 级	除上述 A、B、C 以外的一般用途的需防护电子信息设备

（2）电涌保护系统的布局

电涌保护系统的布局是指低压电网中电涌保护的设置位置和保护针对性，基本上采用分散、多级的布局。其原因是同一电压等级电网中有多个耐压等级设备，且设备本身是分散布置的。要求在恰当的位置设置恰当的保护器，遵循下列原则：

1）SPD 电压保护水平与被保护设备配合。

2）不同防雷区交界面处，应设置 SPD。LPZ0 与 LPZ1 区交界面：设置通过 Ⅰ 级分类试验的 SPD。其他交界面：设置通过 Ⅱ、Ⅲ 级分类试验的 SPD。

3）同一防雷区中的同一配电级中，考虑电涌行波过程，可能在若干处设置 SPD。

按从电源到负荷的方向，系统的多级保护分别被称为第一、二、三、四级，对应于被保护对象的过电压类别（见图 6.11）。

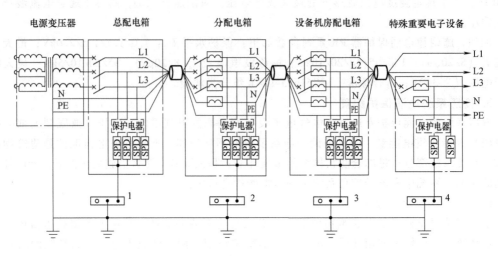

图 6.11　TN-S 系统的配电线路电涌保护系统布局示例

五、防雷与接地装置工程图的内容

防雷与接地装置工程图一般由两部分组成：防雷设计说明与防雷设计图。在不同的设计阶段有不同的表述内容。

1. 防雷设计说明

（1）防雷部分设计说明

防雷部分设计说明包括确定建筑物防雷类别、建筑物电子信息系统雷电防护等级；防直接雷击、防侧击、防雷击电磁脉冲等的措施；当利用建筑物、构筑物混凝土内钢筋做接闪器、引下线、接地装置时，应说明采取的措施和要求。当采用装配式时应说明引下线的设置方式及确保有效接地所采用的措施。

（2）接地及安全措施设计说明

接地及安全措施设计说明包括各系统要求接地的种类及接地电阻要求；等电位设置要求；接地装置要求，当接地装置需做特殊处理时应说明采取的措施、方法等；安全接地及特殊接地的措施。

2. 初步设计阶段

初步设计阶段一般不出图，特殊工程只出屋顶防雷平面图和接地平面图。

3. 施工图设计阶段

此阶段需绘制出建筑与构筑物防雷顶视平面图与接地平面图。内容包括：

1）绘制建筑物顶层平面，应有主要轴线号、尺寸、标高，标注接闪杆、接闪器、引下线位置。注明材料型号、规格，所涉及的标准图编号、页次，图样应标注比例。

2）绘制接地平面图（可与防雷顶层平面重合），绘制接地线、接地极、测试点、断接卡等的平面位置，标明材料型号、规格、相对尺寸等及涉及的标准图编号、页次，图样应标注比例。

3）当利用建筑物（或构筑物）钢筋混凝土内的钢筋作为防雷接闪器、引下线、接地装置时，应标注连接方式，接地电阻测试点，预埋件位置及敷设方式，注明所涉及的标准图编号、页次。

4）除防雷接地外的其他电气系统的工作或安全接地的要求，如果采用共用接地装置，应在接地平面图中叙述清楚，交待不清楚的应绘制相应图样。

5）随图说明可包括：防雷类别和采取的防雷措施（包括防侧击雷、防雷击电磁脉冲、防高电位引入）；接地装置型式，接地极材料要求、敷设要求，接地电阻值要求；当利用桩基、基础内钢筋作接地极时，应采取的措施。

六、防雷与接地工程识图实例

图 6.12 和图 6.13 为某高校实训楼的屋顶防雷平面图和接地平面图，读图分析如下：

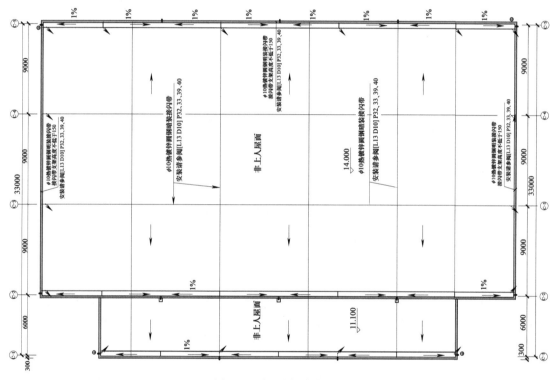

图 6.12　屋顶防雷平面图

1. 建筑物防雷

本工程为人员密集的公共建筑物，预计雷击次数为 0.0899 次/a，大于 0.05 次/a，属二类防雷建筑物。电子信息系统雷电防护等级为 C 级。防雷装置应满足防直击雷、侧击雷及雷电波的侵入，并设置总等电位连接。

1）接闪器。在屋顶采用 φ10 热镀锌圆钢作为接闪器，断接处用 φ10 镀锌圆钢焊接，屋顶接闪带连接网格不大于 10m×10m 或 12m×8m。女儿墙上接闪带明装，接闪带支架高度不低于150mm；屋面上的接闪带暗装。

2）引下线。利用建筑物钢筋混凝土柱子四根对角主筋通长焊接作为引下线，引下线上端与

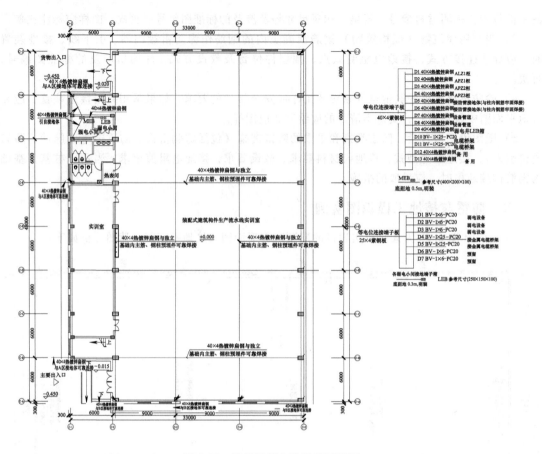

图 6.13 接地及等电位连接平面图

接闪带焊接，下端与建筑物基础底梁的两根主筋焊接。部分引下线下部在室外地坪下 1.0m 处焊出一根 40mm×4mm 镀锌扁钢，伸向室外，距外墙皮的距离为 1.5m，以备增设接地体或与各专业进线金属总管进行等电位连接。

3）接地装置。利用基础内的钢筋及互连 40mm×4mm 热镀锌扁钢作为大楼的总接地装置，其他电气设备、信息系统等接地均与防雷接地共用接地装置，且接地装置围绕建筑物敷设成环形接地体。总接地装置的接地电阻要求不大于 1Ω。当大楼自然接地装置能够满足接地要求时，可不做室外人工接地装置。

4）建筑物四角的外墙引下线在距室外地面上 0.5m 处设测试卡子。做法参见《13 系列建筑标准设计图集（电气专业）》(L13D10)74 页。

5）凡突出屋面的所有金属构件，如栏杆扶手、金属通风管、屋顶风机等均应与接闪带可靠焊接。

2. 接地及安全

1）本工程防雷接地、电气设备的保护接地等接地共用统一接地极，要求接地电阻不大于 1Ω，实测不满足要求时，增设人工接地极。

2）建筑物构件内有箍筋连接的钢筋或成网状的钢筋，其箍筋与钢筋、钢筋与钢筋应采用土建施工的绑扎法、螺钉、对焊或搭焊连接。单根钢筋、圆钢或外引预埋连接板、线与构件内钢筋应焊接或采用螺栓紧固的卡夹器连接。构件之间必须连接成电气通路。

3）为防止人身触电的危险，本工程设专用接地保护线（PE），并进行总等电位连接。在电井适当柱子处预留 40mm×4mm 镀锌扁钢作为主接地线，并设总等电位连接端子箱，该主接地线应和柱内主钢筋可靠焊接。本工程的用电设备之不带电金属外壳等部分均应可靠地和专用接地保护线（PE）连接。

4）本工程总等电位板由纯铜板制成，应将建筑物内保护干线、设备进线总管、构件等部位进行连接。总等电位连接线采用 40mm×4mm 镀锌扁钢或 BV-1×25 铜芯线，总等电位连接均采用等电位卡子，禁止在金属管道上焊接。

5）在弱电小间等处做局部等电位连接，并在各层电井内设置 40mm×4mm 镀锌扁钢，绝缘固定安装，作为设备专用接地线。

第二节　防雷与接地装置安装工程施工

防雷与接地装置安装工程施工的主要依据有《建筑物防雷设计规范》（GB 50057—2010）、《电气装置安装工程接地装置施工及验收规范》（GB 50169—2016）、《建筑物防雷工程施工与质量验收规范》（GB 50601—2010）、《建筑电气工程施工质量验收规范》（GB 50303—2015）。防雷与接地装置安装工程的施工应按已批准的施工图设计文件执行，防雷与接地工程隐蔽前应进行验收。

一、接闪器安装

接闪器安装前，应先完成接地装置和引下线的施工，接闪器安装后应及时与引下线连接。接闪器的布置、规格及数量应符合设计要求。

1. 接闪器的布置要求

一般建筑物专门敷设的接闪器应由下列的一种或多种方式组成：独立接闪杆；架空接闪线或架空接闪网；直接装设在建筑物上的接闪杆、接闪带或接闪网。《建筑物防雷设计规范》中规定了对不同类别防雷建筑接闪器布置的要求，见表6.3。

表 6.3　接闪器布置

建筑物类别	滚球半径 h_r/m	接闪网网格尺寸/m
第一类防雷建筑物	30	≤5×5 或 ≤6×4
第二类防雷建筑物	45	≤10×1 或 ≤12×8
第三类防雷建筑物	60	≤20×20 或 ≤24×16

2. 接闪器的安装

1）接闪线和接闪带安装应平正顺直、无急弯，其固定支架应间距均匀、固定牢固。

2）当设计无要求时，固定支架高度不宜小于 150mm，间距应符合表6.4的规定。

3）接闪器的每个固定支架应能承受49N的垂直拉力。

表 6.4　明敷引下线及接闪导体固定支架的间距　　　　（单位：mm）

布置方式	扁形导体固定支架间距	圆形导体固定支架间距
安装于水平面上的水平导体 安装于垂直面上的水平导体	500	1000
安装于高于 20m 以上垂直面上的垂直导体		
安装于地面至 20m 以下垂直面上的垂直导体	1000	1000

4）接闪带或接闪网在过建筑物变形缝处的跨接应有补偿措施（见图6.14）。

5）接闪杆、接闪线或接闪带安装位置应正确，安装方式应符合设计要求，焊接固定的焊缝应饱满无遗漏，螺栓固定的应防松零件齐全，焊接连接处应防腐完好。

二、引下线安装

防雷引下线安装应符合下列规定：

1）当利用建筑物柱内主筋作引下线时，应在柱内主筋绑扎或连接后，按设计要求进行施工，经检查确认，再支模。

2）对于直接从基础接地体或人工接地体暗敷埋入粉刷层内的引下线，应先检查确认不外露后，再贴面砖或刷涂料等。

3）对于直接从基础接地体或人工接地体引出明敷的引下线，应先埋设或安装支架，并经检查确认后，再敷设引下线。

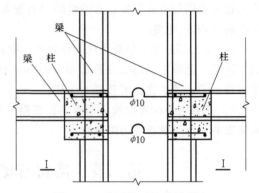

图 6.14　避雷带过伸缩缝做法

防雷引下线的布置、安装数量和连接方式应符合设计要求。

1. 引下线布置间距

引下线的安装布置应符合现行建筑物防雷设计规范规定，第一类、第二类和第三类建筑物专设引下线不应少于两根，并应沿建筑物周围均匀布置，其平均间距分别不应大于 12m、18m 和 25m。

2. 引下线固定与防腐

暗敷在建筑物抹灰层内的引下线应由卡钉分段固定；明敷的引下线应平直、无急弯，并应设置专用支架固定，引下线焊接处刷油漆防腐且无遗漏。

3. 断接卡子

采用多根专设引下线时，应在各引下线上距地面 0.3～1.8m 处装设断接卡。当利用混凝土内钢筋、钢柱作为自然引下线并同时采用基础接地体时，可不设断接卡，但利用钢筋作引下线时应在室内外的适当地点设若干连接板。

当仅利用钢筋作引下线并采用埋于土壤中的人工接地体时，应在每根引下线上距地面不低于 0.3m 处设接地体连接板。采用埋于土壤中的人工接地体时应设断接卡，其上端应与连接板或钢柱焊接。连接板处宜有明显标志。断接卡与金属屋面引下线连接安装如图 6.15 所示。

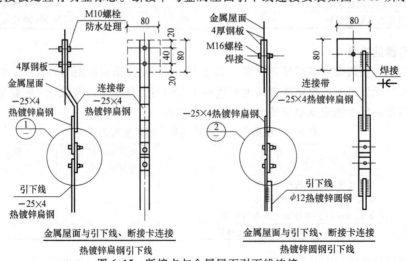

图 6.15　断接卡与金属屋面引下线连接

4．引下线保护

在易受机械损伤之处，地面上 1.7m 至地面下 0.3m 的一段接地线，应采用暗敷或采用镀锌角钢、改性塑料管或橡胶管等加以保护。

5．引下线的连接

引下线的两端应分别与接闪器和接地装置做可靠的电气连接。规范规定，接闪器与防雷引下线必须采用焊接或卡接器连接，防雷引下线与接地装置必须采用焊接或螺栓连接。

三、接地装置

接地装置安装应符合下列规定：

1）对于利用建筑物基础接地的接地体，应先完成底板钢筋敷设，然后按设计要求进行接地装置施工，经检查确认后，再支模或浇捣混凝土。

2）对于人工接地的接地体，应按设计要求利用基础沟槽或开挖沟槽，然后经检查确认，再埋入或打入接地极和敷设地下接地干线。

3）隐蔽装置前，应先检查验收合格，再覆土回填。

1．接地装置的材料

接地装置的材料规格、型号应符合设计要求。埋于土壤中的人工垂直接地体宜采用热镀锌角钢、钢管或圆钢，埋于土壤中的人工水平接地体宜采用热镀锌扁钢或圆钢。接地线应与水平接地体的截面相同。

1）接地装置材料。接地装置材料选择应符合下列规定：除临时接地装置外，接地装置采用钢材时均应热镀锌，水平敷设的应采用热镀锌的圆钢和扁钢，垂直敷设的应采用热镀锌的角钢、钢管或圆钢；当采用扁铜带、铜绞线、铜棒、铜覆钢（圆线、绞线）等材料作为接地装置时，其选择应符合设计要求；不应采用铝导体作为接地极或接地线。

2）接地装置的人工接地体的材料。人工接地体导体截面应符合热稳定、均压、机械强度及耐腐蚀的要求。水平接地极的截面不应小于连接至该接地装置接地线截面的 75%，且钢接地极和接地线的最小规格不应小于表 6.5 所列规格。

表 6.5　钢接地极和接地线的最小规格

种类、规格及单位		地上	地下
	圆钢直径/mm	8	8/10
扁钢	截面积/mm^2	48	48
	厚度/mm	4	4
角钢厚度/mm		2.5	4
钢管管壁厚度/mm		2.5	3.5/2.5

3）接地装置的自然接地体。接地装置可利用直接埋入地中或水中的自然接地体，可利用下列自然接地体：埋设在地下的金属管道，但不包括输送可燃或有爆炸物质的管道；金属井管；与大地有可靠连接的建筑物的金属结构；水工构筑物及其他坐落于水或潮湿土壤环境的构筑物的金属管、金属桩、基础层钢筋网（见图 6.16）。

当基础采用硅酸盐水泥和周围土壤的含水量不低于 4% 及基础的外表面无防腐层或有沥青质防腐层时，宜利用基础内的钢筋作为接地装置。当基础的外表面有其他类的防腐层且无桩基可利用时，宜在基础防腐层下面的混凝土垫层内敷设人工环形基础接地体（见图 6.17）。

2．接地装置的敷设

接地装置的埋设深度、间距、电阻值及其施工要求应符合下列要求。

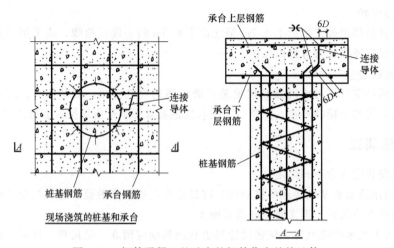

图 6.16　钢筋混凝土基础中的钢筋作自然接地体

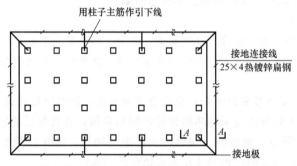

图 6.17　有防水层底板箱形基础作自然接地体

1）接地网的埋设深度与间距。接地网的埋设深度与间距应符合设计要求，当设计无要求时，接地装置顶面埋设深度不应小于 0.6m，且应在冻土层以下。圆钢、角钢、钢管、铜棒、铜管等接地极应垂直埋入地下，间距不应小于 5m，人工接地体与建筑物的外墙、基础或散水坡的最外沿之间的水平距离不宜小于 1m（见图 6.18 和图 6.19）。

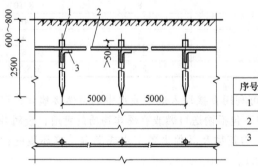

接地极安装		
序号	名称	型号及规格
1	接地极	圆钢ϕ18　L=2500
2	接地线	圆钢ϕ10 或扁钢25×4
3	连接导体	圆钢ϕ10　L=160

图 6.18　圆钢接地极安装

2）接地网的敷设应符合下列规定：接地网的外缘应闭合，外缘各角应做成圆弧形，圆弧的半径不宜小于临近均压带间距的一半；接地网内应敷设水平均压带，可按等间距或不等间距布置；35kV 及以上发电厂、变电站接地网边缘有人出入的走道处，应铺设碎石、沥青路面或在地下装设两条与接地网相连的均压带。

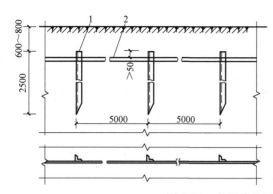

图 6.19　角钢接地极安装

3）接地装置的电阻值。接地装置的接地电阻值应符合设计要求。部分电气设备接地电阻的规定数值见表 6.6。

表 6.6　部分电气设备接地电阻的规定数值

电气装置名称	接地的电气装置特点	接地电阻/Ω
1kV 以下中性点直接接地和不接地的系数	与总容量在 100kV·A 以上的发电机或变压器相连的接地装置	$R \leqslant 4$
	同上装置的重复接地	$R \leqslant 10$
	与总容量在 100kV·A 以下的发电机或变压器相连的接地装置	$R \leqslant 10$
	同上装置的重复接地	$R \leqslant 30$
低压架空电力线路	低压线路水泥杆、金属杆	$R \leqslant 30$
	零线重复接地	$R \leqslant 10$
	低压进户绝缘子铁脚	$R \leqslant 30$
建筑物防雷装置	第一类防雷建筑物（防直击雷及雷电波侵入）	$R \leqslant 10$
	第一类防雷建筑物（防感应雷）	$R \leqslant 10$
	第二类防雷建筑物（防直击雷与感应雷共用及雷电波侵入）	$R \leqslant 10$
	第三类防雷建筑物（防直击雷）	$R \leqslant 30$
	烟囱、水塔接地	$R \leqslant 30$

当接地电阻达不到设计要求需采取措施降低接地电阻时，应符合下列规定：

1）采用降阻剂时，降阻剂应为同一品牌的产品，调制降阻剂的水应无污染和杂物；降阻剂应均匀灌注于垂直接地体周围。

2）采取换土或将人工接地体外延至土壤电阻率较低处时，应掌握有关的地质结构资料和地下土壤电阻率的分布，并应做好记录。

3）采用接地模块时，接地模块的顶面埋深不应小于 0.6m，接地模块间距不应小于模块长度的 3~5 倍。接地模块埋设基坑宜为模块外形尺寸的 1.2~1.4 倍，且应详细记录开挖深度内的地层情况；接地模块应垂直或水平就位，并应保持与原土层接触良好。

3. 接地线的安装

接地极的连接应采用焊接，接地线与接地极的连接应采用焊接。异种金属接地极之间连接时接头处应采取防止电化学腐蚀的措施。接地装置的焊接应采用搭接焊，除埋设在混凝土中的焊接接头外，应采取防腐措施，焊接搭接长度应符合下列规定：

1）扁钢与扁钢搭接不应小于扁钢宽度的 2 倍，且应至少三面施焊。

2）圆钢与圆钢搭接不应小于圆钢直径的 6 倍，且应双面施焊。

3）圆钢与扁钢搭接不应小于圆钢直径的 6 倍，且应双面施焊。

4）扁钢与钢管，扁钢与角钢焊接，应紧贴角钢外侧两面，或紧贴 3/4 钢管表面，上下两侧施焊。

四、等电位连接

防雷等电位连接（Lightning Equipotential Bonding，LEB）是将分开的诸金属物体直接用连接导体或经电涌保护器连接到防雷装置上以减小雷电流引发的电位差。在建筑电气工程中，等电位连接就其等电位连接的范围分为三类：总等电位连接、辅助等电位连接和局部等电位连接。其中局部等电位连接是辅助等电位连接的一种扩展。这三者在原理上都是相同的，不同之处在于作用、范围和工程做法。等电位连接可以更有效降低接触电压值，还可以防止由建筑物传入的故障电压对人身造成危害，提高电气安全水平。

1. 总等电位连接（MEB）

总等电位连接作用于全建筑物，其在一定程度上可降低建筑物内间接接触电击的接触电压和不同金属部件间的电位差，并消除自建筑物外经电气线路和各种金属管道引入的危险故障电压的危害。总等电位连接系统的示意图如图 6.20 所示。根据《低压配电设计规范》（GB 50054—2011）第 5.2.2 条，建筑物内的总等电位连接应符合下列规定：

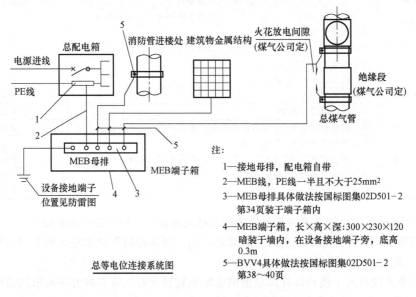

图 6.20 总等电位连接系统示例

1) 每个建筑物中的下列可导电部分，应做总等电位连接：总保护导体（保护接地导体、保护接地中性导体）；电气装置总接地导体或总接地端子板；建筑内的水管、煤气管、采暖和空调等各种金属干管；可接用的建筑物金属结构部分。

2) 来自外部的本条第 1 款规定的可导电部分，应在建筑内距离引入点最近的地方做总等电位连接。

3) 通信电缆的金属外护层在做等电位连接时，应征得相关部门的同意。

"可接用的建筑物金属结构部分"是指在施工中便于进行连接的楼板、梁、柱、基础等建筑构件中的钢筋。这些钢筋都必须加以利用，使其成为总等电位连接的一部分。

如果一个建筑物有多个电源进线，则每个电源进线处都在电源进线箱（总配电箱）近旁安装接地母线，实施总等电位连接，以使每一电源进线所供范围内的电气设备的金属外壳和其邻近的装置外可导电部分之间，在发生接地故障时呈现的电位差降低。各个总电位连接系统之间必须连通。

2. 辅助等电位连接和局部等电位连接

总等电位连接虽然能大大降低接触电压，但如果建筑物离电源较远，建筑物内保护线路过长，则保护电器的动作时间和接触电压都可能超过规定的限值，此时可采取辅助等电位连接或局部等电位连接的措施。

辅助等电位连接是将两个可能带不同电位的设备外露导电部分和（或）装置外导电部分用导线直接连接，以消除电位差的措施。辅助等电位连接示意图如图 6.21 所示。

当需要在一局部场所范围内做多个辅助等电位连接时，可将多个辅助等电位连接通过一个等电位连接端子板实现，这种方式叫做局部等电位连接。这块端子板称为局部等电位连接端子板。局部等电位连接应通过局部等电位连接端子板将以下部分连接起来：PE 母线或 PE 干线；公用设施金属管道；尽可能包括建筑物金属构件；其他装置外可导电体和装置的外露可导电部分。图 6.22 为卫生间内局部等电位连接示意图。

3. 等电位连接端子板和连接线

1）端子板。连接线和等电位连接端子板宜采用铜质材料。等电位连接端子板的截面积应满足机械强度要求，并不得小于所接连接线截面积。

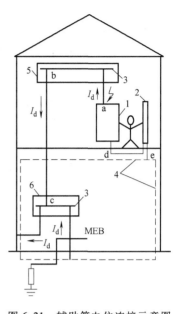

图 6.21 辅助等电位连接示意图

1—电气设备 2—暖气片
3—保护导体 4—结构钢筋
5—末端配电箱 6—进线配
电箱 I_d—故障电流

2）连接线。一般场所防雷等电位连接线不允许用下列金属部分当作连接线：金属水管、输送爆炸气体或液体的金属管道、正常情况下承受机械压力的结构部分、易弯曲的金属部分、钢索配线的钢索。

总等电位的保护连接线截面积应符合设计要求，其最小值应符合下列规定：铜保护连接线截面积不应小于 $6mm^2$；铜覆钢保护连接线截面积不应小于 $25mm^2$；铝保护连接线截面积不应小于 $16mm^2$；钢保护连接线截面积不应小于 $50mm^2$。

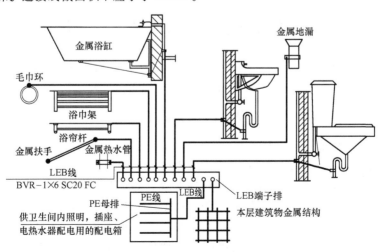

图 6.22 局部等电位连接示意图

辅助等电位、局部等电位连接线截面积应符合设计要求，其最小值应符合下列规定：有机械保护时，铜电位连接线截面积不应小于 $2.5mm^2$，铝电位连接线截面积不应小于 $16mm^2$；无机械保护时，铜电位连接线截面积不应小于 $4mm^2$（见表 6.7）。

表 6.7 等电位连接线的截面积

取值类别	总等电位连接线	局部等电位连接线	辅助等电位连接线	
一般值	不小于 0.5×进线 PE（PEN）线截面	不小于 0.5×PE 线截面	两电气设备外露导电部分间	较小 PE 线截面
			电气设备与装置外可导电部分间	0.5×PE 线截面
最小值	6mm² 铜线	同右	有机械保护时	2.5mm² 铜线或 4mm² 铝线
	16mm² 铝线		无机械保护时	4mm² 铜线
	50mm² 钢		16mm² 钢	
最大值	25mm² 铜线或相同电导值的导线	同左	—	

4. 等电位连接安装

等电位连接的安装应符合《建筑电气工程施工质量验收规范》（GB 50303—2015）中的规定。

1）建筑物等电位连接的范围、形式、方法、部位及连接导体的材料和截面积应符合设计要求。

2）需做等电位连接的外露可导电部分或外界可导电部分的连接应可靠。若采用螺栓连接时，其螺栓、垫圈、螺母等均应为热镀锌制品，且应连接牢固。

3）需做等电位连接的卫生间内金属部件或零件的外界可导电部分，应设置专用接线螺栓与等电位连接导体连接，并应设置标识；连接处螺母应紧固、防松零件应齐全。

4）当等电位连接导体在地下暗敷时，其导体间的连接不得采用螺栓压接。

第三节　防雷与接地装置安装工程定额简介

《山东省安装工程消耗量定额》（2016）的《第四册　电气设备安装工程》中第十章编制了防雷及接地装置安装工程定额，第十六章编制了电气设备调试工程定额。

一、防雷及接地装置安装工程定额设置内容

防雷及接地装置安装工程定额主要设置了避雷针制作、避雷针安装、独立避雷针塔安装、半导体少长针消雷装置安装、避雷针拉线安装、避雷引下线敷设、避雷网安装、均压环敷设、接地极（板）制作与安装、接地母线敷设、等电位装置及构架接地安装、电涌保护器安装等项目，共计 12 节 76 个定额子目，定额子目编号：4-10-1～4-10-76。防雷及接地装置安装工程定额适用于建筑物、构筑物的各种类型的接地工程，不适用于爆破法施工敷设接地线、安装接地极，也不包括高电阻率土壤地区采用换土或化学处理的接地装置及接地电阻测试工作。

1. 避雷针制作

钢管避雷针制作区分针长编制 6 个子目，圆钢避雷针制作编制 1 个子目，计量单位："根"。定额工作内容：下料、针尖及针体加工、挂锡、校正、组焊、刷漆等。

2. 避雷针安装

装在烟囱上避雷针区分安装高度编制 6 个子目，装在平屋面上避雷针区分针长划分为 6 个子目，装在墙上避雷针区分针长编制 6 个子目，装在金属容器顶上避雷针区分针长划分为 2 个子目，装在金属容器壁上避雷针区分针长编制 2 个子目，装在构筑物上避雷针区分木杆、水泥杆、金属构架编制 3 个子目，计量单位："根"。定额工作内容：预埋铁件、螺栓或支架、安装固定、补漆等。

3. 独立避雷针塔安装

独立避雷针塔安装区分安装高度编制 4 个子目，计量单位："基"。定额工作内容：组装、焊接、吊装、找正、固定、补漆。

4. 半导体少长针消雷装置安装

半导体少长针消雷装置是在避雷针的基础上发展起来的，是一种新型的防直击雷产品，它是利用金属针状电极的尖端放电原理，使雷云电荷被中和，从而不致发生雷击现象。半导体少长针消雷装置（SLE）的特点在于将"引雷"变为"消雷"。定额按安装高度列项，共编制了 3 个子目，计量单位："套"。定额工作内容：组装、吊装、找正、固定、补漆。

5. 避雷针拉线安装

避雷针拉线安装（3 根拉线）编制 1 个子目，计量单位："组"。定额工作内容：拉线安装固定、调整松紧。

6. 避雷引下线敷设

避雷引下线敷设定额根据引下线敷设方式不同（利用金属构件引下；沿建筑物、构筑物引下；利用建筑物主筋引下）编制了 3 个子目，计量单位："10m"。断接卡子制作、安装和断接卡子箱安装编制 2 个子目，计量单位："套""个"。断接卡子便于测量引下线的接地电阻，供测量检查用。定额工作内容：平直、下料、测位、打眼、埋卡子、焊接、固定、刷漆。

7. 避雷网安装

避雷网安装定额区分安装位置（沿混凝土块敷设，沿折板支架敷设，沿着女儿墙支架敷设，沿屋面敷设，沿坡屋顶、屋脊敷设）编制了 5 个子目，计量单位："10m"。定额工作内容：平直、下料、测位、打眼、埋卡子、焊接、固定、刷漆。

8. 均压环敷设

均压环敷设是为了防止雷电波入侵防雷接地装置时，由于放电电压不平衡而设置的闭合导电环。圈梁钢筋作均压环敷设编制了 1 个子目，计量单位："10m"。一般是利用建筑物圈梁主筋作为防雷均压环的，也可采用单独的扁钢或圆钢明敷。

柱主筋与圈梁钢筋焊接定额编制了 1 个子目，计量单位："处"，定额工作内容：测位、焊接、清理焊渣。

9. 接地极（板）制作与安装

钢管、角钢、圆钢接地极制作、安装区分普通土、坚土编制了 6 个子目，计量单位："根"。接地板制作、安装区分不同材质（铜板、钢板），编制了 2 个子目，计量单位："块"，利用底板钢筋作接地极定额编制了 1 个子目，计量单位："m²"。定额工作内容：尖端及加固帽加工、接地极打入地下及埋设、下料、加工、焊接。

10. 接地母线敷设

接地母线明敷设区分沿砖、混凝土，沿电缆沟支架、桥架编制了2个子目。接地母线砖、混结构暗敷设区分截面规格编制了2个子目。接地母线埋地敷设区分截面规格编制了2个子目。铜接地绞线敷设区分截面划分了2个子目，计量单位："10m"。定额工作内容：接地线平直、下料、测位、打眼、上胀塞、煨弯、上卡子、敷设、焊接、刷漆。

11. 等电位装置及构架接地安装

接地跨接及等电位导体连接区分焊接，压接、螺栓连接，放热焊接编制了3个子目，定额的计量单位"处"。构架接地编制了1个子目，计量单位："处"。等电位端子箱安装和塑料接地检测井分别编制了1个子目，计量单位："套""个"。

定额工作内容：①焊接：除锈、下料、钻孔、焊接、跨接线连接、刷油、导通电阻测试。②压接、螺栓连接：刮拭接触面、固定连接卡子、连接跨接线、刷油、导通电阻测试。③放热焊接：模具清洁、模具及被焊体预热、被焊体对接、放置隔离片、加入焊粉、引火施焊、拆模及模具清洁、焊件检查。④等电位端子箱：测位、划线、箱体安装、连接箱外型钢或铜排、刷漆。⑤构架接地：下料、钻孔、煨弯、焊接、固定、补漆。⑥塑料接地检测井：断接卡子制安、铺设水泥垫层、固定检测井、接地卡涂黄油、塑料薄膜包裹紧密。

12. 电涌保护器安装

电涌保护器安装编制了1个定额子目，计量单位："套"。定额工作内容：固定导轨、固定本体、焊压接线。

二、防雷及接地装置安装工程定额工作内容及施工工艺

下面对避雷针安装、接地母线敷设、接地极（板）制作与安装等项目的施工工艺进行简要介绍。

1. 避雷针安装的施工工艺

避雷针装在木杆上是按木杆高13m，针长5m，引下线用ϕ10圆钢考虑的。避雷针装在水泥杆上是按水泥杆高15m，针长5m，引下线用ϕ10圆钢考虑；杆顶铁件采用6mm厚钢板，四周加肋板（与钢板底座同），下部四周用扁钢，分别焊接在包箍上，包箍用螺栓紧固。避雷针装在构筑物上，装在金属设备或金属容器上定额均不包括构筑物等本身的安装。

2. 接地母线敷设的定额工作内容和施工工艺

接地母线沿砖、混凝土明设，主要工作内容包括：接地线平直、下料、测位、打眼、上胀塞、煨弯、上卡子、敷设、焊接、刷漆，卡子的水平间距为1m，垂直方向为1.5m，穿墙时用ϕ40×400钢管保护，每10m综合入一个保护管。接地母线砖、混凝土暗设按固定卡子固定，固定卡子采用水泥钉固定。

接地母线埋设，未包括接地沟的挖填，应按《山东省安装工程消耗量定额》（2016）的第四册第九章相关定额计算接地沟挖填工程量。在计算接地沟挖填时注意：定额包括地沟的挖填土方和夯实工作，一般设计没明确要求时，挖沟按沟底宽0.4m、上宽为0.5m、沟深为0.75m、每1m沟长的土方量为0.34m³计算。如设计要求埋深不同时，应按实际土方量计算调整。

3. 接地极（板）制作与安装的施工工艺

接地极（板）是按在现场制作考虑的，长度2.5m，安装包括打入地下并与主接地网焊接。

4. 构架接地的施工工艺

构架接地是按户外钢结构或混凝土杆构架接地考虑的，每处接地包括4m以内的水平接地线。

第四节　防雷与接地装置安装工程计价

一、防雷与接地装置安装工程定额应用说明

防雷与接地装置安装工程定额子目不多，共计76个子目，在应用定额时，相对简单一些。下面将防雷与接地装置安装工程中定额应用过程中一些问题说明如下：

1）防雷与接地装置安装工程定额中，避雷针的安装、半导体少长针消雷装置是按成品考虑计入的，均已考虑了高空作业的因素，装在木杆上、水泥杆上的避雷针还包括了避雷针引下线的安装。接地检查井是按塑料成品井考虑的。

2）独立避雷针塔是按成品只考虑安装，其加工制作执行《山东省安装工程消耗量定额》（2016）的第四册"一般铁构件"制作项目。

3）平屋顶上烟囱及凸起的构筑物所作避雷针，执行"避雷网安装"项目。

4）利用建筑物主筋作引下线的，定额综合考虑了各种不同的钢筋连接方式，执行定额不做调整。利用铜绞线作接地引下线时，配管、穿铜绞线执行《山东省安装工程消耗量定额》（2016）的第四册第十二、十三章相应项目。

5）防雷均压环安装定额是按利用建筑圈梁内主筋作为防雷接地连线考虑的，如果采用单独敷设的扁钢或圆钢作均压环时，执行《山东省安装工程消耗量定额》（2016）的第四册第十章接地母线砖、混凝土结构暗敷定额。

6）柱子主筋与圈梁钢筋焊接，每处按两根钢筋考虑。设计利用基础梁内两根主筋焊接连通作为接地母线时，执行均压环敷设定额。

7）接地母线敷设定额未包括接地沟挖填土，应执行《山东省安装工程消耗量定额》（2016）的第四册第九章沟槽挖填定额。

8）接地跨接及等电位导体连接定额适用于建筑物内、外的防雷接地、保护接地、工作接地及金属导体间（如金属门窗、栏杆、金属管道等）的等电位连接。

9）浪涌保护器定额子目只适合电源保护级的保护器安装，其他如信号设备保护级的应执行其他册定额。

二、防雷与接地装置安装工程工程量计算规则

1. 避雷针制作、安装工程量计算规则

避雷针制作、安装工程有避雷针制作、避雷针安装、避雷针拉线安装三个分项工程，其工程量计算规则如下：

（1）避雷针制作

避雷针制作根据设计区分不同的型钢类型和针体长度，以"根"为单位计算工程量。

（2）避雷针安装

避雷针安装根据设计图区分不同的安装场合和针体长度，以"根"为单位计算工程量。独立避雷针塔安装根据设计图区分不同的安装高度，以"基"为单位计算工程量；半导体少长针消雷装置由制造厂成套供货，根据设计图区分不同安装高度，以"套"为单位计算工程量。

（3）避雷针拉线安装

避雷针拉线安装根据设计图以"组"为单位计算工程量。

167

2. 避雷引下线敷设工程量计算规则

避雷引下线敷设有避雷引下线沿建筑物、构筑物引下，避雷引下线利用金属构件引下，利用建筑物内主筋引下，断接卡子制作、安装和断接卡子箱安装三个分项工程，其工程量计算规则如下：

1) 避雷引下线沿建筑物、构筑物引下。

避雷引下线敷设按照设计图以"10m"为单位计算工程量。

注意：有女儿墙从墙上面算至断接卡子，无女儿墙从屋顶算至断接卡子。断接卡子安装高度一般距室外设计地坪 0.5m(暗)/1.8m(明)。

2) 避雷引下线利用金属构件引下，利用建筑物内主筋引下。

避雷引下线敷设以"10m"为计量单位计算工程量。利用建筑物内主筋作接地引下线，每一根柱子内按焊接两根主筋考虑，如果焊接主筋数超过两根时，可按比例调整。

注意：利用结构主筋作引下线：若接地极为底板钢筋，引下线算至底板下皮。若为人工接地极则从室外设计地坪算至檐口（檐高）。

3) 断接卡子制作、安装和断接卡子箱安装。

断接卡子制作、安装根据设计以"套"为单位计算工程量，每条引下线 1 个。接地检查井内的断接卡子安装按每井一套计算。断接卡子箱安装按设计图要求，以"个"为单位计算工程量。

3. 避雷网安装工程工程量计算规则

避雷网安装根据设计图区分不同的安装部位（沿混凝土块敷设；沿折板支架敷设；沿着女儿墙支架敷设；沿屋面敷设；沿坡屋顶、屋脊敷设），以"10m"为计量单位计算工程量。

避雷网长度 = 按施工图设计长度的尺寸×(1+3.9%)

3.9%为附加长度（包括转弯、上下波动、避绕障碍物、搭接头所占长度）。

4. 均压环敷设工程工程量计算规则

根据设计图以作为均压环的圈梁中心线为准测量，以"10m"为单位计算工程量。注意，定额考虑焊接两根主筋，当超过两根时，可按比例调整。

5. 接地极（板）制作、安装工程量计算规则

接地极（板）制作、安装工程有三个分项工程：接地极制作、安装，接地板制作、安装，接地沟挖填土，其工程量计算规则如下：

（1）接地极制作、安装工程量

接地极制作、安装，按照设计图区分不同的型钢（钢管、角钢、圆钢）和土质（普通土、坚土），以"根"为单位计算工程量。接地极长度按照设计长度计算，设计没规定时，每根按照 2.5m 计算，若设计有管帽时，管帽另加工件计算。

（2）接地板制作、安装工程量

接地板制作按照设计图区分不同的材质（铜板、钢板），以"块"为单位计算工程量。利用底板钢筋作接地极的，根据设计图，计算底板钢筋连接成一个整体的面积，以"m²"为单位计算工程量。

注意：钢管、角钢、圆钢、铜板、钢板均为未计价主材。接地极材料一般应按镀锌考虑。

（3）接地沟挖填土工程量

接地沟挖填土根据设计和现场实际区分不同的土质，以"m³"为单位计算工程量；沟槽尺寸应按设计图的要求，设计无要求时，按沟底宽 0.4m、上宽为 0.5m、沟深为 0.75m、每 1m 沟长土方量为 0.34m³ 计算。

6. 接地母线敷设工程工程量计算规则

接地母线敷设工程有两种敷设方式：明敷、暗敷，其工程量计算规则如下：

（1）接地母线明敷设

接地母线明敷设根据设计图区分不同的敷设部位，以"10m"为单位计算工程量。

（2）接地母线砖、混凝土暗敷设和埋地敷设

接地母线砖、混凝土暗敷设和埋地敷设按照设计图区分不同截面，以"10m"为单位计算工程量。

（3）接地母线采用铜接地绞线敷设

接地母线采用铜接地绞线敷设根据设计区分不同的截面，以"10m"为单位计算工程量。

接地母线敷设长度=（施工图设计水平长度+垂直规定长度）×（1+3.9%）

3.9%为附加长度（包括转弯、上下波动、避绕障碍物、搭接头所占长度）。

注意：接地母线敷设定额未包括接地沟挖填土，应执行《山东省安装工程消耗量定额》（2016）的第四册第九章沟槽挖填定额。

7. 等电位装置及构架接地安装工程量计算规则

等电位装置及构架接地安装工程包括计算等电位连接、等电位端子箱、构架接地等项目，其工程量计算规则如下：

（1）接地跨接及等电位导体连接

不论是接地跨接或是导体间的等电位连接，区分不同的连接方式（焊接、压接、火泥熔接），以"处"为单位计算工程量，每一连接点为一处。

（2）等电位端子箱安装

等电位端子箱安装按设计图数量，以"套"为单位计算工程量。

（3）构架接地

构架接地按设计图以"处"为单位计算工程量，户外配电装置构架均需接地，每副构架按一处计算。

（4）接地检测井

接地检测井是一种用塑料制造，用来测试接地装置性能和观察的一种预制物件。接地检测井根据设计图数量，以"个"为单位计算工程量。

8. 电涌保护器安装

电涌保护器保护设备及线路免受外界干扰，一般装设于设备箱中，箱中自带不另计。电涌保护器安装根据设计图数量，以"个"为单位计算工程量。

9. 接地装置调试

接地装置调试工程共设置了两个分项工程：独立的接地装置、接地网，其工程量计算规则如下：

（1）独立的接地装置调试

按设计图区分不同的接地极根数，以"组"为单位计算工程量；如一台柱上变压器有一个独立的接地装置，即按一组计算。避雷针接地调试，每一避雷针均有单独接地网（包括独立的避雷针、烟囱避雷针等）时，均按一组计算。对于利用建筑物基础作接地或利用沿建筑物外沿敷设的接地母线作接地的，均按一组计算接地装置调试。

（2）接地网调试

按设计图以"系统"为单位计算工程量；一般的发电厂或变电站连为一体的母网按一个系统计算；自成母网不与厂区母网相连的独立接地网，另按一个系统计算。大型建筑群各有自己的接

地网（接地电阻值设计有要求），虽然在最后也将各接地网联在一起，但应按各自的接地网计算，不能作为一个网，具体应按接地网的试验情况而定。

三、防雷与接地装置安装工程计价案例

例 6-1：某高层住宅建筑，框架为剪刀墙结构，地上 24 层（层高 2.8m），建筑长为 50m，宽为 18m。顶层女儿墙高 0.8m，采用 ϕ10 镀锌圆钢作避雷网，并与 8 处引下线连接。突出屋面烟道 8 个，均装设长 1m、ϕ10 镀锌圆钢避雷针 1 根，针下采用 ϕ10 镀锌圆钢与避雷网连接，每处长 5m。利用柱内 4 根主筋作引下线（共 8 处），上下均与板主筋（2 根）采用 ϕ12 圆钢跨接焊，其中有 4 处距地 0.5m 处设接地测试点，接地测试点安装在 86 型接线盒内。本建筑有 7 层沿建筑物周长设置—40×4 镀锌扁钢，暗敷在钢筋混凝土内作均压环。另在 198 个卫生间内设置一台暗装 250mm×120mm×50mm 局部等电位箱，采用—25×3 镀锌扁钢沿墙（地）暗敷，每个卫生间按 15m 考虑。

根据以上设计说明，计算此防雷接地工程的工程量。

解：

工程量计算：

（1）避雷网沿女儿墙敷设工程量（ϕ10 镀锌圆钢）：

$$L=\left[(50+18)\times2+8\times0.8+5\times8\right]\times(1+3.9\%)m=189.51m$$

（2）避雷针（1m、ϕ10 镀锌圆钢）制作安装工程量：$(1\times8)m\times1.039=8.31m$

（3）避雷引下线敷设，利用柱内主筋（4 根）做引下线工程量：

$$24\times2.8\times8\times2m=1075.2m$$

（4）接地测试点（断接卡子制作、安装）：4 套

（5）接线盒：4 个

（6）柱主筋与板主筋焊接工程量：$8\times2\times2$ 处 $=32$ 处

（7）均压环（—40×4 镀锌扁钢）敷设工程量：$(50+18)\times7\times2\times(1+3.9\%)m=989.13m$

（8）等电位箱工程量：198 个

（9）接地母线敷设工程（—25×3）：$198\times15m\times(1+3.9\%)=3085.83m$

（10）接地网测试系统：1 组

例 6-2：如图 6.23 所示，长为 53m，宽为 22m，高 23m 的宿舍楼在房顶上沿女儿墙敷设避雷带（沿支架），3 处沿建筑物外墙引下与一组接地极（5 根，材料为 SC50，每根长为 2.5m）连接。距地面 1.7m 处设断接卡子，距地面 1.7m 以上的引下线材料采用 ϕ8 镀锌圆钢，1.7m 以下材料采用—40×4 的镀锌扁钢。

要求：（1）列出预算项目；（2）计算工程量；（3）套用定额并计算本工程安装费用。

解：

本题目采用《山东省安装工程消耗量定额》（2016）的第四册和《山东省济南地区价目表》（2017 年）。

1. 预算项目

预算项目包括：避雷带或网敷设、沿建筑物引下线敷设、断接卡子制作安装、接地母线敷设、接地极制作安装、接地电阻测试。

2. 工程量计算

（1）避雷带或网敷设工程量（ϕ8 镀锌圆钢）：（53+22）

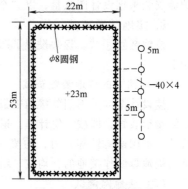

图 6.23 某宿舍楼屋顶
防雷接地平面图

m×2×（1+3.9%）= 155.85m

（2）引下线敷设工程量：

距地 1.7 m 以上（φ8 镀锌圆钢）：（1+23-1.7）×3m = 66.9m

距地 1.7 m 以下（-40×4 的镀锌扁钢）：1.7m×3 = 5.1m

合计：66.9m+5.1m=72m

（3）断接卡子制作安装工程量：3 套

（4）接地母线敷设工程量（-40×4 的镀锌扁钢）：（5×4+5×3+0.7×3）m×（1+3.9%）= 38.55m

（5）接地沟挖填土方：（5×4+5×3）×0.34m³ = 11.9 m³

（6）接地极制作安装工程量（镀锌钢管 SC50，L = 2.5m）：5 根

（7）接地电阻测试：3 组

3. 套用定额，并计算本工程防雷与接地工程的安装费用见表 6.8、表 6.9、表 6.10。

表 6.8 单位工程预算表（含主材设备）　　　　　　　　　　　　　　（金额单位：元）

序号	定额编码	子目名称	单位	工程量	单价	合价	其中		
							人工合价	材料合价	机械合价
1	4-9-1	沟槽人工挖填一般沟土	m³	11.9	40.79	485.4	485.4		
2	4-10-42	避雷引下线敷设沿建筑物、构筑物引下	10m	7.2	88.33	635.98	407.16	124.85	103.97
	Z27000027@1	镀锌圆钢 φ8	m	70.25	1.67	117.32		117.32	
	Z27000027@2	镀锌扁钢 -40×4	m	5.36	7.92	42.45		42.45	
3	4-10-44	避雷引下线敷设断接卡子制作、安装	套	3	24.36	73.08	66.12	6.93	0.03
4	4-10-48	避雷网安装沿女儿墙支架敷设	10m	15.59	137.51	2143.78	1485.42	420.46	237.9
	Z27000017@1	镀锌圆钢 φ8	m	163.695	1.67	273.37		273.37	
5	4-10-53	钢管接地极制作安装普通土	根	5	46.96	234.8	141.1	14.6	79.1
	Z17000073@1	镀锌钢管 SC50 L=2500mm	m	12.77	23.42	299.07		299.07	
6	4-10-66	接地母线敷设埋地敷设截面≤200mm²	10m	3.86	48.76	188.21	151.08	8.07	29.07
	Z27000025@1	镀锌扁钢 -40×4 截面 200mm²	m	40.53	7.92	321		321	
7	4-16-73	独立接地装置 ≤6 根接地极	组	3	326.08	978.24	675.78	32.79	269.67
8	BM47	脚手架搭拆费（《山东省安装工程消耗量定额》（2016）的《第四册 电气设备安装工程》）（单独承担的室外直埋敷设电缆工程除外）	元	1	136.81	136.81	47.88	88.93	
		合 计				5929.51	3459.94	1749.84	719.74

表 6.9　民用安装工程费用表

项目名称：防雷与接地装置安装

行号	序号	费用名称	费率	计算方法	费用金额/元
1	一	分部分项工程费		Σ{[Σ(定额工日消耗量×人工单价)+Σ(定额材料消耗量×材料单价)+Σ(定额机械台班消耗量×台班单价)]×分部分项工程量}	5792.76
2	(一)	计费基础 JD1		Σ(工程量×省人工费)	3412.06
3	二	措施项目费		2.1+2.2	430.24
4	2.1	单价措施费		Σ{[Σ(定额工日消耗量×人工单价)+Σ(定额材料消耗量×材料单价)+Σ(定额机械台班消耗量×台班单价)]×单价措施项目工程量}	136.81
5	2.2	总价措施费		(1)+(2)+(3)+(4)	293.43
6	(1)	夜间施工费	2.5	计费基础 JD1×费率	85.3
7	(2)	二次搬运费	2.1	计费基础 JD1×费率	71.65
8	(3)	冬雨季施工增加费	2.8	计费基础 JD1×费率	95.54
9	(4)	已完工程及设备保护费	1.2	计费基础 JD1×费率	40.94
10	(二)	计费基础 JD2		Σ措施费中 2.1、2.2 中省价人工费	167.64
11	三	其他项目费		3.1+3.3+3.4+3.5+3.6+3.7+3.8	
12	3.1	暂列金额			
13	3.2	专业工程暂估价			
14	3.3	特殊项目暂估价			
15	3.4	计日工			
16	3.5	采购保管费			
17	3.6	其他检验试验费			
18	3.7	总承包服务费			
19	3.8	其他			
20	四	企业管理费	55	(JD1+JD2)×管理费费率	1968.84
21	五	利润	32	(JD1+JD2)×利润率	1145.5
22	六	规费		4.1+4.2+4.3+4.4+4.5	674.16
23	4.1	安全文明施工费		(1)+(2)+(3)+(4)	465
24	(1)	安全施工费	2.34	(一+二+三+四+五)×费率	218.49
25	(2)	环境保护费	0.29	(一+二+三+四+五)×费率	27.08
26	(3)	文明施工费	0.59	(一+二+三+四+五)×费率	55.09
27	(4)	临时设施费	1.76	(一+二+三+四+五)×费率	164.34
28	4.2	社会保险费	1.52	(一+二+三+四+五)×费率	141.93
29	4.3	住房公积金	0.21	(一+二+三+四+五)×费率	19.61
30	4.4	工程排污费	0.27	(一+二+三+四+五)×费率	25.21
31	4.5	建设项目工伤保险	0.24	(一+二+三+四+五)×费率	22.41
32	七	设备费		Σ(设备单价×设备工程量)	
33	八	税金	11	(一+二+三+四+五+六+七-甲供材料、设备款)×税率	1101.27
34	九	不取费项目合计			
35	十	工程费用合计		一+二+三+四+五+六+七+八+九	11112.77

表 6.10　单位工程主材表

（金额单位：元）

序号	名称及规格	单位	数量	市场价	合计
1	镀锌钢管 SC50　L=2500mm	m	12.77	23.42	299.07
2	镀锌圆钢 φ8	m	163.695	1.67	273.37

（续）

序号	名称及规格	单位	数量	市场价	合计
3	镀锌扁钢-40×4 截面 200mm²	m	40.53	7.92	321
4	镀锌圆钢 φ8	m	70.24997	1.67	117.32
5	镀锌扁钢-40×4	m	5.35997	7.92	42.45
	合　　计				1053.21

复习练习题

1. 简述工程防雷体系的内容。

2. 建筑物的防雷等级有哪些？如何判定？

3. 简述建筑物内部防雷措施。

4. 雷击电磁脉冲防护的定义是什么？防雷区如何划分？实施在建筑物上的雷击电磁脉冲措施有哪些？

5.《建筑物防雷设计规范》（GB 50057—2010）中对不同类别防雷建筑接闪器布置有哪些要求？

6. 简述总等电位联连接、局部等电位连接、辅助等电位连接的区别。

7. 简述防雷及接地装置工程定额设置内容。

8. 接地母线敷设，如何计算工程量？接地母线埋地敷设的定额工作内容未包括接地沟的挖填，那么接地母线埋地敷设的挖土方量如何计算？

9. 避雷网安装工程量、避雷引下线敷设工程量如何计算？

10. 图 6.24 为某八层住宅楼的防雷平面布置图，长为 24m，宽为 10.1m，高 24m。房顶上沿女儿墙敷设避雷带（沿支架），分两处沿建筑物外墙引下分别与两组接地极（每组接地极 3 根，材料为 SC50，每根长为 2.5m）连接，室外接地母线埋深 0.7m。请计算此防雷接地工程的工程量，注意：距地面 0.5m 处设接地测试板，引下线材料采用-25×4 的镀锌扁钢。

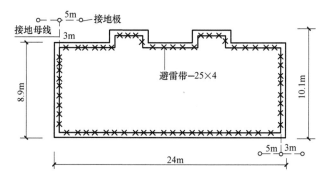

图 6.24　某住宅楼屋顶防雷平面图

11. 图 6.25 为某饲料厂主厂房，房顶的长和宽分别为 30m 和 11m，层高 4.5m 共五层，女儿墙高度 0.6m。沿女儿墙支架敷设 φ8 镀锌圆钢避雷网，φ8 镀锌圆钢引下线分两处引下（在距室外自然坪 1.7m 处断开），与两组接地极（每组接地极为：3 根 2.5m 长L50×5 角钢），接地极打入地下 0.7m，顶部用-40×4 镀锌扁钢连通，在引下线断接处和引下线连接。

要求：（1）列出预算项目，计算工程量；（2）套用定额，并计算安装费用。

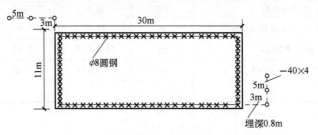

图 6.25　某饲料厂屋顶防雷接地平面图

第七章

建筑电气工程工程量清单与计价

在推行工程量清单计价前，我国建筑工程计价采用定额计价模式，这种计价模式可作为市场竞争的参考价格，但不能充分反映参与竞争企业的实际消耗和技术管理水平，在一定程度上限制了企业的公平竞争。而工程量清单计价是在建设工程招投标中，按照国家统一的工程量清单计价规范，由招标人提供工程量数量，投标人自主报价，经评审低价中标的工程造价计价模式，采用工程量清单计价有利于企业自主报价和公平竞争。

工程量清单计价活动的范围涉及建设项目的中后期：施工招投标、合同管理和竣工交付全过程。工程量清单计价的内容主要包括编制招标工程量清单、招标控制价、投标报价、确定合同价，进行工程计量与价款支付、合同价款的调整、工程结算和工程计价纠纷处理等活动。工程量清单计价的关键在于准确编制工程量清单。能否编制出完整、严谨的工程量清单，将直接影响到招投标的质量，也是招投标成败的关键。

第一节　建筑电气工程工程量清单

在全面总结《建设工程量清单计价规范》（GB 50500—2003）和《建设工程量清单计价规范》（GB 50500—2008）实施以来的经验和存在问题的基础上，经过反复修订和协调，2012 年12 月 25 日住房和城乡建设部又颁布了新的国家标准《建设工程工程量清单计价规范》（GB 50500—2013）、《通用安装工程工程量计算规范》（GB 50856—2013）（该系列标准以下统称"计价规范"），从而进一步提高了计价规范的质量，为规范建设工程造价行为，统一建设工程计价文件的编制原则和计价方法，将起到根本保证，也进一步改革和完善了工程价格管理体制，为建设市场的交易双方提供了一个遵循客观、公正、公平原则的平台。

一、工程量清单简介

1. 工程量清单概念

工程量清单是建设工程实行工程量清单计价的专用名词，是载明建设工程分部分项工程项目、措施项目、其他项目的名称和相应数量以及规费、税金项目等内容的明细清单。根据工程发承包的不同阶段，又将工程量清单分为"招标工程量清单"和"已标价工程量清单"，招标工程量清单是招标人依据国家标准、招标文件、设计文件以及施工现场实际情况编制的，随招标文件发布供投标报价的工程量清单，包括其说明和表格。已标价工程量清单是构成合同文件组成部分的投标文件中已表明价格，经算术性错误修正（如有）且承包人已确认的工程量清单，包括其说明和表格。招标工程量清单、已标价工程量清单是在工程发承包的不同阶段对工程量清单的进一步具体化。

招标工程量清单是招标投标计价活动中，对招标人和投标人都具有约束力的重要文件，是工程量清单计价的基础，应作为编制招标控制价投标报价、计算或调整工程量、索赔等的依据之一。

2. 工程量清单的特点

工程量清单具有强制性、实用性、竞争性和通用性4个特点。

1）强制性。强制性主要体现在两个方面，一方面是《建设工程工程量清单计价规范》（GB 50500—2013）规定，全部使用国有资金投资的建设工程发承包，必须采用工程量清单计价，本条为强制性条文，必须严格执行。另一个方面是明确工程量清单是招标文件的组成部分，并规定了招标人在编制工程量清单时必须遵守的规则，做到"五个统一"，即统一项目编码、统一项目名称、统一项目特征、统一计量单位、统一工程量计算规则。

2）实用性

工程量清单的实用性体现在：《建设工程工程量清单计价规范》（GB 50500—2013）附录中，工程量清单项目及计算规则的项目名称体现的是工程实体项目，项目名称明确清晰，工程量计算规则简洁明了，特别还列有项目特征和工程内容，便于在编制工程量清单时确定项目名称和投标报价。

3）竞争性。工程量清单的竞争性主要体现在两个方面。一方面表现在"计价规范"中从政策性规定到一般内容的具体规定，充分体现了工程造价由市场竞争形成价格的原则。"计价规范"中的措施项目，在工程量清单中只列"措施项目"一栏，具体采用什么措施，由投标人根据企业的施工组织设计，视具体情况报价。另一方面，"计价规范"中人工、材料和施工机械没有具体的消耗量，为企业报价提供了自主的空间。

4）通用性。工程量清单的通用性是指采用工程量清单计价将与国际惯例接轨的，符合工程量计算方法标准化、工程量计算规则统一化、工程造价确定市场化的要求。

二、工程量清单的组成

建筑电气工程量清单主要包括工程量清单总说明和工程量清单表两大部分。其具体内容有工程量清单封面、总说明、分部分项工程量清单、措施项目清单、其他项目清单、规费项目清单、税金项目清单以及所必要的附表。工程量清单表作为清单项目和工程数量的载体，是工程量清单的重要组成部分。

（1）工程量清单总说明

工程量清单总说明是招标人用于说明拟招标工程的工程概况、建设规模、建设地点、招标范围、工程量清单的编制依据、工程质量的要求、主要材料的来源等。其内容没有固定格式，应视工程等具体情况而定。

（2）分部分项工程量清单

分部工程是单项或单位工程的组成部分，是按结构部位、路段长度及施工特点或施工任务将单项或单位工程划分为若干分部的工程；分项工程是分部工程的组成部分，是按不同施工方法、材料、工序及路段长度等将分部工程划分为若干个分项或项目的工程。分部分项清单是拟建建筑电气安装工程实物数量的一种表格，其内容包括项目编码、项目名称、项目特征、计量单位和工程数量等部分。

（3）措施项目清单

措施项目是指为完成工程项目施工，发生于该工程施工准备和施工过程中的技术、生活、安全、环境保护等方面的项目。措施项目清单应根据拟建工程的具体情况，按照有关规定列项。

（4）其他项目清单

其他项目是指项目内容一时难以确定的项目清单。其他项目清单包括除分部分项工程量清单的项目和措施项目清单的项目以外，为完成工程施工可能发生的费用项目。

（5）规费项目清单

规费是根据国家法律、法规规定，由省级政府或省级有关权力部门规定施工企业必须缴纳的，应计入建筑安装工程造价的费用。规费清单项目包括如下内容：①社会保险费，包括养老保险费、失业保险费、医疗保险费、工伤保险费、生育保险费；②住房公积金；③工程排污费。如出现上述未列的项目，应根据省级政府或省级有关权力部门的规定列项。

（6）税金项目清单

税金是国家税法规定的应计入建筑安装工程造价内的营业税、城市维护建设税、教育费附加和地方教育附加。税务项目清单如出现上述未列的项目，应根据税务部门的规定列项。

第二节　建筑电气工程招标工程量清单的编制

招标工程量清单是招标人依据国家标准、招标文件、设计文件以及施工现场情况编制的，随招标文件发布供投标报价的工程量清单，包括对其的说明和表格。编制工程量清单应体现量价分离和风险分担的原则。在招标阶段，由投标人或其委托的工程造价咨询人根据工程项目设计文件，编织出招标工程项目的工程量清单，并将其作为招标文件的组成部分。

一、工程量清单编制要求与依据

1. 工程量清单编制要求

工程量清单应由招标人负责，若招标人不具有编制工程量清单的能力，则可根据《工程造价咨询企业管理办法》（建设部令第 149 号）的规定，委托具有工程造价咨询性质的造价招标人编制。

招标工程量清单必须作为招标文件的组成部分，其准确性和完整性应由招标人负责。招标人应将工程量清单作为招标文件的组成部分，连同招标文件一并发（或售）给招标人，招标人依据招标工程量进行投标报价。

招标工程量清单是工程量清单计价的基础，应作为编制招标控制价、投标报价、计算或调整工程量、索赔等的依据之一。

2. 工程量清单编制依据

1）《建设工程工程量清单计价规范》（GB 50500—2013）和《通用安装工程工程量计算规范》（GB 50856—2013）等。

2）国家或省级、行业建设主管部门颁发的计价定额和办法。

3）建设工程设计文件及相关资料。

4）与建设工程项目有关的标准、规范、技术资料。

5）拟定的招标文件。

6）施工现场情况、工程特点及常规施工方案。

7）其他相关资料。

二、工程量清单的项目设置

工程量清单项目的设置是为了统一工程量清单项目名称、项目编码、计量单位和工程量计算，是编制工程量清单的依据。《通用安装工程工程量计算规范》（GB 50856—2013），对工程量清单项目的设置做了明确的规定。

1. 项目编码

工程量清单的项目编码，采用五级十二位阿拉伯数字表示。一～九位应按"计价规范"相关附录的规定设置，十～十二位应根据拟建工程的工程量清单项目名称和项目特征设置，同一招标工程项目编码不得有重码。前九位（一、二、三、四级）为全国统一编码，不得变动，后三位（第五级）是清单项目名称编码，由清单编制人根据设计图的要求、拟建工程的实际情况和项目特征来设置。各级编码代表的含义如下：

第一级（第1、2位）编码为专业工程代码，如01—房屋建筑与装饰工程、02—仿古建筑工程、03—通用安装工程、04—市政工程、05—园林绿化工程；

第二级（第3、4位）编码为附录分类的顺序码，如04—附录D电气设备安装工程、05—附录E建筑智能化工程；

第三级（第5、6位）编码为分部工程的顺序码，如01—变压器安装、02—配电装置安装；

第四级（第7～9位）编码为分项工程项目名称的顺序码；

第五级（第10～12位）编码为具体清单项目名称的顺序码，由工程量清单编制人确定。

工程量清单项目编码结构示例：030408001001

03—专业工程代码，表示通用安装工程

04—附录分类的顺序码，表示电气设备安装工程

08—分部工程的顺序码，表示电缆安装工程

001—分项工程项目名称顺序码，表示电力电缆安装

001—具体项目清单项目编码，由工程量清单编制人编制，从001开始。

2. 项目名称

工程量清单项目的划分与现行消耗量定额的子目划分在划分原则上有着一定的区别，工程量清单项目原则上是按工程实体考虑划分的，一般由多个工序组成；消耗量定额子目是按施工工序设置的，包含的内容一般是单一的。这里所说的工程实体，从内容的构成看，其实是综合项目，有些项目是可用适当的计量单位计算的简单完整的分部分项工程，也有些项目是分部分项工程的组合。

工程量清单的项目名称应按《通用安装工程工程量计算规范》（GB 50856—2013）附录的项目名称结合拟建工程的实际确定。随着工程建设中新材料、新技术、新工艺等的不断涌现，上述规范附录所列的工程量清单项目不可能包含所有项目。在编制工程量清单时，当出现上述规范附录中未包括的清单项目时，编制人应做补充。编制补充项目时应注意以下三个方面：

1）补充项目的编码应按上述规范的规定确定。补充项目的编码由上述规范的代码03与B和三位阿拉伯数字组成，并应从03B001起顺序编制，同一招标工程的项目不得重码。

2）在工程量清单中应补充项目的项目名称、项目特征、计量单位、工程量计算规则和工作内容。

3）将编制的补充项目报省级或行业工程造价管理机构备案。

3. 项目特征

工程量清单的项目特征是用来表述项目名称的，是指对项目实体名称、型号、规格、材质、品种、质量和连接方式等做出准确和全面的描述，按不同的工程部位、施工工艺或材料品种、规格等分别列项。项目特征的描述是工程量清单编制的主要工作，是确定一个清单项目综合单价不可缺少的重要依据，在编制工程量清单时，必须对项目特征进行准确和全面的描述。在描述工程量清单项目特征时应按下列原则进行：①项目特征描述的内容应按《通用安装工程工程量计算规范》（GB 50856—2013）附录中的规定，结合拟建工程的实际，能满足确定综合单价的需要；

②若采用标准图集或施工图能够全部或部分满足项目特征描述的要求，项目特征描述可直接采用"详见××图集"或"详见××图号"的方式；对不能满足项目特征描述要求的部分，仍应用文字描述。

例如，项目编码 030408001，项目特征是名称、型号、规格、材质、敷设方式、部位，电压等级（kV）、地形等。

4. 计量单位

计量单位应采用基本单位，除各专业另有特殊规定外，均应按《通用安装工程工程量计算规范》（GB 50856—2013）和本地区颁布的"建设工程工程量清单计价规则"规定的计量单位。即以重量计算的项目，单位为 t 或 kg（保留小数点后三位数字，第四位四舍五入）；以体积计算的项目，单位为 m^3（保留小数点后两位数字，第三位四舍五入）；以面积计算的项目，单位为 m^2（保留小数点后两位数字，第三位四舍五入）；以长度计算的项目，单位为 m（保留小数点后两位数字，第三位四舍五入）；以自然计量单位计算的项目，单位为个、套、块、樘、组、台（均取整数）；没有具体数量的项目，单位为系统、项等（均取整数）。各专业有特殊计量单位的，再另外加以说明。例如项目编码 030408001，其计量单位是 m。

5. 工程数量的计算

工程数量主要通过清单项目的工程量计算规则计算得到，清单的工程量计算规则与定额的工程量计算规则完全一样，清单的工程数量与定额的工程数量相同。投标人投标报价时，应在单价中考虑施工中的各种损耗和需要增加的工程量。

三、工程量清单的编制

工程量清单主要由工程量清单封面、总说明、分部分项工程量清单、措施项目清单、其他项目清单、规费项目清单、税金项目清单以及所必要的附表等组成。在编制工程量清单时，应注意采用《建设工程工程量清单计价规范》（GB 50500—2013）中规定的统一格式，其组成内容及编制方法分述如下。

1. 工程量清单封面

工程量清单封面上规定的各项内容均由招标人填写并签字、盖章，其标准格式见表 7.1 和表7.2。工程量清单的编制与审核应由具有资格的工程造价专业人员（造价员或造价工程师）承担，并由具有造价工程师（或中级造价员）资质人员负责审核，并签字盖章。

表 7.1　招标工程量清单

_____工程

招标工程量清单

招　标　人：_____
（单位盖章）

造价咨询人：_____
（单位盖章）

____年__月__日

表 7.2　招标工程量清单扉页

<table>
<tr><td colspan="2" align="right">_____工程</td></tr>
<tr><td colspan="2" align="center">招标工程量清单</td></tr>
<tr><td>招　标　人：_____
（单位盖章）</td><td>造价咨询人：_____
（单位资质专用章）</td></tr>
<tr><td>法定代表人
或其授权人：_____
（签字或盖章）</td><td>法定代表人
或其授权人：_____
（签字或盖章）</td></tr>
<tr><td>编　制　人：_____
（造价人员签字盖专用章）</td><td>复　核　人：_____
（造价工程师签字盖专用章）</td></tr>
<tr><td>编 制 时 间：__年__月__日</td><td>编 制 时 间：__年__月__日</td></tr>
</table>

2. 工程量清单总说明

实行工程量清单计价的招标项目，在编制工程量清单时，其总说明应按单位工程编写，工程量清单总说明一般应包括以下内容：

1) 工程概况。工程概况包括建设规模、工程特征、计划工期、施工现场实际情况、交通运输情况、自然地理条件、环境保护要求等。

2) 工程招标发包分包范围。工程招标范围是指单位工程的招标范围，如建筑电气工程招标范围为"全部建筑电气工程"，或招标范围不含景观照明、室外照明等。工程分包是指特殊工程项目的分包，如招标人自行采购安装"会议室视频会议系统"。

3) 工程量清单编制依据。

4) 工程质量、材料、施工等的特殊要求。工程质量的要求，是招标人要求拟建工程的质量应达到合格或优良标准；施工要求，一般是指建设项目中对单项工程的施工顺序等要求。

5) 招标人自行采购材料的名称、规格型号、数量等。

6) 其他需要说明的问题。

表 7.3 为总说明表。

表 7.3　总说明

工程名称：　　　　　　　　　　　　　　　　　　　　　　　　　第 页 共 页

<table>
<tr><td></td></tr>
</table>

3. 分部分项工程量清单

分部分项工程量清单所反映的是拟建分部分项工程项目名称和相应数量的明细清单，招标人负责编制包括项目编码、项目名称、项目特征、计量单位和工程量在内的5项内容。分部分项工程项目清单应根据《通用安装工程工程量计算规范》（GB 50856—2013）附录规定的项目编码、项目名称、项目特征、计量单位和工程量计算规则进行编制，这是构成一个分部分项工程项目清单的五个重要部分，在分部分项工程项目清单的组成中缺一不可。表7.4为分部分项工程量清单表。

1）项目编码。分部分项工程项目清单的项目编码，应采用十二位阿拉伯数字表示，一至九位应按《通用安装工程工程量计算规范》（GB 50856—2013）附录的规定设置，十至十二位应根据拟建工程的工程量清单项目名称和项目特征设置，同一招标工程的项目编码不得有重码。

2）项目名称。分部分项工程量清单的项目名称应按《通用安装工程工程量计算规范》（GB 50856—2013）附录的项目名称结合拟建工程的实际确定。

3）项目特征。分部分项工程量清单的项目特征是确定一个清单项目综合单价不可缺少的重要依据，在编制工程量清单时，必须对项目特征进行准确和全面的描述。项目特征的内容应按《通用安装工程工程量计算规范》（GB 50856—2013）附录中的规定，结合拟建工程项目的实际，满足确定综合单价的需要。

4）工程量的计算。分部分项工程量清单中所列工程量应按《通用安装工程工程量计算规范》（GB 50856—2013）附录中规定的工程量计算规则来计算。

5）计算单位。分部分项工程量清单的计量单位应按《通用安装工程工程量计算规范》（GB 50856—2013）附录中规定的计量单位来确定。

表7.4 分部分项工程和单价措施项目清单与计价表

工程名称：　　　　　　　　　　标段：　　　　　　　　　　　第　页　共　页

序号	项目编码	项目名称	项目特征描述	计量单位	工程量	金额（元）				
						综合单价	合价	其中		
								人工费	机械费	暂估价
本页小计										
合　计										

4. 措施项目清单的编制

措施费是国家授权机关根据有关的方针政策，按安装施工过程中可能遇到的一些特殊问题而制定的相应的参考费率。措施项目清单的编制需考虑多种因素，除工程本身的因素外，还涉及水文、气象、环境、安全等因素。措施项目清单应根据拟建工程的实际情况列项，若出现《建设工程工程量清单计价规范》（GB 50500—2013）中未列的项目，可根据工程的具体情况对措施项目清单做补充。

计量规范将措施项目划分为两类：一类是不能计算工程量的项目，如文明施工和安全防护、临时设施等，就以"项"计价，称为总价项目，应编制"总价措施项目清单与计价表"（见表7.5）；另一类是可以计算工程量的项目，如脚手架、降水工程等，就以"量"计价，这样更有利于措施费的确定和调整，称为单价项目，可采用与分部分项工程项目清单编制相同的方式，编制"分部分项工程和单价措施项目清单与计价表"（见表7.4）。

在措施项目中，常列入的项目主要有安全文明施工、冬雨季施工、夜间施工、二次搬运、对已完工程及设备保护等措施。措施费中的安全文明施工费必须按国家或省级、行业建设主管部门的规定计算，为不可竞争的费用。

表7.5 总价措施项目清单与计价表

工程名称： 标段： 第 页 共 页

序号	项目编码	项目名称	计算基础	费率（%）	金额（元）	调整费率（%）	调整后金额（元）	备注
		安全文明施工费						
		夜间施工增加费						
		二次搬运费						
		冬雨季施工增加费						
		已完工程及设备保护费						
	合 计							

编制人（造价人员）： 复核人（造价工程师）：

注：按施工方案计算的措施费，若无"计算基数"和"费率"的数值，也可只填"金额"数值，但应在备注栏说明施工方案出处或计算方法。

5. 其他项目清单的编制

其他项目清单包括除分部分项工程量清单的项目和措施项目清单的项目以外，为完成工程施工可能发生的费用项目。《建设工程工程量清单计价规范》（GB 50500—2013）中规定其他项目清单应按下列内容列项：暂列金额、暂估价（包括材料暂估单价、工程设备暂估单价、专业工程暂估单价）、计日工和总承包服务费。

暂列金额是招标人在工程量清单中暂定并包括在合同价款中的一笔款项。"计价规范"中明确规定，暂列金额用于施工合同签订时尚未确定或者不可预见的所需材料、设备、服务的采购，施工中可能发生的工程变更、合同约定调整因素出现时的工程价款调整，以及发生的索赔、现场签证确认等费用。此项费用由招标人填写其项目名称、计量单位、暂定金额等，若不能详列，也可只列暂列金额总额。暂列金额由招标人支配，实际发生后才得以支付，因此在确定暂列金额时，应根据工程特点按有关计价规定估算。一般可按分部分项工程项目清单的10%~15%确定，不同专业预留的暂列金额应分别列项。

暂估价是招标人在工程量清单中提供的用于支付必然发生但暂时不能确定价格的材料、工程设备的单价以及专业工程的金额。为方便合同管理和计价，需要纳入分部分项工程项目清单综合单价中的暂估价，应只是材料、工程设备暂估单价，以方便投标与组价。以"项"为计量单位给出的专业工程暂估价一般应是综合暂估价，即应当包括除规费和税金以外的管理费、利润等。暂估价中的材料、工程设备暂估单价应根据工程造价信息或参照市场估算，列出明细表；专业工程暂估价应分不同专业，按有关计价规定估算，列出明细表。

计日工是为了解决现场发生的零星工作的计价而设立的。计日工是在施工过程中，承包人完成发包人提出的工程合同范围以外的零星项目或工作，按合同中约定的单价计价的一种方式。计日工对完成零星工作表所消耗的人工工时、材料数量、机具台班进行计量，并按照计日工表中填报的适用项目的单价进行计价支付。计日工编制过程中应列出项目名称、计量单位和暂估数量。

总承包服务费是总承包人为配合协调发包人进行的专业工程发包，对发包人自行采购的材料、工程设备等进行保管以及施工现场管理、竣工资料汇总整理等服务所需的费用。总承包服务费编制过程中应列出服务项目及其内容等。

工程建设项目的标准、复杂程度、工期的长短、工程的组成内容以及发包人对工程管理的要求等不同，将会影响到其他项目清单列项的内容。其他项目清单与计价汇总表见表7.6，同时还附有暂列金额明细表（表7.7）、材料、设备暂估价表（表7.8）、专业工程暂估价表（表7.9）、计日工表（表7.10）和总承包服务费计价表（表7.11）等。

表7.6 其他项目清单与计价汇总表

工程名称：　　　　　　　　　标段：　　　　　　　　　　　　　　　　第 页 共 页

序号	项目名称	金额(元)	结算金额(元)	备注
1	暂列金额			详见明细表(表7.7)
2	暂估价			
2.1	材料(工程设备)暂估价/结算价	—		详见明细表(表7.8)
2.2	专业工程暂估价/结算价			详见明细表(表7.9)
3	计日工			详见明细表(表7.10)
4	总承包服务费			详见明细表(表7.11)
5	其他			
5.1	人工费调差			
5.2	机械费调差			
5.3	风险费			
5.4	索赔与现场签证	—		详见明细表
合　计				

注：1. 材料（工程设备）暂估单价进入清单项目综合单价，此处不汇总。

2. 人工费调差、机械费调差和风险费应在备注栏说明计算方法。

表7.7 暂列金额明细表

工程名称：　　　　　　　　　标段：　　　　　　　　　　　　　　　　第 页 共 页

序号	项目名称	计量单位	暂定金额(元)	备注
1				
2				
合　计				

注：此表由招标人填写，如不能详列，也可只列暂定金额总额，投标人应将上述暂列金额计入投标总价中。

表7.8 材料（设备工程）暂估单价及调整表

工程名称：　　　　　　　　　标段：　　　　　　　　　　　　　　　　第 页 共 页

序号	材料(工程设备)名称、规格、型号	计量单位	数量		暂估(元)		确认(元)		差额±(元)		备注
			暂估	确认	单价	合价	单价	合价	单价	合价	
合　计											

注：此处由招标人填写"暂列单价"，并在备注栏说明暂估价的材料、工程设备拟用在哪些清单项目上，投标人应将上述材料、工程设备暂估单价计入工程量清单综合单价报价中。

表 7.9 专业工程暂估价及结算价表

工程名称：　　　　　　　　　　标段：　　　　　　　　　　　　　　第 页 共 页

序号	工程名称	工程内容	暂估金额（元）	结算金额（元）	差额±(元)	备注
合　计						

注：此表"暂列金额"由招标人填写，投标人应将"暂列金额"计入投标总价中。结算时按合同约定结算填写。

表 7.10 计日工表

工程名称：　　　　　　　　　　标段：　　　　　　　　　　　　　　第 页 共 页

编号	项目名称	单位	暂定数量	实际数量	综合单价（元）	合价（元）	
						暂定	实际
一	人工						
1							
2							
人工小计							
二	材料						
1							
2							
材料小计							
三	施工机械						
1							
2							
施工机械小计							
四、管理费和利润							
总　计							

注：此表项目名称、暂定数量由招标人填写，编制招标控制价时，单价由招标人在招标文件中取定；投标时，单价由投标人自主报价，按暂定数量计算合价计入投标总价中。结算时，按发承包双方确定的实际数量计算合价。

表 7.11 总承包服务费计价表

工程名称：　　　　　　　　　　标段：　　　　　　　　　　　　　　第 页 共 页

序号	工程名称	项目价值（元）	服务内容	计算基础	费率(%)	金额(元)
1	发包人发包专业工程					
2	发包人提供材料					
合　计		—	—		—	

注：此表项目名称、服务内容由招标人填写，编制招标控制价时，费率及金额由招标人按有关计价规定确定；投标时，费率及金额由投标人自主报价，计入投标总价中。

6. 规费项目清单

《建设工程工程量清单计价规范》（GB 50500—2013）中规定规费项目清单应包括下列内容：①社会保险费，包括养老保险费、失业保险费、医疗保险费、工伤保险费、生育保险费；②住房公积金；③工程排污费。

在编制规费项目清单时应结合《建筑安装工程费用项目组成》，根据省级政府或省级有关权力部门的规定列项。例如《山东省建设工程工程量清单计价规则》中规定规费项目清单应按下列内容列项：①安全文明施工费，包括环境保护费、文明施工费、临时设施费、安全施工费；②工程排污费；③社会保障费：包括养老保险费、失业保险费、工伤保险费、生育保险费；④住房公积金；⑤建设项目工伤保险。

7. 税金项目清单

经国务院批准：2016 年 5 月 1 日开始在全国范围内全面推行营业税改增值税，应计入建筑安装工程造价的税种仅有增值税。出现以上未列的项目，应根据税务部门的规定列项。若国家税法发生变化，税务部门依据职权增加了税种，应对税金项目清单进行补充。

《建设工程工程量清单计价规范》（GB 50500—2013）将规费项目清单与税金项目清单合并为"规费、税金项目清单与计价表"，见表 7.12。

8. 招标工程量清单汇总

在分部分项工程项目清单、措施项目清单、其他项目清单、规费和税金项目清单编制完成以后，经审查复核，与工程量清单封面、扉页及总说明汇总并装订，由相关负责人签字和盖章后，形成完整的招标工程量清单文件。

表 7.12　规费、税金项目清单与计价表

工程名称：　　　　　　　　标段：　　　　　　　　　　　　　　第　页共　页

序号	项目名称	计算基础	计算基数	计算费率（%）	金额(元)
1	规费	定额人工费			
1.1	社会保障费	定额人工费			
(1)	养老保险费	定额人工费			
(2)	失业保险费	定额人工费			
(3)	医疗保险费	定额人工费			
(4)	工伤保险费	定额人工费			
(5)	生育保险费	定额人工费			
1.2	住房公积金	定额人工费			
1.3	工程排污费	按工程所在地环境保护部门收取标准，按实计入			
⋮					
2	税金	分部分项工程费+措施项目费+其他项目费+规费-按规定不计税的工程设备金额			
	合　计				

编制人（造价人员）：　　　　　　　　复核人（造价工程师）

注：按《建设工程工程量清单计价规范》（GB 50500—2013）附录 H 编制。

第三节 建筑电气工程工程量清单计价的编制

工程量清单计价是建设工程招投标活动中由招标人按照国家统一的工程量计算规则提供工程数量，编制出准确地反映工程项目实体消耗和技术措施项目及其他项目消耗的工程量清单，并承担相应的风险。对于投标人而言，要采用工程量清单报价，必须对单位工程成本、利润进行分析，统筹考虑、精心选择施工方案，并根据企业的定额合理确定人工、材料、施工机械等生产要素的投入与配置，合理控制现场费用和施工技术措施费用，确定投标报价，通过公平、公正、公开的竞争环境，形成市场竞争价格，使招标人能够择优选择施工企业。

工程量清单计价是建筑工程发承包及其实施阶段的计价活动，投标人按照招标人提供的工程量清单进行自主报价，招标人编制工程标底，承发包双方确定工程量清单合同价款、调整竣工结算活动。

一、建筑电气工程清单计价概述

1. 建筑电气工程量清单计价的适用范围

工程量清单计价是与现行定额计价方式共存于招投标活动的另一种计价方式。工程量清单计价主要适用于新建、扩建和复建等建设工程招投标的计价活动，而建设工程主要是指建筑工程、装饰装修工程、安装工程、市政工程和园林绿化工程等。

工程量清单计价的适用范围从资金来源方面来讲，《建设工程工程量清单计价规范》（GB 50500—2013）强制性条文规定：使用国有资金投资的建设工程发承包，必须采用工程量清单计价；非国有资金投资的建设工程，宜采用工程量清单计价；不采用工程量清单计价的建设工程，应执行本规范除工程量清单等专门性规范规定外的其他规定。

国有资金投资的项目包括全部使用国有资金（含国家融资资金）投资或国有资金投资为主的工程建设项目。

1）全部使用国有资金投资的工程建设项目包括：①使用各级财政预算资金的项目；②使用纳入财政管理的各种政府性专项建设资金的项目；③使用国有企事业单位自有资金，并且国有资产投资者实际拥有控制权的项目。

2）国家融资资金投资的工程建设项目包括：①使用国家发行债券所筹资金的项目；②使用国家对外借款或者担保所筹资金的项目；③使用国家政策性贷款的项目；④国家授权投资主体融资的项目；⑤国家特许的融资项目。

3）国有资金（含国家融资资金）为主的工程建设项目是指国有资金占投资总额50%以上，或虽不足50%但国有投资者实质上拥有控股权的工程建设项目。

2. 工程量清单计价方法

实行工程量清单计价应采用综合单价法。综合单价应包括完成一个清单项目所需的人工费、材料和工程设备费、施工机具使用费、企业管理费、利润和一定范围内的风险费用，即综合单价包括除规费、税金以外的全部费用。在我国，综合单价不但适用于分部分项工程项目，也适用于措施项目和其他项目等。

3. 工程量清单计价的基本程序

工程量清单计价的基本原理可以描述为：按照工程量清单计价规范规定，在各相应专业工程工程量计算规范规定的工程量清单项目设置和工程量计算规则基础上，针对具体工程的施工图和施工组织设计计算出各项目清单的工程量，根据规范的方法计算出综合单价，并汇总各清单综合单价得出**工程总价**。工程量清单计价程序如图 7.1 所示。

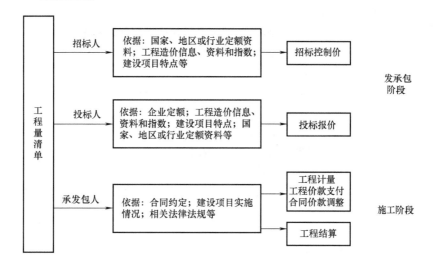

图 7.1　工程量清单计价程序

分部分项工程费 = Σ（分部分项工程量×相应分部分项工程综合单价）

措施项目费 = Σ 各措施项目费

其他项目费 = 暂列金额 + 暂估价 + 计日工 + 总承包服务费

单位工程造价 = 分部分项工程费 + 措施项目费 + 其他项目费 + 规费 + 税金

单项工程造价 = Σ 单位工程造价

建设项目总造价 = Σ 单项工程造价

上式中，综合单价是指完成一定规定清单项目所需的人工费、材料费和工程设备费、施工机具使用费和管理费、利润以及一定范围内的风险费用。风险费用是隐含于已标价工程量清单综合单价中，用于化解发承包双方在工程合同中约定的内容和范围内的市场价格波动风险的费用。

二、招标控制价的编制

在市场经济条件下，招投标是一种优化资源配置、实现有序竞争的行为，也是工程发承包的主要方式，在工程项目招投标中，招标人提供招标文件，是一个要约邀请的活动，在招标文件中招标人对投标人的投标报价进行约束，这一约束就是招标控制价。

1. 招标控制价的编制规定

国有资金投资的建设工程应实行工程量清单招标，为了客观、合理地评审投标报价和避免哄抬标价，避免造成国有资产流失，招标人必须编制招标控制价，规定最高投标限价。

招标控制价应由具有编制能力的招标人或受其委托、具有相应资质的工程造价咨询人编制和复核。工程造价咨询人不得同时接受招标人和投标人对同一工程的招标控制价和投标报价的编制。招标控制价超过批准的概算时，招标人应将其报原概算审批部门审核。这是因为我国对国有资金投资项目的投资控制实行的是投资概算制度，国有资金投资的工程原则上不能超过批准的投资概算。

为了体现招标的公平性和公正性，防止招标人有意抬高或压低工程造价，招标人应在招标文件中如实公布招标控制价，同时，招标人应将招标控制价报工程所在地或该工程管辖权的行业管理部门的工程造价管理机构备查。

2. 招标控制价的编制依据

招标控制价应当依据下列资料进行编制，对所编制的招标控制价不得进行上浮和下调。

1）现行国家标准《建设工程工程量清单计价规范》（GB 50500—2013）和《通用安装工程工程量计算规范》（GB 50856—2013）等。

2）国家或省级、行业建设主管部门颁发的计价定额和计价办法。

3）建设工程设计文件及相关资料。

4）拟定的招标文件及招标工程量清单。

5）与建设工程项目有关的标准、规范、技术资料。

6）施工现场情况、工程特点及常规施工方案。

7）工程造价管理机构发布的工程造价信息；工程造价信息没有发布的，参照市场价。

8）其他相关资料。

3. 招标控制价的计价程序

招标工程的招标控制价反映的是单位工程费用，各单位工程费用是由分部分项工程费、措施项目费、其他项目费、规费和税金组成。单位工程招标控制价的计价程序见表 7.13。投标人（施工企业）编制的投标报价与招标人（建设单位）编制的招标控制价计价程序具有相同的表格，为便于对比分析，在这里将两个表格合并列出，其中表格栏目中斜线后带括号的内容用于投标报价，其余为通用栏目。

表 7.13　建设单位工程招标控制价计价程序（施工企业投标报价计价程序）

工程名称：　　　　　　　　标段：　　　　　　　　　　　　第　页　共　页

序号	汇总内容	计算方法	金额（元）
1	分部分项工程	按计价规定计算/（自主报价）	
1.1			
1.2			
2	措施项目	按计价规定计算/（自主报价）	
2.1	其中:安全文明施工费	按规定标准估算/（按规定标准计算）	
3	其他项目		
3.1	其中:暂列金额	按计价规定估算/（按招标文件提供金额计列）	
3.2	其中:专业工程暂估价	按计价规定估算/（按招标文件提供金额计列）	
3.3	其中:计日工	按计价规定估算/（自主报价）	
3.4	其中:总承包服务费	按计价规定估算/（自主报价）	
4	规费	按规定标准估算	
5	税金	（人工费+材料费+施工机具使用费+企业管理费+利润+规费）×规定税率	
	招标控制价	合计＝1+2+3+4+5	

4. 招标控制价的编制内容

招标控制价内容的编制包括分部分项工程费的编制、措施项目费的编制、其他项目费的编制、规费和税金的编制。

（1）分部分项工程费的编制

招标控制价的分部分项工程费应由各单位工程的招标工程量清单中给定的工程量乘以相应综合单价汇总而成。综合单价应按招标人发布的分部分项工程项目清单的项目名称、工程量、项目特征描述，依据工程所在地区颁发的计价定额和人工、材料、机具台班价格信息等进行组价确定。

首先，依据提供的工程量清单和施工图，按照工程所在地区颁发的计价定额的规定，确定所组价的定额项目名称，并计算出相应的工程量。

其次，依据工程造价政策规定或工程造价信息确定其人工、材料、机具台班单价；同时，在考虑风险因素确定管理费费率和利润率的基础上，按规定程序计算出所组价定额项目的合价，见式（7.1）。

最后，将若干项所组价的定额项目合价相加除以工程量清单项目工程量，便得到工程量清单项目综合单价，见式（7.2）。对于未计价材料费（包括暂估单价的材料费）应计入综合单价。

定额项目合价＝定额项目工作量×｛∑（定额人工消耗量×人工单价）＋∑（定额材料消耗量×材料单价）＋∑（定额机械台班消耗量×机械台班单价）＋价差（基价或人工、材料、机具费用）＋管理费和利润｝ (7.1)

工程量清单综合单价＝（∑定额项目合价＋未计价材料）／工程量清单项目工程量 (7.2)

为使招标控制价与投标报价所包含的内容一致，综合单价中应包括招标文件中要求投标人承担的风险内容及其范围（幅度）内产生的风险费用。

（2）措施项目费的编制

措施项目中的安全文明施工费必须按照国家或省级、行业建设主管部门的规定标准计价，该部分费用不得作为竞争性费用。

措施项目应依据招标文件中的措施项目清单所列内容确定。措施项目中的单价项目，应根据拟定的招标文件和招标工程量清单中的特征描述及有关要求确定综合单价计算。措施项目中的总价项目应根据拟定的招标文件和常规施工方案计价。

（3）其他项目费的编制

其他项目费的编制包括暂列金、暂估价、计日工、总承包服务费的编制。

暂列金额应按招标工程量清单中列出的金额填写。

暂估价中的材料、工程设备单价应按招标工程量清单中列出的单价计入综合单价。暂估价中的专业工程金额应按招标工程量清单中列出的金额填写。

计日工应按招标工程量清单中列出的项目，根据由工程特点和有关计价依据确定的综合单价来计算。对计日工中的人工单价和施工机具台班单价应按省级、行业建设主管部门或其授权的工程造价管理机构公布的单价计算。材料应按工程造价管理机构发布的工程造价信息中的材料单价计算；工程造价信息未发布单价的材料，其价格应按市场调查确定的单价计算。

对于总承包服务费，招标人应根据招标文件中列出的内容和向总承包人提出的要求参照下列标准计算：

1）招标人仅要求对分包的专业工程进行总承包管理和协调时，按分包的专业工程估算造价的1.5%计算。

2）招标人要求对分包的专业工程进行总承包管理和协调并同时要求提供配合服务时，根据招标文件中列出的配合服务内容和提出的要求按分包的专业工程估算造价的3%～5%计算。

3）招标人自行供应材料的，按招标人供应材料价值的1%计算。

（4）规费和税金的编制

规费和税金必须按国家或省级、行业建设主管部门的规定计算。

三、投标报价的编制

投标报价是投标人响应招标文件要求所报出的，在已标价工程量清单中标明的总价，它是依据招标工程量清单所提供的工程量，计算综合单价与合价后所形成的。

1. 投标报价的编制原则

报价是投标的关键性工作，报价是否合理不仅直接关系到投标的成败，还关系到中标后企业的盈亏。投标报价的要求如下：

1）投标报价是在执行《建设工程工程量请单计价规范》（GB 50500—2013）的前提下，由投标人自主确定。投标价应由投标人或受其委托具有相应资质的工程造价咨询人编制。

2）投标报价不得低于工程成本。根据《中华人民共和国反不正当竞争法》和《评标委员会和评标方法暂行规定》中的相关规定，投标人的投标报价不得低于工程成本。

3）投标人必须按招标工程量清单填报价格。实行工程量清单招标，招标人在招标文件中提供工程量清单，其目的是使各投标人在投标报价中具有共同的竞争平台。因此要求投标人在投标报价中填写的项目编码、项目名称、项目特征、计量单位、工程数量必须与招标人招标文件中提供的一致。

4）投标人的投标报价高于招标控制价的应予废标。国有资金投资的工程，招标人编制并公布的招标控制价相当于招标人的采购预算，要求其不能超过批准的预算，因此，招标控制价是招标人在工程招标时能接受投标人报价的最高限价。

2. 投标报价的编制依据

《建设工程工程量清单计价规范》（GB 50500—2013）规定，投标报价应根据下列依据进行编制：

1）现行国家标准《建设工程工程量清单计价规范》（GB 50500—2013）和《通用安装工程工程量计算规范》（GB 50856—2013）等。

2）国家或省级、行业建设主管部门颁发的计价办法。

3）企业定额，国家或省级、行业建设主管部门颁发的计价定额。

4）建设工程设计文件及相关资料。

5）招标文件、招标工程量清单及其补充通知、答疑纪要。

6）与建设工程项目有关的标准、规范等技术资料。

7）施工现场情况、工程特点及投标时拟定的施工组织设计或施工方案。

8）市场价格信息或工程造价管理机构发布的工程造价信息。

9）其他相关资料。

3. 投标报价的编制内容

投标报价的编制，首先应根据招标人提供的工程量清单编制分布分项工程和措施项目清单与计价表，其他项目清单与计价汇总表，规费、税金项目计价表。其次汇总以上内容得到单位工程投标报价总表，再层层汇总，最后得到单项工程投标报价汇总表和工程项目投资汇总表。在编制过程中，投标人应按招标人提供的工程量清单填报价格，填写的项目编码、项目名称、项目特征、计量单位、工程量必须与招标人提供的一致。

（1）分部分项工程和措施项目清单与计价标的编制

企业投标报价中的分部分项工程费和以单价计算的措施项目费应按招标文件和招标工程量清单中的特征描述确定综合单价。综合单价包括完成一个规定清单项目所需的人工费、材料和工程设备费、施工机具使用费、企业管理费、利润并考虑风险费用的分摊。

投标报价中的综合单价的确定过程与招标控制价中综合单价的确定基本相同。需要注意的是综合单价中应包括招标文件中划分的应由招标人承担的风险范围及其费用，招标文件中没有确定的，应提请招标人明确。

对于不能精确计量的措施项目，应编制总价措施项目清单与计价表。投标人对措施项目中的总价项目投标报价应遵循下列原则：措施项目的内容应依据招标人提供的措施项目清单和投标人投标时拟定的施工组织设计或施工方案确定；措施项目费由投标人自主确定，但其中安全文明施工费必须按照国家或省级、行业建设主管部门的规定计价，不得作为竞争性费用。

（2）其他项目清单与计价表的编制

其他项目费主要包括暂列金额、暂估价、计日工以及总承包服务费。投标人对其他项目费投标报价时应遵循以下原则：

1）暂列金额应按照招标人提供的其他项目清单中列出的金额填写，不得改动。

2）暂估价不得变动和更改。材料、设备暂估价应按招标工程量清单中列出的单价计入综合单价。专业工程暂估价应按招标工程清单中列出的金额填写。

3）计日工应按照招标人提供的其他项目清单列出的项目和估算的数量，自主确定各项综合单价并计算费用。

4）总承包服务费应根据招标人在招标文件中列出的分包专业工程内容和供应材料、设备情况，按照招标人提出的协调、配合与服务要求，以及施工现场管理需要自主确定。

（3）规费、税金项目清单计价表的编制

规费和税金应按国家或省级、行业建设主管部门的规定计算，不得作为竞争性费用。这是由于规费和税金的计取标准是依据有关法律、法规和政策制定的，具有强制性。因此投标人在投标报价时必须按照国家或省级、行业建设主管部门的有关规定计算规费和税金。

（4）投标报价的汇总

投标人的投标总价应当与组成工程量清单的分部分项费、措施项目费、其他项目费和规费、税金的合计金额一致，即投标人在进行工程量清单招标的投标报价时，不能进行投标总价优惠（或降价、让利），投标人对投标报价的任何优惠（或降价、让利）均应反映在相应清单项目的综合单价中。例如施工企业某单位工程投标报价汇总表，见表7.14。

表7.14 单位工程投标报价汇总表

工程名称：×××　　　　　标段：　　　　　　　　　　　　　第　页　共　页

序号	项目名称	金额（元）	其中:暂估价（元）
1	分部分项工程费	579482.2	208644
1.1	1号楼　电气安装工程	579482.2	208644
2	措施项目费	17959.63	
2.1	措施项目费（一）	17959.63	
2.2	措施项目费（二）		
3	其他项目费	62700	
3.1	暂列金额	50000	
3.2	特殊项目费	5000	
3.3	计日工	7700	
3.4	总承包服务费		
4	规费	52217.22	
5	税金	24790.09	
	设备或税后项目		
	合计	737149.14	

第四节　建筑电气工程工程量清单与计价计算实例

例7-1：某电缆敷设工程，采用电缆沟铺砂盖砖直埋，并列敷设 5 根 VV_{22}-4×50 电力电缆，如图 7.2 所示，变电所配电柜至室内部分电缆穿 SC50 钢管做保护，共 5m 长。室外电缆敷设共 100m 长，中间穿过热力管沟，在配电间有 10m 穿 SC50 钢管保护。已知此电缆工程的各项工程量（见表 9.15），要求编制该电缆工程的清单。

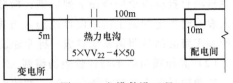

图 7.2　电缆敷设工程

表 7.15　电缆工程工程量

序号	项目名称	单位	工程量
1	沟槽人工挖填　一般沟土	m³	118.35
2	铺砂盖砖　电缆根数≤1~2根	m	100
3	铺砂盖砖　电缆根数≤每增加1根	m	300
4	电缆保护管钢管埋地敷设 DN50 内	m	90.5
5	铜心电力电缆埋地敷设　VV22-4×50	m	530.44
6	铜心电力电缆穿管敷设　VV22-4×50	m	124.03
7	户内热缩　铜心终端头　≤1kV　VV22-4×50	个	10
8	电缆穿墙防水套管埋地敷设　制作安装 DN50 内	个	10

解：

根据"计价规范"、工程量计算结果以及工程量清单项目及计算规则，编制分部分项工程量清单，分部分项工程量清单表见表 7.16。

表 7.16　电缆安装分部分项工程量清单表

序号	项目编号	项目名称	项目特征	计量单位	工程数量
1	010101002001	挖一般土方	1. 名称:电缆沟挖填 2. 土质:一般土	m³	118.35
2	030408005001	铺砂、盖保护板(砖)	1. 名称:电缆沟铺砂盖砖 2. 电缆根数:1~2根	m	100
3	030408005002	铺砂、盖保护板(砖)	名称:电缆沟铺砂盖砖 电缆根数:每增加≤1根	m	300
4	030408001001	电力电缆	1. 名称:电力电缆 2. 型号、规格、材质:VV22-4×50 3. 敷设方式:埋地敷设	m	530.44
5	030408001002	电力电缆	1. 名称:电力电缆 2. 型号、规格、材质:VV22-4×50 3. 敷设方式:穿管敷设	m	124.03
6	030408003001	电缆保护管	1. 名称:电力电缆保护管 2. 型号、规格、材质:SC50 3. 敷设方式:埋地暗敷	m	90.5
7	030408006001	电力电缆头	1. 名称:电缆头 2. 型号规格:VV22-4×50 3. 材质、类型:户内热缩式 4. 电压等级:1kV 以下	个	10
8	03B001	电缆穿墙防水套管	1. 名称:电缆穿墙防水套管 2. 材质、规格:DN80 3. 敷设方式:穿墙	个	10

例 7-2：如图 7.3 所示，长为 53m，宽为 22m，高 23m 的宿舍楼在房顶上沿女儿墙敷设避雷带（沿支架），3 处沿建筑物外墙引下与一组接地极（5 根，材料为 SC50，每根长为 2.5m）连接。距地面 1.7m 处设断接卡子，距地面 1.7m 以上的引下线材料采用 $\phi8$ 镀锌圆钢，1.7m 以下材料采用 -40×4 的镀锌扁钢。此防雷接地工程的工程量见表 7.17，试编制该防雷接地工程的招标工程量清单。

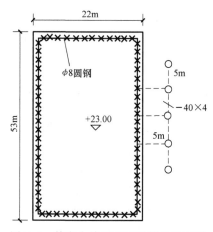

图 7.3　某宿舍楼屋顶防雷接地平面图

表 7.17　防雷接地装置工程量

序号	项目名称	计量单位	工程量	主材
1	沟槽人工挖填　一般沟土	m²	11.9	
2	避雷引下线敷设　沿建筑物、构筑物引下	m	66.9	ϕ8 镀锌圆钢
3	避雷引下线敷设　沿建筑物、构筑物引下	m	5.1	镀锌扁钢-40×4
4	断接卡子制作、安装	套	3	
5	避雷网安装　沿女儿墙支架敷设	m	155.75	ϕ8 镀锌圆钢
6	钢管接地极制作安装　普通土	根	5	镀锌钢管 SC50　L=2500mm
7	接地母线敷设　埋地敷设	m	37.55	-40×4 的镀锌扁钢
8	接地电阻测试	组	3	

解：

根据"计价规范"、工程量计算结果以及工程量清单项目及计算规则，编制分部分项工程量清单，分部分项工程量清单表见表 7.18。

表 7.18　防雷及接地装置安装分部分项工程量清单

序号	项目编码	项目名称	项目特征	计量单位	工程数量
1	030409001001	接地极	1. 名称:接地极制作安装 2. 材质:镀锌钢管 3. 规格:SC50,L=2.5m 4. 土质:普通土 5. 基础接地形式:人工接地	根	5
2	030409002001	接地母线	1. 名称:接地母线敷设 2. 材质:镀锌扁钢 3. 规格:-40×4 4. 安装部位:沟内 5. 安装形式:埋地敷设	m	37.55
3	030409003001	避雷引下线	1. 名称:避雷引下线敷设 2. 材质规格:ϕ8 镀锌圆钢 3. 安装部位:沿建筑物构筑物敷设 4. 安装形式:暗装	m	66.9
4	030409003002	避雷引下线	1. 名称:避雷引下线敷设 2. 材质规格:-40×4 的镀锌扁钢 3. 安装部位:沿建筑物构筑物敷设 4. 安装形式:暗装 5. 接地卡子材质、规格:3套	m	5.1

（续）

序号	项目编码	项目名称	项目特征	计量单位	工程数量
5	030409005001	避雷网	1. 名称:避雷网安装 2. 材质规格:φ8 镀锌圆钢 3. 安装形式:沿女儿墙支架敷设	m	155.75
6	030414011001	接地装置	1. 名称:接地装置调试 2. 类别:接地电阻测试	组	3

例 7-3：某工程部分照明配电的工程量见表 7.19。

要求：编制该电气工程的分部分项工程量清单，计算结果均保留两位小数；根据山东省相关费用表和"计价规范"的要求，编制招标控制价。其中该工程中，单价措施项目中仅计脚手架子目，脚手架搭拆的费用按定额人工费的5%计算，其费用中人工费占35%；总价措施费中的夜间施工增加费、二次搬运费、冬雨季施工增加费、已完工程及设备保护费等其他总价项目费用合计按分部分项人工费的8.6%计取，其中人工费占40%。企业管理费、利润分别按人工费的55%、32%计。暂列金额1万，专业工程暂估价2万元，总承包服务费按3%计取，不考虑计日工费用。

表 7.19 照明配电工程工程量

序号	项目名称	计量单位	工程量	主材
1	成套配电箱安装 嵌入式暗装	台	1	350mm×200mm×120mm
2	无端子外部接线 2.5mm²	个	6	
3	无端子外部接线 6mm²	个	6	
4	砖、混凝土结构暗配焊接钢管 DN20	m	38.9	SC20
5	砖、混凝土结构暗配刚性阻燃管 DN15	m	41.7	PVC15
6	砖、混凝土结构暗配刚性阻燃管 DN25	m	7.9	PVC25
7	暗装 接线盒	个	6	接线盒
8	暗装 开关插座盒	个	7	接线盒
9	墙体剔槽配管 DN20 内	m	15.3	
10	墙体剔槽配管 DN32 内	m	3.3	
11	照明管内穿线 BV2.5mm²	m	133.9	BV2.5mm²
12	照明管内穿线 ZR-BV4mm²	m	118.35	ZR-BV2.5mm²
13	照明管内穿线 BV6mm²	m	25.35	BV6mm²
14	吸顶式双管成套型荧光灯	套	2	2×40w
15	工厂灯安装 直杆式	套	4	1×100w
16	翘板暗开关(单控)单联	套	1	单联开关
17	翘板暗开关(单控)双联	套	1	双联开关
18	暗插座 15A 单相带接地	套	4	插座
19	暗插座 30A 单相带接地	套	1	插座

解：

1. 根据所计算的工程量和《建设工程工程量清单计价规范》（GB 50500—2013）、《通用安装工程工程量计算规范》（GB 50856—2013），编制分部分项工程量清单（见表 7.20）。

表 7.20 某照明配电工程分部分项工程量清单

序号	项目编号	项目名称	项目特征	计量单位	工程数量
1	030404017001	配电箱	1. 名称:照明配电箱 2. 规格:300mm×250mm×150mm 3. 端子外部接线:6 个 2.5mm²、6 个 6mm² 4. 安装方式:嵌入式暗装	台	1

序号	项目编号	项目名称	项目特征	计量单位	工程数量
2	030404034001	照明开关	1. 名称:单联板式开关 2. 规格:220V,10A 3. 安装方式:暗装	套	1
3	030404034002	照明开关	1. 名称:双联板式开关 2. 规格:220V,10A 3. 安装方式:暗装	套	1
4	030404035001	插座	1. 名称:五孔防水插座 2. 规格:220V,15A,单相带接地 3. 安装方式:暗装	套	4
5	030404035002	插座	1. 名称:三孔插座 2. 规格:220V,30A,单相带接地 3. 安装方式:暗装	套	1
6	030411001001	电气配管	1. 焊接钢管 2. 材质、规格:SC20 3. 配置形式:暗配,埋地敷设	m	38.9
7	030411001002	电气配管	1. 刚性阻燃塑料管 2. 材质、规格:PVC15 3. 配置形式:暗配,埋地敷设	m	41.7
8	030411001003	电气配管	1. 刚性阻燃塑料管 2. 材质、规格:PVC25 3. 配置形式:暗配,埋地敷设	m	7.9
9	030411004001	电气配线	1. 名称:管内穿线 2. 配线形式:照明线路,砖混凝土结构 3. 型号、规格、材质:BV2.5mm²	m	133.9
10	030411004002	电气配线	1. 名称:管内穿线 2. 配线形式:照明线路,砖混凝土结构 3. 型号、规格、材质:ZR-BV4mm²	m	118.35
11	030411004003	电气配线	1. 名称:管内穿线 2. 配线形式:照明线路,砖混凝土结构 3. 型号、规格、材质:BV6mm²	m	25.35
12	030411006001	接线盒	1. 名称:灯头盒 2. 材质:塑料制 3. 规格:86H60 75mm×75mm×60mm 4. 安装方式:暗装	个	6
13	030411006002	接线盒	1. 名称:开关插座盒 2. 材质:钢制 3. 规格:86H60 75mm×75mm×60mm 4. 安装方式:暗装	个	4
14	030411006003	接线盒	1. 名称:开关插座盒 2. 材质:塑料制 3. 规格:86H60 75mm×75mm×60mm 4. 安装方式:暗装	个	3
15	030412002001	工厂灯	1. 名称:直杆式防水防尘灯 2. 规格:220V,100W 3. 安装方式:杆吊安装	套	4
16	030412005001	荧光灯	1. 名称:成套双管荧光灯 2. 规格:220V,2×40W 3. 安装方式:吸顶安装	套	2
17	030413002001	凿(压)槽	1. 名称:墙体剔槽 2. 规格:配管 DN20 内 3. 混凝土标准:砖混结构	m	15.3
18	030413002002	凿(压)槽	1. 名称:墙体剔槽 2. 规格:配管 DN32 内 3. 混凝土标准:砖混结构	m	3.3

2．编制分部分项工程量清单计价

本工程先按招投标控制价编制，一般应按以下步骤进行：

1）先查取有关工程项目的定额编号，参考山东省建设厅主管部门颁布实施的电气安装工程消耗量定额及价目表（见表7.21），并分析研究各竞标单位的实际综合实力，最后确定各分部分项的定额价格及有关费率。

2）参考本地区（济南市）最新发布的建设材料信息，并经过市场询价调查确定各工程项目主材价格，见表7.22。

表 7.21　山东省安装工程参考价目表（2017）

序号	定额号	项目名称	单位	基价(不含税)	人工费	材料费	机械费
1	4-2-84	嵌入式成套配电箱安装 半周1.0m内	台	196.76	129.99	63.19	—
2	4-4-18	无端子外部接线 2.5mm² 以下	个	3.46	1.24	2.22	—
3	4-4-19	无端子外部接线 6mm² 以下	个	3.97	1.75	2.22	—
4	4-12-72	焊接钢管 砖、混凝土结构暗配 公称口径20mm内	100m	534.10	457.94	54.36	21.80
5	4-12-176	刚性阻燃管 砖、混凝土结构暗配 公称口径15mm内	100m	369.09	329.60	39.49	—
6	4-12-178	刚性阻燃管砖、混凝土结构暗配 公称口径25mm内	100m	554.82	494.40	60.42	—
7	4-12-232	暗装接线盒	10个	40.35	31.52	8.83	—
8	4-12-233	暗装开关盒	10个	38.39	34.30	4.09	—
9	4-12-241	剔槽配管 公称口径20mm以下	10m	42.69	27.19	11.02	4.48
10	4-12-242	剔槽配管 公称口径32mm以下	10m	47.04	29.77	12.19	5.08
11	4-13-5	照明穿线 铜芯截面积2.5mm² 以下	100m	98.18	83.43	14.75	—
12	4-13-6	照明穿线 铜芯截面积4mm² 以下	100m	69.94	55.62	14.32	—
13	4-13-7	照明穿线 铜芯截面积6mm² 以下	100m	70.37	55.62	14.75	—
14	4-14-227	直杆式防水防尘灯	套	23.94	19.78	4.16	—
15	4-14-214	成套型荧光灯 吸顶式双管	套	19.44	18.03	1.41	—
16	4-14-351	翘板暗开关(单控)单联	套	7.05	6.39	0.66	—
17	4-14-352	翘板暗开关(单控)双联	套	7.56	6.70	0.86	—
18	4-14-382	暗插座15A以下单相带接地	套	7.73	7.00	0.73	—
19	4-14-385	暗插座30A 单相带接地	套	8.71	7.62	1.09	—

表 7.22　某照明配电工程主要材料价格表

工程名称：××××　　　　　专业：电气安装工程

序号	材料编码	材料名称	规格型号	单位	单价(元)	备注
1	ZC01	配电箱	宽×高×深：300mm×200mm×150mm	台	500	
2	ZC02	焊接钢管	SC20	m	6.03	
3	ZC03	塑料管	PVC15	m	2.6	
4	ZC04	塑料管	PVC20	m	3.2	
5	ZC05	塑料管	PVC25	m	3.5	
6	ZC06	聚氯乙烯绝缘导线	BV2.5mm²	m	1.86	
7	ZC07	聚氯乙烯绝缘导线	BV4mm²	m	2.78	
8	ZC08	聚氯乙烯绝缘导线	BV6mm²	m	6.56	
9	ZC09	单联板式暗开关	220V,10A	套	16.5	
10	ZC10	双联板式暗开关	220V,10A	套	18.5	
11	ZC11	单项五孔防水暗插座	220V,15A	套	30	

（续）

序号	材料编码	材料名称	规格型号	单位	单价（元）	备注
12	ZC12	单项三孔暗插座	220V,30A	套	13	
13	ZC13	钢制接线盒	86H60 75mm×75mm×60mm	个	0.8	
14	ZC14	塑料接线盒	86H60 75mm×75mm×60mm	个	0.6	
15	ZC15	工厂灯	220V,100W	套	60	成套
16	ZC16	荧光灯	220V,2×40W	套	48	成套

3）编制分部分项工程量清单计价表，见表7.23，表中的综合单价是通过分部分项工程量清单综合单价分析表（见表7.24）计算得到的。

表7.23 某照明配电工程分部分项工程量清单计价表

序号	项目编码	项目名称	项目特征	计量单位	工程数量	金额（元）		
						综合单价	合价	其中:暂估价
1	030404017001	配电箱	1. 名称:照明配电箱 2. 规格:300mm×200mm×150mm 3. 无端子外部接线:6个2.5mm²,6个6mm² 4. 安装方式:嵌入式安装	台	1	370.04	370.04	
2	030411001001	配管	1. 名称:焊接钢管 2. 材质、规格:SC20 3. 配置形式:暗配,埋地敷设	m	38.9	15.66	609.17	
3	030411001002	配管	1. 名称:刚性阻燃塑料管 2. 材质、规格:PVC15 3. 配置形式:暗配,埋地敷设	m	41.7	10.42	434.51	
4	030411001003	配管	1. 名称:刚性阻燃塑料管 2. 材质、规格:PVC25 3. 配置形式:暗配,埋地敷设	m	8	13.69	109.52	
5	030411004001	配线	1. 名称:管内穿线 2. 配线形式:照明线路、沿墙、顶板穿管敷设 3. 型号、规格、材质:BV2.5mm²	m	134	3.87	518.58	
6	030411004002	配线	1. 名称:管内穿线 2. 配线形式:照明线路、沿墙、顶板穿管敷设 3. 型号、规格、材质:ZR-BV4mm²	m	118	4.25	501.5	
7	030411004003	配线	1. 名称:管内穿线 2. 配线形式:照明线路、沿墙、顶板穿管敷设 3. 型号、规格、材质:BV6mm²	m	25	8.42	210.5	
8	030404034001	照明开关	1. 名称:单联板式开关 2. 规格:220V、10A 3. 安装方式:暗装	个	1	29.43	29.43	
9	030404034002	照明开关	1. 名称:双联板式开关 2. 规格:220V、10A 3. 安装方式:暗装	个	1	32.26	32.26	
10	030404035001	插座	1. 名称:五孔防水插座 2. 规格:220V、15A、单相带接地 3. 安装方式:暗装	个	4	44.42	177.68	
11	030404035002	插座	1. 名称:三孔插座 2. 规格:220V、30A、单相带接地 3. 安装方式:暗装	个	1	28.6	28.6	

（续）

序号	项目编码	项目名称	项目特征	计量单位	工程数量	综合单价	合价	其中:暂估价
12	030411006001	接线盒	1. 名称:灯头盒 2. 规格:86H60 75mm×75mm×60mm 3. 材料:塑料制 4. 安装方式:暗装	个	6	7.38	44.28	
13	030411006002	接线盒	1. 名称:开关插座盒 2. 材质:钢制 3. 规格:86H60 75mm×75mm×60mm 4. 安装方式:暗装	个	4	7.65	30.6	
14	030411006003	接线盒	1. 名称:开关插座盒 2. 材质:塑料制 3. 规格:86H60 75mm×75mm×60mm 4. 安装方式:暗装	个	3	7.44	22.32	
15	030412002001	工厂灯	1. 名称:直杆式防水防尘灯 2. 规格:220V,100W 3. 安装方式:杆吊安装	套	4	101.75	407	
16	030412005001	荧光灯	1. 名称:成套双管荧光灯 2. 规格:2×40W 3. 安装方式:吸顶安装	套	2	83.61	167.22	
17	030413002001	凿(压)槽	1. 名称:墙体剔槽 2. 规格:配管 DN20 内 3. 混凝土标准:砖混结构	m	15.3	6.64	101.59	
18	030413002002	凿(压)槽	1. 名称:墙体剔槽 2. 规格:配管 DN32 内 3. 混凝土标准:砖混结构	m	3.3	7.3	24.09	
			合　　计				3818.89	

表 7.24　某照明配电工程工程量清单综合单价分析表（部分）

序号	编码	名　　称	单位	工程量	人工费	材料费	机械费	计费基础	管理费和利润	综合单价(元)
1	030404017001	配电箱 1. 名称:照明配电箱 2. 规格:300mm×200mm×150mm 3. 端子外部接线:6 个 2.5mm², 6 个 6mm² 4. 安装方式:嵌入式安装	台	1	147.93	89.83	3.58	147.93	128.7	370.04
	补充设备 002	成套配电箱	台	1						
	4-2-84	成套配电箱安装　嵌入式半周长≤1.0m	台	1	129.99	63.19	3.58	129.99	113.09	309.85
	4-4-18	无端子外部接线≤2.5mm²	个	6	7.44	13.32		7.44	6.48	27.24
	4-4-19	无端子外部接线≤6mm²	个	6	10.5	13.32		10.5	9.12	32.94
		材料费中:暂估价合计								
2	030411001001	配管 1. 名称:焊接钢管 2. 材质、规格:SC20 3. 配置形式:暗配,埋地敷设	m	38.9	4.58	6.87	0.22	4.58	3.99	15.66
	4-12-72	砖、混凝土结构暗配焊接钢管 DN20 内	100m	0.389	4.58	0.54	0.22	4.58	3.98	15.66

（续）

序号	编码	名 称	单位	工程量	综合单价组成(元)					综合单价(元)
					人工费	材料费	机械费	计费基础	管理费和利润	
	Z17000019@ 1	焊接钢管公称口径20mm	m	40.845		6.33				
		材料费中:暂估价合计								
3	030411004001	配线 1.名称:管内穿线 2.配线形式:照明线路;沿墙、顶板穿管敷设 3.型号、规格、材质:BV2.5mm²	m	134	0.83	2.31		0.83	0.73	3.87
	4-13-5	照明管内穿线 铜芯截面积≤2.5mm²	100m单线	1.34	0.83	0.15		0.83	0.73	3.87
	Z28000055@ 1	绝缘电线铜芯截面积2.5mm²	m	155.44		2.16				
		材料费中:暂估价合计								
4	030411004002	配线 1.名称:管内穿线 2.配线形式:照明线路,沿墙、顶板穿管敷设 3.型号、规格、材质:ZR-BV4mm²	m	118	0.56	3.2		0.56	0.49	4.25
	4-13-6	照明管内穿线 铜芯截面积≤4mm²	100m单线	1.18	0.56	0.14		0.56	0.48	4.24
	Z28000055@ 2	绝缘电线铜芯截面积4mm²	m	129.8		3.06				
		材料费中:暂估价合计								

3. 措施项目清单计价

根据已经条件，编制措施项目清单与计价表，见表7.25～表7.27。

4. 其他项目清单与计价

根据已经条件，编制其他项目清单与计价表，见表7.28。

5. 规费、税金项目清单计价

根据已经条件，编制规费、税金项目清单与计价表，见表7.29

6. 招标控制价

根据招标控制价的编制程序，列出单位工程招标控制价汇总表，见表7.30。

表7.25 某照明配电工程措施项目清单计价汇总表

序号	项目名称	金额(元)
1	总价措施项目	74.24
2	单价措施项目	41.55
	合 计	115.79

表7.26 某照明配电工程总价措施项目清单与计价表

序号	项目编码	项目名称	计算基础	费率(%)	金额(元)	备注
1	031302002001	夜间施工	山东省定额人工费	2.5	22.87	
2	031302004001	二次搬运	山东省定额人工费	2.1	18.03	
3	031302005001	冬雨季施工增加	山东省定额人工费	2.8	24.04	
4	031302006001	已完工程及设备保护	山东省定额人工费	1.2	9.3	
		合 计			74.24	

表 7.27 某照明配电工程单价措施项目清单与计价表

序号	项目编码	项目名称 项目特征	计量 单位	工程数量	金额（元）		
					综合单价	合价	其中:暂估价
1	031301017001	脚手架搭拆	项	1	41.55	41.55	
		本页小计				41.55	
		合　计				41.55	

表 7.28 某照明配电工程其他项目清单与计价表

序号	项目名称	计量单位	金额（元）	备注
1	暂列金额	项	10000	详见暂列金额表
2	专业工程暂估价	项	20000	详见专业工程暂估价表
3	特殊项目暂估价	项		详见特殊项目暂估价表
4	计日工			详见计日工表
5	采购保管费			
6	其他检验试验费			
7	总承包服务费		600	详见总承包服务费表
8	其他			
	合　计		30600	—

表 7.29 某照明配电工程规费、税金项目清单与计价表

序号	项目名称	计算基础	费率（%）	金额（元）
1	规费			2417.46
1.1	安全文明施工费			1667.45
1.1.1	安全施工费	分部分项工程费+措施项目费+其他项目费-不取规费_合计	2.34	783.5
1.1.2	环境保护费	分部分项工程费+措施项目费+其他项目费-不取规费_合计	0.29	97.1
1.1.3	文明施工费	分部分项工程费+措施项目费+其他项目费-不取规费_合计	0.59	197.55
1.1.4	临时设施费	分部分项工程费+措施项目费+其他项目费-不取规费_合计	1.76	589.3
1.2	社会保险费	分部分项工程费+措施项目费+其他项目费-不取规费_合计	1.52	508.94
1.3	住房公积金	分部分项工程费+措施项目费+其他项目费-不取规费_合计	0.21	70.31
1.4	工程排污费	分部分项工程费+措施项目费+其他项目费-不取规费_合计	0.27	90.4
1.5	建设项目工伤保险	分部分项工程费+措施项目费+其他项目费-不取规费_合计	0.24	80.36
2	税金	分部分项工程费+措施项目费+其他项目费+规费+设备费-不取税金_合计-甲供材料费-甲供主材费-甲供设备费	11	4004.06
	合　计			6421.52

注：本表根据山东省费用项目组成及规则进行计价，与按《建设工程工程量清单计价规范》（GB 50500—2013）所编制的表 7.12 有所区别。

表 7.30 某照明配电工程招标控制价

序号	项目名称	金额（元）	其中:材料暂估价（元）
一	分部分项工程费	3818.89	
二	措施项目费	173.14	
2.1	单价措施项目	62.13	

（续）

序号	项目名称	金额（元）	其中：材料暂估价（元）
2.2	总价措施项目	111.01	
三	其他项目费	30600	
3.1	暂列金额	10000	
3.2	专业工程暂估价	20000	
3.3	特殊项目暂估价		
3.4	计日工		
3.5	采购保管费		
3.6	其他检验试验费		
3.7	总承包服务费	600	
3.8	其他		
四	规费	2497.54	
五	设备费	500	
六	税金	4134.85	
	招标控制价合计＝一＋二＋三＋四＋五＋六	41724.42	

复习练习题

1. 建设工程工程量清单的概念是什么？简述工程量清单的组成。

2. 其他项目清单主要有哪些项目组成，各项目内容的含义是什么？

3. 什么是措施项目？常用的措施项目有哪些？

4. 什么是规费、税金？招投标双方遵循什么取费原则？

5. 工程量项目编码如何设置？

6. 分部分项工程费由哪几部分组成？

7. 与定额计价相比，工程量清单计价有哪些特点？

8. 简述编制招标控制价与投标报价的依据的异同。

9. 简述编制投标报价的程序。

10. 招标控制价编制过程中措施项目费如何编制？

第八章

建筑电气工程工程量清单项目设置及工程量计算规则

为规范通用安装工程造价计量行为，统一通用安装工程工程量计算规则、工程量清单的编制方法，住房和城乡建设部与国家质量监督检验检疫总局联合发布《通用安装工程工程量计算规范》（GB 50856—2013），该规范适用于工业、民用、公共设施建设安装工程的计量和工程量清单编制。也就是说，通用安装工程计价，必须按本规范规定的工程量计算规则进行工程计量。建筑电气安装工程的清单工程量计算除依据本规范外，还应依据以下文件：

1）经审定通过的施工设计图及说明。

2）经审定通过的施工组织设计或施工方案。

3）经审定通过的其他有关技术经济文件。

《通用安装工程工程量计算规范》（GB 50586—2013）中附录 D 电气设备安装工程共设置了变压器安装、配电装置安装、母线安装、控制设备及低压电气安装、蓄电池安装、电机检查接线及调试、滑触线装置安装、电缆安装、防雷及接地装置安装、10kV 以下架空配电线路、配管配线、照明器具安装、附属工程、电气调整试验等 15 节 158 个清单项目。清单项目编码范围为：030401001~030414015。该规范适用于 10kV 以下变配电设备及安装工程、车间动力电气设备及电气照明、防雷及接地装置安装、配管配线、电气调整等。

电气设备安装工程清单项目设置与通用安装工程消耗量定额项目的划分进行了适当的对应衔接，基本保持一致。

第一节　变配电装置安装工程

一、变压器安装

变压器安装工程量清单项目设置、项目特征描述的内容、计量单位及工程量计算规则，应按表 8.1 的规定执行。

1. 变压器安装清单项目的设置

变压器安装包括油浸电力变压器、干式变压器、整流变压器、自耦变压器、有载调压变压器、电炉变压器和消弧线圈的安装。根据《通用安装工程工程量计算规范》（GB 50856—2013）变压器安装项目（附录 D.1），变压器安装清单项目编码列有 7 项，项目编码为030401001~030401007。

2. 变压器安装工程量清单工程量计算规则

变压器工程量清单项目的计量，均指形成实体部分的计量。变压器安装清单计算规则为按设计图示数量，区别不同容量均以"台"为计量单位计量。

表 8.1　GB 50856—2013 附录 D.1 变压器安装（部分）（编码：030401）

项目编码	项目名称	项目特征	计量单位	工程量计算规则	工程内容
030401001	油浸电力变压器	1. 名称 2. 型号 3. 容量(kV·A) 4. 电压(kV) 5. 油过滤要求 6. 干燥要求	台	按设计图示数量计算	1. 本体安装 2. 基础型钢制作、安装 3. 油过滤 4. 干燥 5. 接地 6. 网门及保护门制作、安装 7. 补刷(喷)油漆
030401002	干式变压器	7. 基础型钢形式、规格 8. 网门、保护门材质、规格 9. 温控箱型号、规格			1. 本体安装 2. 基础型钢制作、安装 3. 温控箱安装 4. 接地 5. 网门及保护门制作、安装 6. 补刷(喷)油漆
030401003	整流变压器	1. 名称 2. 型号 3. 容量(kV·A) 4. 电压(kV) 5. 油过滤要求 6. 干燥要求 7. 基础型钢形式、规格 8. 网门、保护门材质、规格			1. 本体安装 2. 基础型钢制作、安装 3. 油过滤 4. 干燥 5. 网门及保护门制作、安装 6. 补刷(喷)油漆
030401004	自耦变压器				
030401005	有载调压变压器				

　　关于需在综合单价中考虑工程内容的项目，因为它不体现在清单项目上，故对其计量单位和计算规则不做具体规定。在计价时，其数量应与该清单项目相匹配，可参照消耗量定额中相应的计算规则计算在综合单价中。

二、配电装置安装

　　配电装置安装工程量清单项目设置、项目特征描述的内容、计量单位及工程量计算规则，应按 GB 50856—2013 附录 D.2 的规定执行，见表 8.2。

表 8.2　GB 50856—2013 附录 D.2 配电装置安装（部分）（编码：030402）

项目编码	项目名称	项目特征	计量单位	工程量计算规则	工程内容
030402001	油断路器	1.名称 2.型号 3.容量(A) 4.电压等级(kV) 5.安装条件 6.操作机构名称及型号 7.基础型钢规格 8.接线材质、规格 9.安装部位 10.油过滤要求	台	按设计图示数量计算	1.本体安装、调试 2.基础型钢制作、安装 3.油过滤 4. 补刷(喷)油漆 5.接地
030402002	真空接触器				1.本体安装、调试 2.基础型钢制作、安装 3.补刷(喷)油漆 4.接地
030402003	SF$_6$ 断路器				
030402017	高压成套配电柜	1.名称 2.型号 3.规格 4.母线配置方式 5.种类 6. 基础型钢形式、规格	台	按设计图示数量计算	1.本体安装 2.基础型钢制作、安装 3.补刷(喷)油漆 4. 接地
030402018	组合型成套箱式变电站	1. 名称 2. 型号 3. 容量(kV·A) 4. 电压(kV) 5. 组合形式 6. 基础规格、浇筑材质			1.本体安装 2.基础浇筑 3.进箱母线安装 4.补刷(喷)油漆 5.接地

1. 配电装置安装清单项目的设置

《通用安装工程工程量计算规范》（GB 50856—2013）中附录 D.2 配电装置安装，清单项目编码列有 18 项，项目编码为 030402001~030402018。配电装置安装包括各种断路器、真空接触器、隔离开关、负荷开关、互感器、熔断器、避雷器电抗器、电容器、滤波装置、高压成套配电柜、组合型成套箱式变电站等的安装。

2. 配电装置安装工程量计算规则

配电装置安装大部分项目以"台"为计量单位，少部分以"组"或"个"为计量单位，计算时均按设计图图示数量计算。

3. 相关说明

空气断路器的储气罐及储气罐至断路器的管路应按《通用安装工程工程量计算规范》（GB 50856—2013）附录 H 工业管道工程相关项目编码列项。干式电抗器项目适用于混凝土电抗器、铁心干式电抗器、空心干式电抗器等。设备安装未包括混凝土螺栓、浇筑，如需安装应按现行国家标准《房屋建筑与装饰工程工程量计算规范》（GB 50854—2013）相关项目编码列项。

三、母线安装工程

母线安装工程量清单项目设置、项目特征描述的内容、计量单位及工程量计算规则，应按 GB 50856—2013 附录 D.3 的规定执行，见表 8.3。

表 8.3 GB 50856—2013 附录 D.3 母线安装（部分）（编码：030403）

项目编码	项目名称	项目特征	计量单位	工程量计算规则	工程内容
030403001	软母线	1. 名称 2. 材质 3. 型号 4. 规格 5. 绝缘子类型、规格			1. 绝缘子耐压试验 2. 母线安装 3. 跳线安装 4. 绝缘子安装
030403003	带形母线	1. 名称 2. 型号 3. 规格 4. 材质 5. 绝缘子类型、规格 6. 穿墙套管材质、规格 7. 穿通板材质、规格 8. 母线桥材质、规格 9. 引下线材质、规格 10. 伸缩节、过渡板材质、规格 11. 分相漆品种	m	按设计图示尺寸以单线长度计算（含预留长度）	1. 支持绝缘子、穿墙套管的耐压试验、安装 2. 穿通板制作、安装 3. 母线安装 4. 引下线安装 5. 伸缩节安装 6. 过渡板安装 7. 刷分相漆
030403004	槽形母线	1. 名称 2. 型号 3. 规格 4. 材质 5. 连接设备名称、规格 6. 分相漆品种			1. 母线制作、安装 2. 与发电机、变压器连接 3. 与断路器、隔离开关连接 4. 刷分相漆
030403006	低压封闭式插接母线槽	1. 名称 2. 型号 3. 规格 4. 容量（kV·A） 5. 线制 6. 安装部位	m	按设计图示尺寸以中心线长度计算	1. 母线安装 2. 补刷（喷）油漆

1. 母线安装清单项目的设置

《通用安装工程工程量计算规范》（GB 50856—2013）中附录 D.3 母线安装，清单项目编码列有 8 项，项目编码为 030403001 ~ 030403008。母线安装包括软母线、组合软母线、带形母线、槽形母线、共箱母线、低压封闭插接母线、重型母线、始端箱和分线箱的安装，以母线安装项目特征即名称、型号、规格等设置清单项目。

2. 母线安装工程量计算规则

软母线、组合软母线、带形母线计量单位均为"m"，其工程量计算规则按设计图示尺寸以单线长度计算（含预留长度）。共箱母线、低压封闭插接母线槽计量单位均为 m，其工程量计算规则按设计图示尺寸以中心线长度计算。重型母线计量单位为 t，其工程量计算规则按设计图示尺寸以质量计算。

始端箱、分线箱以"台"为计量单位外，其工程量计算规则按设计图示尺寸计算。

3. 相关说明

有关母线预留长度，在做清单项目综合单价时，按设计要求或施工及验收规范的规定长度一并考虑。硬母线配置安装预留长度见表 8.4。

表 8.4　硬母线配置安装预留长度　　　　　　　　　　（单位：m/根）

序号	项目	预留长度	说明
1	带形、槽形母线终端	0.3	从最后一个支持点算起
2	带形、槽形母线与分支线连接	0.5	分支线预留
3	带形母线与设备连接	0.5	从设备端子接口算起
4	多片重型母线与设备连接	1.0	从设备端子接口算起
5	槽形母线与设备连接	0.5	从设备端子接口算起

四、控制设备及低压电器安装工程

控制设备及低压电器安装工程量清单项目设置、项目特征描述的内容、计量单位及工程量计算规则，应按 GB 50856—2013 附录 D.4 的规定执行，见表 8.5。

1. 控制设备及低压电器安装清单项目的设置

《通用安装工程工程量计算规范》（GB 50856—2013）中附录 D.4 控制设备及低压电器安装，清单项目编码列有 36 项，项目编码为 030404001 ~ 030404036。控制设备及低压电器安装控制设备（各种控制屏、继电信号屏、模拟屏、控制箱、配电屏、整流柜、电气屏（柜）、成套配电箱等）及低压电器（各种控制开关、控制器、接触器、启动器等）的安装，分别以名称、型号、规格、结构、质量、回路、容量为特征设置项目清单。

2. 控制设备及低压电器安装工程量计算规则

控制设备及低压电器安装大部分项目以"台"为计量单位，个别项目以"个""套"为计量单位，其工程量计算规则均按设计图示数量计算。

3. 相关说明

1）清单项目描述时，对各种铁构件如镀锌、镀锡、喷漆等，应加以描述，以便计价。

2）凡导线进出屏、柜、箱、低压电器的，该清单项目均应对是否焊（压）接线端子进行描述。而电缆进出屏、柜、箱、低压电器的，可不描述焊（压）接线端子，因为已综合在电缆敷设的清单项目中。

3）凡需做盘（屏、柜）配线的清单项目必须予以描述。

4）控制开关包括低压断路器（俗称自动空气开关）、刀开关、封闭式负荷开关（铁壳开关）、开启式负荷开关（俗称胶盖刀闸）、组合控制开关、万能转换开关、漏电保护开关等。

5）小电器包括按钮、照明用开关、插座、电笛、电铃、电风扇、水位电气信号装置、测量表计、继电器、电磁锁、屏上辅助设备、辅助电压互感器、小型安全变压器等。

6）其他电器安装指：本节未列的电器项目。

7）其他电器必须根据电器实际名称确定项目名称，明确描述工作内容、项目特征、计量单位，计算规则。

8）盘、箱、柜的外部进出线预留长度见表8.6。

表 8.5　GB 50856—2013 附录 D.4 控制设备及低压电器安装（部分）（编码：030404）

项目编码	项目名称	项目特征	计量单位	工程量计算规则	工程内容
030404004	低压开关柜	1. 名称 2. 型号 3. 规格 4. 种类 5. 基础型钢形式、规格 6. 接线端子材质、规格 7. 端子板外部接线材质、规格 8. 小母线材质、规格 9. 屏边规格	台	按设计图示数量计算	1. 本体安装 2. 基础型钢制作、安装 3. 端子板安装 4. 焊、压接线端子 5. 盘柜配线、端子接线 6. 屏边安装 7. 小母线安装 8. 补刷(喷)油漆 9. 接地
030404005	弱电控制返回屏				
030404016	控制箱	1. 名称 2. 型号 3. 规格 4. 基础形式、材质、规格 5. 接线端子材质、规格 6. 端子板外部接线材质、规格 7. 安装方式			1. 本体安装 2. 基础型钢制作、安装 3. 焊、压接线端子 4. 补刷(喷)油漆 5. 接地
030404017	配电箱				
030404034	照明开关	1. 名称 2. 材质 3. 规格 4. 安装方式	个		1. 本体安装 2. 接线
030404035	插座				

表 8.6　盘、箱、柜的外部进出线的预留长度

序号	项目	预留长度	说明
1	各种箱、柜、盘、盒	高+宽	盘面尺寸
2	单独安装的铁壳开关、自动开关、刀开关、启动器、箱式电阻器、变阻器	0.5	从安装对象中心算起
3	继电器、控制开关、信号灯、按钮、熔断器等小电器	0.3	从安装对象中心算起
4	分支接头	0.2	分支线预留

第二节　蓄电池、电机、滑触线装置安装工程

一、蓄电池安装工程

蓄电池安装工程量清单项目设置、项目特征描述的内容、计量单位及工程量计算规则，应按 GB 50856—2013 附录 D.5 的规定执行，见表8.7。

表 8.7　GB 50856—2013 附录 D.5 蓄电池安装 （编码：030405）

项目编码	项目名称	项目特征	计量单位	工程量计算规则	工程内容
030405001	蓄电池	1. 名称 2. 型号 3. 容量（A·h） 4. 防振支架形式、材质 5. 充放电要求	个 （组件）	按设计图示数量计算	1. 防振支架安装 2. 本体安装 3. 充放电
030405002	太阳能电池	1. 名称 2. 型号 3. 规格 4. 容量 5. 安装方式	组		1. 安装 2. 电池方阵铁架安装 3. 联调

1. 蓄电池安装清单项目的设置

《通用安装工程工程量计算规范》（GB 50856—2013）中附录 D.5 蓄电池安装，清单项目编码列有 2 项，项目编码为 030405001～030405002。蓄电池安装控制包括蓄电池、太阳能电池安装，分别以名称、型号、容量为特征设置项目清单。

2. 蓄电池安装工程量计算规则

蓄电池安装项目计量单位为"个"，太阳能电池安装项目计量单位为"组"，其工程量计算规则均按设计图示数量计算。

3. 相关说明

1）如果设计要求蓄电池抽头连接用电缆及电缆保护管时，应在清单项目中予以描述，以便计价。

2）蓄电池电解液如需承包方提供，亦应描述。

3）蓄电池充放电费用综合在安装单价中，按"组"充放电，但需摊到每一个蓄电池的安装综合单价中报价。

二、电机检查接线及调试

电机检查接线及调试工程量清单项目设置、项目特征描述的内容、计量单位及工程量计算规则，应按 GB 50856—2013 附录 D.6 的规定执行，见表 8.8。

表 8.8　GB 50856—2013 附录 D.6 电机检查接线及调试 （部分）（编码：030406）

项目编码	项目名称	项目特征	计量单位	工程量计算规则	工程内容
030406001	发电机	1. 名称 2. 型号 3. 容量（kW） 4. 接线端子材质、规格 5. 干燥要求	台	按设计图示数量计算	1. 检查接线 2. 接地 3. 干燥 4. 调试
030406002	调相机				
030406003	普通小型直流电动机				
030406004	可控硅调速直流电动机	1. 名称 2. 型号 3. 容量（kW） 4. 类型 5. 接线端子材质、规格 6. 干燥要求			

1．电机检查接线及调试清单项目的设置

《通用安装工程工程量计算规范》（GB 50856—2013）中附录 D.6 电机检查接线及调试，清单项目编码列有 12 项，项目编码为 030406001~030406012。电机检查接线及调试包括交直流电动机和发电机的检查接线及调试，别以名称、型号、容量等为项目特征设置清单项目。

2．电机检查接线及调试工程量计算规则

电机检查接线及调试中除电动机组清单项目以"组"为计量单位，其他所有清单项目的计量单位均为"台"。计算规则按设计图示数量计算。

3．相关说明

1）电机是否需要干燥应在项目中予以描述。

2）电机接线如需焊（压）接线端子亦应描述。

3）按规范要求，从管口到电机接线盒间要有软管保护，项目应描述软管的材质和长度，报价时应考虑在综合单价中。

4）工程内容中应描述"接地"要求，如接地线的材质、防腐处理等。

5）电机按其质量划分大、中、小型，电机单台质量在 3t 以下为小型，电机单台质量在 3~30t 为中型，电机单台质量在 30 t 以上为大型。报价时，如果参考《全国统一安装工程预算定额》时，应按电机铭牌或产品说明书上标注的质量，套用对应的定额项目计算。

三、滑触线装置安装

滑触线装置安装工程量清单项目设置、项目特征描述的内容、计量单位及工程量计算规则，应按 GB 50856—2013 附录 D.7 的规定执行，见表 8.9。

表 8.9　GB 50856—2013 附录 D.7 滑触线装置安装（编码 030407）

项目编码	项目名称	项目特征	计量单位	工程量计算规则	工作内容
030407001	滑触线	1. 名称 2. 型号 3. 规格 4. 材质 5. 支架形式，材质 6. 移动软电缆材质、规格、安装部位 7. 拉紧装置类型 8. 伸缩接头材质、规格	m	按设计图示尺寸以单项长度计算（含预留长度）	1. 滑触线安装 2. 滑触线支架制作，安装 3. 拉紧装置及挂式支持器制作、安装 4. 移动软电缆安装 5. 伸缩接头制作、安装

1．滑触线装置安装清单项目的设置

《通用安装工程工程量计算规范》（GB 50856—2013）中附录 D.7 滑触线装置安装，清单项目编码列有 1 项，项目编码为 030407001。滑触线装置安装以名称、型号、规格、材质等为项目特征设置清单项目。

2．滑触线装置安装工程量计算规则

滑触线装置清单项目以"m"为计量单位，计算规则按设计图示尺寸以单相长度计算（含预留长度）。

3．相关说明

支架基础铁件及螺栓是否浇注需说明。

滑触线安装预留长度见表 8.10。

表 8.10　滑触线安装预留长度　　　　　　　　　　（单位：m/根）

序号	项目	预留长度/(m/根)	说明
1	圆钢、铜母线与设备连接	0.2	从设备接线端子接口起算
2	圆钢、铜滑触线终端	0.5	从最后一个固定点起算
3	角钢滑触线终端	1.0	从最后一个支持点起算
4	扁钢滑触线终端	1.3	从最后一个固定点起算
5	扁钢母线分支	0.5	分支线预留
6	扁钢母线与设备连接	0.5	从设备接线端子接口起算
7	轻轨滑触线终端	0.8	从最后一个支持点起算
8	安全节能及其他滑触线终端	0.5	从最后一个固定点起算

第三节　电缆安装工程

电缆安装工程量清单项目设置、项目特征描述的内容、计量单位及工程量计算规则，应按 GB 50856—2013 附录 D.8 的规定执行，见表 8.11。

表 8.11　GB 50856—2013 附录 D.8 电缆安装（编码：030408）

项目编码	项目名称	项目特征	计量单位	工程量计算规则	工程内容
030408001	电力电缆	1.名称 2.型号 3.规格 4.材质 5.敷设方式、部位 6.电压等级(kV) 7.地形	m	按设计图示尺寸以长度计算(含预留长度及附加长度)	1. 电缆敷设 2. 揭(盖)盖板
030408002	控制电缆				
030408003	电缆保护管	1.名称 2.材质 3.规格 4.敷设方式		按设计图示尺寸以长度计算	保护管敷设
030408004	电缆槽盒	1.名称 2.材质 3.规格 4.型号			槽盒安装
030408005	铺砂、盖保护板(砖)	1.种类 2.规格			1. 铺砂 2. 盖板(砖)
030408006	电力电缆头	1. 名称 2. 型号 3. 规格 4. 材质、类型 5. 安装部位 6. 电压等级(kV)	个	按设计图示数量计算	1. 电力电缆头制作 2. 电力电缆头安装 3. 接地
030408007	控制电缆头	1. 名称 2. 型号 3. 规格 4. 材质、类型 5. 安装方式			

（续）

项目编码	项目名称	项目特征	计量单位	工程量计算规则	工程内容
030408008	防火堵洞	1. 名称 2. 材质 3. 方式 4. 部位	处	按设计图示数量计算	安装
030408009	防火隔板		m²	按设计图示尺寸以面积计算	
030408010	防火涂料		kg	按设计图示尺寸以质量计算	
030408011	电缆分支箱	1. 名称 2. 型号 3. 规格 4. 基础形式、材质、规格	台	按设计图示数量计算	1. 本体安装 2. 基础制作、安装

1. 电缆安装清单项目的设置

《通用安装工程工程量计算规范》（GB 50856—2013）中附录 D.8 电缆安装，清单项目编码列有 11 项，项目编码为 030408001~030408011。电缆安装的清单项目包括电力电缆、控制电缆、电缆保护管、电缆槽盒、铺砂盖保护板（砖）、电力电缆头、电缆分支箱等工程项目。电缆敷设以型号、规格、材质为项目的基本特征，但其表述方法不同。如：电缆敷设的规格指电缆截面；电缆保护管敷设项目的规格指管径。

2. 电缆安装清单项目工程量计算规则

1）电缆敷设的计量单位为"m"，其工程量计算规则按设计图示尺寸以长度计算（含预留长度及附加长度）。

2）电缆保护管、电缆槽盒、铺砂盖保护板（砖）的计量单位为"m"，其工程量计算规则按设计图示尺寸以长度计算。

3）电缆头、防护堵洞、电缆分支箱的计量单位分别为"个""处""台"，其工程量计算规则按设计图示数量计算。

3. 相关说明

1）电缆穿刺线缆排管、顶管，应按现行国家标准《市政工程工程量计算规范》（GB 50857—2013）相关项目编码列项。

2）电缆敷设中所有预留量，均按设计要求或施工验收规范规定的长度。电缆敷设预留长度及附加长度见表 8.12。

3）电缆沟土石方工程量清单按《房屋建筑与装饰工程工程量计算规范》（GB 50854—2013）中设置编码列项。项目表述时，要表明沟的平均深度、土质和铺砂盖砖的要求。

4）电缆敷设需要综合的项目很多，一定要描述清楚。

表 8.12　电缆敷设预留长度及附加长度

序列	项目	预留（附加）长度	说明
1	电缆敷设弛度、波形弯度、交叉	2.5%	按电缆全长计算
2	电缆进入建筑物	2.0m	规范规定最小值
3	电缆进入沟内或吊架时引上（下）预留	1.5m	规范规定最小值
4	变电所进线、出线	1.5m	规范规定最小值
5	电力电缆终端头	1.5m	检修余量最小值
6	电缆中间接头盒	两端各留 2.0m	检修余量最小值
7	电缆进控制、保护屏及模拟盘等	高+宽	按盘面尺寸
8	高压开关柜及低压配电盘、箱	2.0m	盘下进出线
9	电缆至电动机	0.5m	从电机接线盒算起
10	厂用变压器	3.0m	从地坪算起
11	电缆绕过梁柱等增加长度	按实计算	按被绕物的断面情况计算增加长度
12	电梯电缆与电缆架固定点	每处 0.5m	规范规定最小值

第四节　防雷及接地装置安装工程

防雷及接地装置安装工程量清单项目设置、项目特征描述的内容、计量单位及工程量计算规则，应按 GB 50856—2013 附录 D.9 的规定执行，见表 8.13。

表 8.13　GB 50856—2013 附录 D.9 防雷接地装置（编码：030409）

项目编码	项目名称	项目特征	计量单位	工程量计算规则	工作内容
030409001	接地极	1. 名称 2. 材质 3. 规格 4. 土质 5. 基础接地形式	根（块）	按设计图示数量计算	1. 接地极（板、桩）制作、安装 2. 基础接地网安装 3. 补刷（喷）油漆
030409002	接地母线	1. 名称 2. 材质 3. 规格 4. 安装部位 5. 安装形式			1. 接地母线制作、安装 2. 补刷（喷）油漆
030409003	避雷引下线	1. 名称 2. 材质 3. 规格 4. 安装部位 5. 安装形式 6. 断接卡子、箱材质、规格	m	按设计图示尺寸以长度计算（含附加长度）	1. 避雷引下线制作、安装 2. 断接卡子、箱制作、安装 3. 利用主钢筋焊接 4. 补刷（喷）油漆
030409004	均压环	1. 名称 2. 材质 3. 规格 4. 安装形式			1. 均压环敷设 2. 钢铝窗接地 3. 柱主筋与圈梁焊接 4. 利用圈梁钢筋焊接 5. 补刷（喷）油漆
030409005	避雷网	1. 名称 2. 材质 3. 规格 4. 安装形式 5. 混凝土块强度等级			1. 避雷网制作、安装 2. 跨接 3. 混凝土制作 4. 补刷（喷）油漆
030409006	避雷针	1. 名称 2. 材质 3. 规格 4. 安装形式、高度	根	按设计图示数量计算	1. 避雷针制作、安装 2. 跨接 3. 补刷（喷）油漆
030409007	半导体少长针消雷装置	1. 型号 2. 高度	套		本体安装
030409008	等电位端子箱、测试板	1. 名称 2. 材质 3. 规格	台（块）		
030409009	绝缘垫		m²	按设计图示尺寸以展开面积计算	1. 制作 2. 安装
030409010	浪涌保护器	1. 名称 2. 规格 3. 安装形式 4. 防雷等级	个	按设计图示数量计算	1. 本体安装 2. 接线 3. 接地
030409011	降阻剂	1. 名称 2. 类型	kg	按设计图示以质量计算	1. 挖土 2. 施放降阻剂 3. 回填土 4. 运输

1. 防雷及接地装置安装清单项目的设置

《通用安装工程工程量计算规范》（GB 50856—2013）中附录 D.9 防雷及接地装置，清单项目编码列有 11 项，项目编码为 030409001~030409011。防雷及接地装置的清单项目包括多项分部分项工程项目，即接地极，接地母线，避雷针引下线，均压环，避雷网，避雷针，半导体少长针消雷装置，等电位端子箱、测试板，绝缘垫，浪涌保护器、降阻剂等的安装。

2. 防雷及接地装置安装工程量计算规则

1）接地极、避雷针、半导体少长针消雷装置、浪涌保护器的计量单位分别以"根（块）""根""套""个"为计量单位，其工程量计算规则按设计图示数量计算。

2）接地母线、避雷引下线、均压环、避雷网均以"m"为计量单位，其工程量计算规则是按设计图示尺寸以长度计算（含附加长度）。

3. 防雷及接地装置安装相关说明

1）利用桩基础作接地极，应描述桩台下桩的根数、每桩台下需焊接柱筋根数，其工程量按柱引下线计算；利用基础钢筋作接地极按均压环项目编码列项。

2）利用柱筋作引下线的，需描述主筋焊接根数。

3）利用圈梁筋作均压环的，需描述圈梁筋焊接的根数。

4）使用电缆、电线作接地线，应按 GB 50856—2013 附录 D.8、D.12 相关项目编码列项。

5）接地母线、引下线、避雷网附加长度见表 8.14。

表 8.14　接地母线、引下线、避雷网附加长度　　　　　　（单位：m）

项目	附加长度	说明
接地母线、引下线、避雷网	3.9%	按接地母线、引下线、避雷网全长计算

第五节　10kV 以下架空配电线路

10kV 以下架空配电线路安装工程量清单项目设置、项目特征描述的内容、计量单位及工程量计算规则，应按 GB 50856—2013 附录 D.10 的规定执行，见表 8.15。

表 8.15　GB 50856—2013 附录 D.10 10kV 以下架空配电线路（编码：030410）

项目编码	项目名称	项目特征	计量单位	工程量计算规则	工作内容
030410001	电杆组立	1. 名称 2. 材质 3. 规格 4. 类型 5. 地形 6. 土质 7. 底盘、拉盘、卡盘规格 8. 拉线材质、规格、类型 9. 现浇基础类型、钢筋类型、规格，基础垫层要求 10. 电杆防腐要求	根（基）	按设计图示计算	1. 施工定位 2. 电杆组立 3. 土（石）方挖填 4. 底盘、拉盘、卡盘安装 5. 电杆防腐 6. 拉线制作、安装 7. 现浇基础、基础垫层 8. 工地运输
030410002	横担组装	1. 名称 2. 材质 3. 规格 4. 类型 5. 电压等级（kV） 6. 瓷瓶型号、规格 7. 金具品种规格	组		1. 横担安装 2. 瓷瓶、金具组装

（续）

项目编码	项目名称	项目特征	计量单位	工程量计算规则	工作内容
030410003	导线架设	1. 名称 2. 型号 3. 规格 4. 地形 5. 跨越类型	km	按设计图示尺寸以单线长度计算（含预留长度）	1. 导线架设 2. 导线跨越及进户线架设 3. 工地运输
030410004	杆上设备	1. 名称 2. 型号 3. 规格 4. 电压等级(kV) 5. 支撑架种类、规格 6. 接线端子材质、规格 7. 接地要求	台(组)	按设计图示数量计算	1. 支撑架按装 2. 本体安装 3. 焊压接线端子、接线 4. 补刷（喷）油漆 5. 接地

1. 10kV 以下架空配电线路清单项目的设置

《通用安装工程工程量计算规范》（GB 50856—2013）中附录 D.10　10kV 以下架空配电线路，清单项目编码列有 4 项，项目编码为 0304010001～0304010004。10kV 以下架空配电线路的清单项目包括电杆组立、横担安装、导线架设、杆上设备。

2. 10kV 以下架空配电线路工程量计算规则

1) 电杆组立、横担安装、杆上设备的计量单位分别是"根""组""台"，其工程量计算规则按设计图示数量计算。

2) 导线架设以"km"为计量单位，其工程量计算规则是按设计图示尺寸以长度计算（含附加长度）。

3. 10kV 以下架空配电线路安装相关说明

1) 杆上设备调试，应按 GB 50856—2013 附录 D.14 相关项目列项。

2) 架空导线预留长度见表 8.16。

表 8.16　导线架设预留长度表　　　　　　　（单位：m/根）

项目名称	预留长度	项目名称	预留长度
转角(高压)	2.5	交叉跳线转角(低压)	1.5
分支终端(高压)	2.0	与设备连接	0.5
分支终端(低压)	0.5	进户线	2.5

第六节　配管、配线安装工程

配管、配线安装工程量清单项目设置、项目特征描述的内容、计量单位及工程量计算规则，应按 GB 50856—2013 附录 D.11 的规定执行，见表 8.17。

1. 配管、配线安装工程清单项目的设置

《通用安装工程工程量计算规范》（GB 50856—2013）中附录 D.11 配管、配线，清单项目编码列有 6 项，项目编码为 0304011001～0304011006。配管、配线安装工程的清单项目有配管、线槽、桥架、配线、接线箱、接线盒等。

2. 配管、配线安装工程量计算规则

1) 配管、线槽、桥架的计量单位均为"m"，其工程量计算规则按设计图示以长度计算。

2) 配线的计量单位为"m"，其工程量计算规则是按设计图示尺寸以长度计算（含附加长度）。

表 8.17　GB 50856—2013 附录 D.11 配管，配线（编码：030411）

项目编码	项目名称	项目特征	计量单位	工程量计算规则	工作内容
030411001	配管	1. 名称 2. 材质 3. 规格 4. 配置形式 5. 接地要求 6. 钢索材质、规格		按设计图示尺寸以长度计算	1. 电线管路敷设 2. 钢索架设（拉紧装置安装） 3. 预留沟槽 4. 接地
030411002	线槽	1. 名称 2. 材质 3. 规格	m		1. 本体安装 2. 补刷（喷）油漆
030411003	桥架	1. 名称 2. 型号 3. 规格 4. 材质 5. 类型 6. 接地方式			1. 本体安装 2. 接地
030411004	配线	1. 名称 2. 配线形式 3. 型号 4. 规格 5. 材质 6. 配线部位 7. 配线线制 8. 钢索材质、规格	m	按设计图示尺寸以单线长度计算（含预留长度）	1. 配线 2. 钢索架设（拉紧装置安装） 3. 支持体（夹板、绝缘子、槽板等）安装
030411005	接线箱	1. 名称 2. 材质 3. 规格 4. 安装形式	个	按设计图示尺寸数量计算	本体安装
030411006	接线盒				

3）接线盒、接线箱的计量单位为"个"，其工程量计算规则是按设计图示数量计算。

3. 配管、配线安装工程安装相关说明

1）配管、线槽安装不扣除管路中间的接线箱（盒）、灯头盒、开关盒所占长度。

2）配管名称指电线管、钢管、防爆管、塑料管、软管、波纹管等。

3）配管配置形式指明配、暗配、吊顶内、钢结构支架、钢索配管、埋地敷设、水下敷设、砌筑沟内附设等。

4）配线名称指管内穿线、瓷夹板配线、塑料夹板配线、绝缘子配线、槽板配线、塑料护套配线、线槽配线、车间带形母线等。

5）配线形式指照明线路，动力线路，木结构，顶棚内，砖、混凝土结构，沿支架、钢索、屋架、梁、柱、墙，以及跨屋架、梁、柱。

6）配线保护管遇到下列情况之一时应增设管路接线盒和拉线盒：①管长度每超过 30m，无弯曲；②管长度每超过 20m，有 1 个弯曲；③管长度每超过 15m，有 2 个弯曲；④管长度每超过 8m，有 3 个弯曲。垂直敷设的电线保护管遇到下列情况之一时，应增设固定导线用的拉线盒：①管内导线截面为 50mm² 及以下，长度每超过 30m；②管内导线长度截面为 70~95mm²，长度每超过 20m；③管内导线截面为 120~240mm²，长度每超过 18m。在配管清单项目计算时，设计无要求时上述规定可以作为计量接线盒、拉线盒的依据。

7）配管安装中不包括凿槽、刨沟，应按附录 D.13 相关项目编码列项。

8）配线进入箱、柜、板的预留长度见表 8.18。

表 8.18　配线进入箱、柜、板的预留长度　　　　　　　（单位：m/根）

序号	项目	预留长度	说明
1	各种开关箱、柜、板	高+宽	盘面尺寸
2	单独安装（无箱、盘）的铁壳开关、闸刀开关、启动器、线槽进出线盒等	0.3m	从安装对象中心算
3	由地坪管子出口引至动力接线箱	1m	从管口计算
4	电源与管内导线连接（管内穿线与软、硬母线接头）	1.5m	从管口计算
5	出户线	1.5m	从管口计算

第七节　照明器具安装工程

照明器具安装工程量清单项目设置、项目特征描述的内容、计量单位及工程量计算规则，应按 GB 50856—2013 附录 D.12 的规定执行，见下表 8.19。

表 8.19　GB 50856—2013 附录 D.12 照明器具安装（部分）（编码：030412）

项目编码	项目名称	项目特征	计量单位	工程量计算规则	工作内容
030412001	普通灯具	1. 名称 2. 型号 3. 规格 4. 类型	套	按设计图示数量计算	本体安装
030412002	工厂灯	1. 名称 2. 型号 3. 规格 4. 安装形式			
030412004	装饰灯	1. 名称 2. 型号 3. 规格 4. 安装形式			
030412005	荧光灯				
030412007	一般路灯	1. 名称 2. 型号 3. 规格 4. 灯杆材质、规格 5. 灯架形式及臂长 6. 附件配置要求 7. 灯杆形式（单、双） 8. 基础形式、砂浆配合比 9. 杆座材质、规格 10. 接线端子材质、规格 11. 编号 12. 接地要求			1. 基础制作、安装 2. 立灯杆 3. 杆座安装 4. 灯架及灯具附件安装 5. 焊、压接线端子 6. 补刷（喷）漆 7. 灯杆编号 8. 接地
030412008	中杆灯	1. 名称 2. 灯杆的材质及高度 3. 灯架的型号、规格 4. 附件配置 5. 光源数量 6. 基础形式、浇筑材质 7. 杆座材质、规格 8. 接线端子材质、规格 9. 铁构件规格 10. 编号 11. 灌浆配合比 12. 接地要求			1. 基础浇筑 2. 立灯杆 3. 杆座安装 4. 灯架及灯具附件安装 5. 焊、压接线端子 6. 铁构件安装 7. 补刷（喷）油漆 8. 灯杆编号 9. 接地

（续）

项目编码	项目名称	项目特征	计量单位	工程量计算规则	工作内容
030412009	高杆灯	1. 名称 2. 灯杆高度 3. 灯架形式（成套或组装，固定或升降） 4. 附件配置 5. 光源数量 6. 基础形式、浇筑材质 7. 杆座材质、规格 8. 接线端子材质、规格 9. 铁构件规格 10. 编号 11. 灌浆配合比 12. 接地要求	套	按设计图示数量计算	1. 基础浇筑 2. 立灯杆 3. 杆座安装 4. 灯架及灯具附件安装 5. 焊、压接线端子 6. 铁构件安装 7. 补刷（喷）油漆 8. 灯杆编号 9. 升降机构接线调试 10. 接地
030412010	桥栏杆灯	1. 名称 2. 型号 3. 规格 4. 安装形式			1. 灯具安装 2. 补刷（喷）油漆
030412011	地道涵洞灯				

1. 照明器具安装清单项目的设置

《通用安装工程工程量计算规范》（GB 50856—2013）中附录 D.12 照明器具安装，清单项目编码列有 11 项，项目编码为 0304012001～0304012011。照明器具安装工程的清单项目包括多种照明灯具：普通灯具、工厂灯、高度标志（障碍）灯、装饰灯、荧光灯、医疗专用灯、一般路灯、中杆灯、高杆灯、桥栏杆灯、地道涵洞灯等。照明器具安装清单项目的基本特征（名称、型号、规格）大致一样，所以以实体的名称就是项目名称，但要说明型号、规格。

2. 照明器具安装工程量计算规则

照明器具安装清单项目的计量单位均为"套"，其工程量计算规则按设计图示数量计算。

3. 照明器具安装工程安装相关说明

1）普通灯具包括圆球吸顶灯、半圆球吸顶灯、方形吸顶灯、软线吊灯、座灯头、吊链灯、防水吊灯壁灯等。

2）工厂等包括工厂罩灯、防水灯、防尘灯、碘钨灯、投光灯、泛光灯、混光灯、密闭灯。

3）高度标志（障碍）灯包括烟囱标志灯、高塔标志灯、高层建筑屋顶障碍标志灯。

4）装饰灯包括吊饰艺术装饰灯、水下（上）艺术装饰灯、点光源艺术灯、歌舞厅灯具、草坪灯具。

5）医疗专用灯包括病房指示灯、病房暗脚灯、紫外线杀菌灯、无影灯等。

6）中杆灯是安装在高度小于或等于 19m 的灯杆上的照明器具。

7）高杆灯是指安装在高度大于 19m 的灯杆上的照明器具。

第八节　附属工程及电气调整试验

一、附属工程

附属工程清单工程量清单项目设置、项目特征描述的内容、计量单位及工程量计算规则，应按 GB 50856—2013 附录 D.13 的规定执行，见下表 8.20。

表 8.20　GB 50856—2013 附录 D.13 附属工程（部分）（编码：030413）

项目编码	项目名称	项目特征	计量单位	工程量计算规则	工作内容
030413001	铁构件	1. 名称 2. 材质 3. 规格	kg	按设计图示尺寸以质量计算	1. 制作 2. 安装 3. 补刷（喷）油漆
030413002	凿（压）槽	1. 名称 2. 规格 3. 类型 4. 填充（恢复）方式 5. 混凝土标准	m	按设计图示尺寸以长度计算	1. 开槽 2. 恢复处理
030413003	打洞（孔）	1. 名称 2. 规格 3. 类型 4. 填充（恢复）方式 5. 混凝土标准	个	按设计图示数量计算	1. 开孔、洞 2. 恢复处理
030413005	人（手）孔砌筑	1. 名称 2. 规格 3. 类型	个	按设计图示数量计算	砌筑
030413006	人（手）孔防水	1. 名称 2. 类型 3. 规格 4. 防水材质及做法	m²	按设计图示防水面积计算	防水

1. 附属工程清单项目的设置

《通用安装工程工程量计算规范》（GB 50856—2013）中附录 D.13 附属工程，清单项目编码列有 6 项，项目编码为 0304013001～0304013006。附属工程的清单项目包括铁构件、凿（压）槽、打洞（孔）、管道包封、人（手）孔砌筑、人（手）孔防水等项目。

2. 附属工程工程量计算规则

1）铁构件制作安装的计量单位为"套"，其工程量计算规则按设计图示尺寸以质量计算。

2）打洞（孔）、人（手）孔的计量单位为"个"，其工程量计算规则按设计图示数量计算。

3）凿（压）槽的计量单位为"m"，其工程量计算规则按设计图示尺寸以长度计算。

3. 附属工程安装相关说明

铁钩件适用电气工程的各种支架、铁钩件的制作安装。

二、电气调整试验

电气调整试验工程量清单项目设置、项目特征描述的内容、计量单位及工程量计算规则，应按 GB 50856—2013 附录 D.14 的规定执行，见下表 8.21。

表 8.21　GB 50856—2013 附录 D.14 电气调整实验（编码：030414）

项目编码	项目名称	项目特征	计量单位	工程量计算规则	工作内容
030414001	电力变压器系统	1. 名称 2. 型号 3. 容量（kV·A）	系统	按设计图示系统计算	系统调试
030414002	送配电装置系统	1. 名称 2. 型号 3. 电压等级（kV） 4. 类型			

（续）

项目编码	项目名称	项目特征	计量单位	工程量计算规则	工作内容
030414003	特殊保护装置	1.名称 2.类型	台（套）	按设计图示数量计算	
030414004	自动投入装置		系统（台、套）		
030414005	中央信号箱装置	1.名称 2.类型	系统（台）		调试
030414006	事故照明切换装置				
030414007	不间断电源	1.名称 2.类型 3.容量	系统	按图示设计系统计算	
030414008	母线	1.名称 2.电压等级（kV）	段	按设计图示数量计算	
030414009	避雷器		组		
030414010	电容器				
030414011	接地装置	1.名称 2.类别	1.系统 2.组	1.以系统计量，按设计图示系统计算 2.以组计量，按设计图示数量计算	接地电阻测试
030414012	电抗器、消弧线圈		台	按设计图示数量计算	
030414013	电除尘器	1.名称 2.型号 3.规格	组		调试
030414014	硅整流设备、可控硅整流装置	1.名称 2.类别 3.电压（V） 4.电流（A）	系统	按设计图示系统计算	
030414015	电缆实验	1.名称 2.电压等级（kV）	次（根，点）	按设计图示数量计算	试验

1. 电气调整试验工程清单项目的设置

《通用安装工程工程量计算规范》（GB 50856—2013）中附录 D.14 电气调整试验，清单项目编码列有 15 项，项目编码为 0304014001~0304014015。电气调整试验的清单项目包括多项分部分项清单项目，即电力变压器系统、送配电装置系统、特殊保护装置、自动投入装置、中央信号装置、事故照明装置、不间断电源、母线、避雷器、电容器、接地装置、电抗器、消弧线圈、电除尘器、硅整流设备、可控硅整流装置、电缆实验等项目。

2. 电气调整试验工程量计算规则

1）电力变压器系统、送配电系统、自动投入装置、不间断电源的计量单位均为"系统"，其工程量计算规则按设计图示系统计算。

2）接地装置若以"系统"为计量单位，其工程量计算规则按设计图示系统计算；若以"组"为计量单位，其工程量计算规则按设计图示数量计算。

3. 电气调整试验工程相关说明

1）功率大于 10kW 的电动机及发电机的启动调试用的蒸汽、电力及其他动力能源消耗及变压器空载试运转的电力消耗及设备需烘干处理应说明。

2）配合机械设备及其他工艺的单体试车，应按 GB 50856—2013 附录 N 措施项目相关项目编码列项。

3）计算机系统调试应按 GB 50856—2013 附录 F 自动化控制仪表安装工程相关项目编码列项。

复习练习题

1. 《通用安装工程工程量计算规范》（GB 50586—2013）中附录 D 电气设备安装工程设置了哪些清单项目？

2. 电气工程中配管、配线工程量清单项目设置及工程量计算规则的内容是什么？

3. 简述电气工程中电缆敷设清单项目设置及工程量计算规则。

4. 某八层住宅楼的防雷及接地工程中，防雷接地工程的工程量见表 8.22，试列出工程量清单。

表 8.22　工程量清单计算表（一）

序号	项目名称	规格　型号	计量单位	数量
1	钢管接地极制作安装	镀锌钢管 SC50，$L=2.5\mathrm{m}$，普通土	根	6
2	接地母线埋地敷设	$-40×4$ 镀锌扁钢	m	28.88
3	钢管避雷针制作	钢管避雷针 5 m	根	5
4	避雷针安装在平屋面上	钢管避雷针 5 m	根	5
5	引下线沿建筑物、构筑物引下	$\phi8$ 镀锌圆钢	m	50.91
6	断接卡子制作安装		套	2
7	避雷带沿女儿墙支架敷设	$\phi8$ 镀锌圆钢	m	139.23
8	接地网测试		次	1

5. 已知某小区住宅楼电气工程，电缆敷设工程量见表 8.23，试列出工程量清单。

表 8.23　工程量清单计算表（二）

序号	项目名称	规格　型号	计量单位	数量
1	电缆沟挖填土方	普通土质	m^3	16.2
2	电缆保护管埋地敷设	SC50	m	54.4
3	电缆穿保护管敷设	YJV($3×50+1×25$)	m	76.26
4	电缆终端头制作安装	户内干包式	个	8
5	落地式配电箱安装	宽与高之和为 2.0m	台	2

6. 济南市某三层办公楼的电气工程，配管配线、照明器具安装工程量计算见表 8.24，试列出工程清单。

表 8.24　工程量清单计算表（三）

序号	项目名称	规格 型号	计量单位	数量
1	嵌入式成套配电箱安装	宽×高×深：290mm×240mm×160mm	台	1
2	无端子外部接线	2.5mm²	个	3
3	无端子外部接线	6mm²	个	3
4	砖、混凝土结构暗配钢管	SC15	m	22.48
5	砖、混凝土结构暗配钢管	SC20	m	14.50
6	照明线路管内穿线	BV2.5mm²	m	65.92
7	照明线路管内穿线	BV4mm²	m	45.10
8	墙体剔槽配管	$\phi15$	m	5.78
9	墙体剔槽配管	$\phi20$	m	6.5
10	接线盒暗装	钢制，86 盒	个	4
11	开关插座盒暗装	钢制，86 盒	个	6
12	半圆球吸顶灯	$\phi300$，$1×32\mathrm{W}$	套	1
13	五头吊花灯	$5×20\mathrm{W}$	套	2
14	吸顶式防水防尘灯	$\phi250$，$1×32\mathrm{W}$	套	1
15	单联单控板式暗开关	220V，10A	套	1
16	双联单控板式暗开关	220V，10A	套	2
17	单相暗插座	220V，15A，不带接地	套	2
18	单相暗插座	220V，15A，带接地	套	1

第九章

建筑电气工程工程量清单计价案例

本章以一个实际的民用建筑电气工程为例，说明它的分部分项工程量计算、招标工程量编制步骤以及招标控制价的编制过程。

一、建筑电气工程清单计价案例工程图纸和设计说明

1. 工程概况

本工程为某接待中心，其建筑面积为 982.72m²，工程主体部分地上 2 层，层高 3.3m，半地下一层 2.7m。具体详见某接待中心的电气平面图（见图 9.1~图 9.10）。

2. 低压配电系统

1）负荷等级。本工程照明用电负荷、弱电用电负荷均为三级负荷。

2）供电电源。本工程供电电源引自小区变电所，电压 380/220V，每户电源进线采用三相四线制；电源在户箱内做重复接地。

3）导线敷设。本工程的每户进线采用 YJV-0.6/1kV 电缆，穿钢管沿顶板、墙敷设至户总配电箱，室内电气线路均穿 PC 管暗敷，施工时应尽量避免交叉，管线型号规格详见系统图。

4）设备安装。本工程每户总配电箱及分配电箱均为距地 1.8m 暗装，所有开关下沿均距地1.3m 暗装，MEB、LEB 箱下沿分别距地 0.5m、0.3m 暗装，住户智能信息配线箱距地 0.5m 暗装，所有开关插座均暗装（型号、规格及安装高度详见表 9.1 主要设备及材料表）。

5）每户用电量为 29kW，照明、空调、普通插座、厨房及卫生间插座分别设置回路。

3. 电气照明系统

1）根据房间大小及用途采用不同灯具，室内场所以紧凑型节能灯为主，厨房设防水防尘灯，卫生间设防水防尘灯及镜前灯，内楼梯设节能吸顶灯，室外照明设防水防潮节能吸顶灯。

2）建筑照明使用 I 类灯具，其 PE 端子应与 PE 线可靠连接。

表 9.1 主要设备及材料表

序号	图例	名称	规格	安装方式
1	○	节能灯	22W	吸顶安装
2	⊗	防水防潮节能灯	22W	吸顶安装
3	├──┤	镜前灯	18W	底边距地 2.5m 壁装
4		单、双、三联单控开关	250V,10A	底边距地 1.3m 暗装
5		安全型五孔插座	250V,10A	底边距地 0.3m 暗装
6		安全型五孔防水防潮插座	250V,10A	底边距地 1.8m 暗装
7		安全型五孔带开关热水器插座	250V,16A	底边距地 1.8m 暗装
8		安全型五孔带开关空调壁挂机插座	250V,16A	底边距地 1.8m 暗装

（续）

序号	图例	名称	规格	安装方式
9		安全型五孔带开关空调柜机插座	250V,16A	底边距地 0.3m 暗装
10		安全型五孔带开关洗衣机插座	250V,16A,带防溅面盖	底边距地 1.3m 暗装
11		安全型抽油烟机五孔插座	250V,16A	底边距地 1.8m 暗装
12		安全型冰箱五孔插座	250V,16A	底边距地 0.3m 暗装
13		安全型排风机防水防潮插座	250V,10A	底边距地 2.5m 暗装
14		户内配电箱	详见系统图	底边距地 1.8m 暗装
15	MEB	总等电位联结箱	500×300×120（宽×高×深）	底边距地 0.5m 明装
16	LEB	局部等电位联结箱	详见系统图	底边距地 0.3m 暗装
17	TV	电视插座	75Ω	底边距地 0.3m 暗装
18	TO	网络插座	RJ45	底边距地 0.3m 暗装
19	TP	电话插座	RJ11	底边距地 0.3m 暗装
20		可视对讲室内机	型号自定	底边距地 1.3m 壁装
21		可视对讲户外机	型号自定	底边距地 1.3m 挂装
22	ADD	住宅智能信息箱	详见系统图	底边距地 0.5m 暗装
23		燃气泄露报警器		燃气公司负责

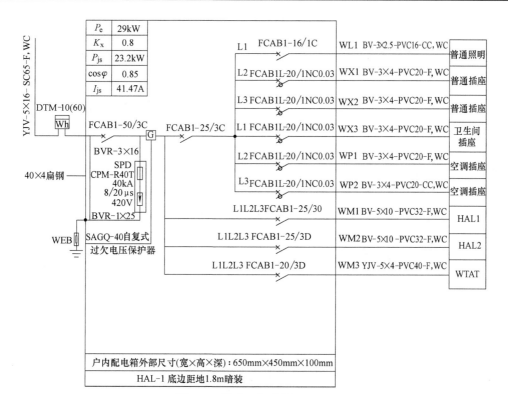

图 9.1　照明配电系统图（一）

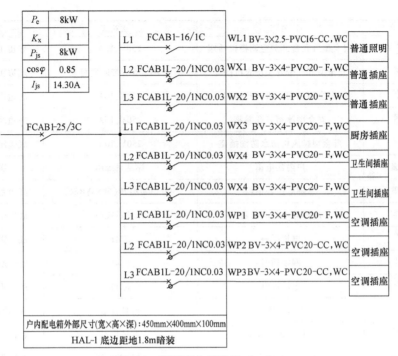

图 9.2 照明配电系统图 (二)

P_e	8kW
K_x	1
P_{js}	8kW
$\cos\varphi$	0.85
I_{js}	14.30A

FCAB1-25/3C

L1 FCAB1-16/1C WL1 BV-3×2.5-PVCI6-CC,WC 普通照明
L3 FCAB1L-20/1NC0.03 WX1 BV-3×4-PVC20-F,WC 普通插座
L3 FCAB1L-20/1NC0.03 WX2 BV-3×4-PVC20-F,WC 普通插座
L1 FCAB1L-20/1NC0.03 WX3 BV-3×4-PVC20-F,WC 厨房插座
L2 FCAB1L-20/1NC0.03 WX4 BV-3×4-PVC20-F,WC 卫生间插座
L1 FCAB1L-20/1NC0.03 WP1 BV-3×4-PVC20-F,WC 空调插座
L2 FCAB1L-20/1NC0.03 WP2 BV-3×4-PVC20-CC,WC 空调插座
L3 FCAB1L-20/1NC0.03 WP3 BV-3×4-PVC20-CC,WC 空调插座

户内配电箱外部尺寸(宽×高×深):450mm×400mm×100mm
HAL-2底边距地1.8m暗装

图 9.3 照明配电系统图 (三)

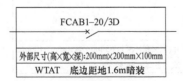

FCAB1-20/3D

外部尺寸(高×宽×深):200mm×200mm×100mm
WTAT 底边距地1.6m暗装

图 9.4 照明配电系统图 (四)

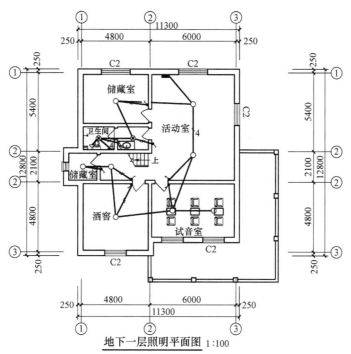

地下一层照明平面图 1:100

注：图中未标注的导线根数均为三根。

图 9.5 地下一层照明平面图

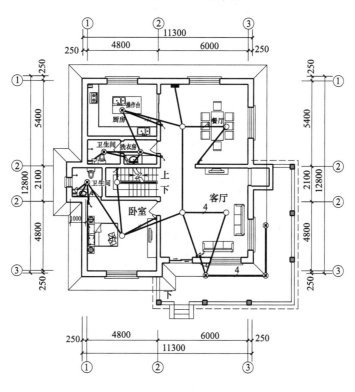

一层照明平面图 1:100

注：图中未标注的导线根数均为三根。

图 9.6 一层照明平面图

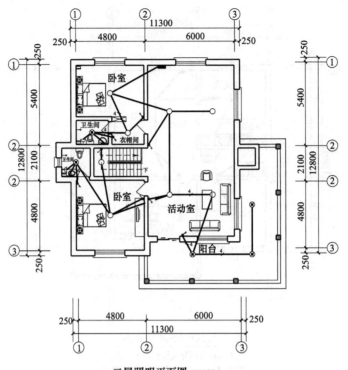

二层照明平面图 1:100

注：图中未标注的导线根数均为三根。

图 9.7　二层照明平面图

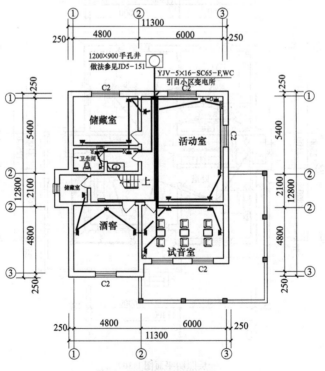

地下一层插座平面图 1:100

注：图中未标注的导线根数均为三根。

图 9.8　地下一层插座平面图

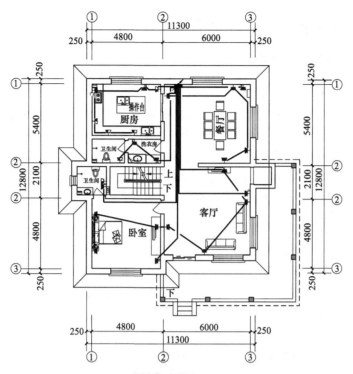

一层插座平面图 1:100

注：图中未标注的导线根数均为三根。

图 9.9 一层插座平面图

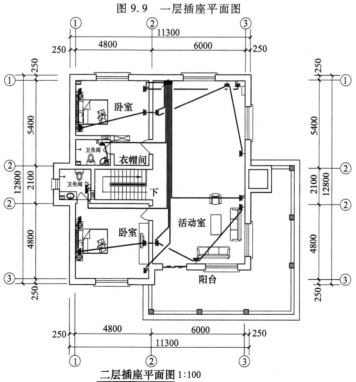

二层插座平面图 1:100

注：图中未标注的导线根数均为三根。

图 9.10 二层插座平面图

二、划分分部分项工程项目并进行工程量计算

1. 分部分项工程项目的划分

本案例为民用多层室内照明工程，根据施工图包括的分项内容，再结合山东省消耗量定额，划分本案例工程的分部分项工程如下：

1）电缆安装：电缆沟挖填土方、电缆保护管敷设、电缆穿保护管敷设、电缆头制作安装等。

2）配电装置安装工程：配电箱、端子外部接线、铜接线端子。

3）配管、配线：钢管敷设、管内穿线、墙体剔槽、金属软管敷设。

4）照明器具安装：灯具、跷板开关、插座、接线盒等。

5）电气调整试验：送配电系统调试。

2. 分部分项工程量的计算

（1）地下一层配管、配线工程量计算

1）WL1 回路：BV-3×2.5-PVC16 CC，WC。

① 配管 PVC16 工程量：46.589m（水平管长）+（2.7m−1.8m−0.65m）（配电箱处垂直管长）+（2.7m−2.5m）（插座处垂直管长）+8×（2.7m−1.3m）+（2.7m−2.5m）（镜前灯处垂直管长）=58.439m

② 配线 BV2.5mm² 工程量：［58.439m+（0.65m+0.45m）（配电箱预留长度）］×3+1.397m+3.48m−2.22m−1.44m−1.3m−1.67m−2.47m−4×（2.7m−1.3m）=168.794m

③ 墙体剔槽 ϕ16 内：（2.7m−1.8m−0.65m）（配电箱垂直）+（2.7m−2.5m）（插座垂直）+8×（2.7m−1.3m）（开关垂直）+（2.7m−2.5m）（镜前灯垂直）=11.850m

2）WX1 回路：BV-3×4-PVC20 FC，WC。

① 配管 PVC20 工程量：（18.241m+6.29m）（水平管长）+（1.8m+0.15m）（配电箱处垂直管长）+15×（0.15m+0.3m）（开关处垂直管长）=33.231m

② 配线 BV4mm² 工程量：［33.231m+（0.65m+0.45m）］×3=102.993m

③ 墙体剔槽 ϕ20 内：1.8m+15×0.3m=6.3m

3）WX2 回路：BV-3×4-PVC20 FC，WC。

① 配管 PVC20 工程量：13.003m+（1.8m+0.15m）+15×（0.15m+0.3m）=21.703m

② 配线 BV4mm² 工程量：［21.703m+（0.65m+0.45m）］×3=68.409m

③ 墙体剔槽 ϕ20 内：1.8m+15×0.3m=6.3m

4）WX3 回路：BV-3×4-PVC20 FC，WC。

① 配管 PVC20 工程量：8.519m+（1.8m+0.15m）+2×（1.3m+0.15m）+3×（1.8m+0.15m）=19.219m

② 配线 BV4mm² 工程量：［19.219m+（0.65m+0.45m）］×3=60.957m

③ 墙体剔槽 ϕ20 内：1.8m+2×1.3m+3×1.8m=9.8m

5）WP1 回路：BV-3×4-PVC20 FC，WC。

① 配管 PVC20 工程量：4.375m+（1.8m+0.15m）+（0.3m+0.15m）=6.775m

② 配线 BV4mm² 工程量：［6.775m+（0.65m+0.45m）］×3=23.625m

③ 墙体剔槽 ϕ20 内：1.8m+0.3m=2.1m

6）WP2 回路：BV-3×4-PVC20 CC，WC。

① 配管 PVC20 工程量：10.276m+（2.7m−0.65m−1.8m）+（2.7m−1.8m）=11.426m

② 配线 BV4mm² 工程量：［11.426m+（0.65m+0.45m）］×3=37.578m

③ 墙体剔槽 $\phi20$ 内：$(2.7m-1.8m-0.65m)+(2.7m-1.8m)=1.15m$

7）WM1 回路：BV-5×10-PVC32 FC，WC。

① 配管 PVC32 工程量：$1.8m+2.7m-1.8m=2.7m$

② 配线 BV10mm^2 工程量：$[2.7m+(0.65m+0.45m)+(0.45m+0.4m)]×5=23.250m$

③ 墙体剔槽 $\phi32$ 内：$1.8m+2.7m-1.8m=2.7m$

8）WM2 回路：BV-5×10-PVC32 FC，WC。

① 配管 PVC32 工程量：$2.7m-1.8m+3.3m+1.8m=6m$

② 配线 BV10mm^2 工程量：$[6m+(0.65m+0.45m)+(0.45m+0.4m)]×5=39.75m$

③ 墙体剔槽 $\phi32$ 内：$2.7m-1.8m+3.3m+1.8m=6m$

9）WM3 回路：YJV-5×4-PVC40 FC，WC。

① 配管 PVC40 工程量：$10.46m+1.8m+0.15m+1.6m+0.15m=14.16m$

② 配线 YJV5×4mm^2 工程量：$10.46m+1.8m+0.15m+1.6m+0.15m=14.16m$

③ 墙体剔槽 $\phi40$ 内：$1.8m+1.6m=3.4m$

10）地下一层配管、配线工程量小计：

暗配管 PVC16：58.439m

暗配管 PVC20：$33.231m+21.703m+19.219m+6.775m+11.426m=92.354m$

暗配管 PVC32：$2.7m+6m=8.7m$

暗配管 PVC40：14.16m

管内穿线：BV3×2.5mm^2：168.794m

管内穿线：BV3×4mm^2：$102.993m+68.409m+60.957m+23.625m+37.578m=293.562m$

管内穿线：BV5×10mm^2：$23.250m+39.750m=63m$

电缆穿保护管：YJV5×4mm^2：14.16m

墙体剔槽 $\phi16$ 内：11.850m

墙体剔槽 $\phi20$ 内：$6.3m+6.3m+9.8m+2.1m+1.15m=25.65m$

墙体剔槽 $\phi32$ 内：$2.7m+6m=8.7m$

墙体剔槽 $\phi40$ 内：3.4m

（2）一层配管、配线工程量计算

1）WL1 回路：BV-3×2.5-PVC16 CC，WC。

① 配管 PVC16 工程量：$(2.574m+2.88m+4.1m+2.761m+2.99m+1.377m+2.954m+2.4m+0.72m+1.424m+0.766m+5.55m+2.88m+4.275m+2.966m+1.305m+3.959m+4.235m+2.466m+3.466m+4.146m+1.373m+0.969m+0.806m+0.784m)$（水平管长）$+(3.3m-1.8m-0.45m)$（配电箱处垂直管长）$+2×(3.3m-2.5m)$（插座处垂直管长）$+2×(3.3m-2.5m)$（镜前灯处垂直管长）$+9×(3.3m-1.3m)$（开关处垂直管长）$=64.126m+1.05m+1.6m+1.6m+18m=86.376m$

② 配线 BV2.5mm^2 工程量：$[86.376m+(0.45m+0.4m)$（配电箱预留长度）$]×3+2.88m+2.88m+1.373m+3.959m+1.305m+2m×(3.3m-1.3m)+5.4m×3-2.761m-0.784m-2.466m-3×(3.3m-1.3m)=261.678m+32.597m-12.011m=282.264m$

③ 墙体剔槽 $\phi16$ 内：$(3.3m-1.8m-0.45m)$（配电箱垂直）$+2×(3.3m-2.5m)$（插座垂直）$+2×(3.3m-2.5m)$（镜前灯垂直）$+9×(3.3m-1.3m)$（开关垂直）$=22.25m$

④ 金属软管：$(5m+4m)×0.6=5.4m$

2）WX1 回路：BV-3×4-PVC20 FC，WC。

① 配管 PVC20 工程量：$(1.385m+2.987m+1.117m+0.559m+2.845m+0.395m+$

0.725m+0.458m)（水平管长）+（1.8m+0.15m）（配电箱垂直）+7×（0.15m+0.3m）（插座垂直）=15.571m

② 配线 BV4mm² 工程量：[15.571m+（0.45m+0.4m）]×3=49.263m

③ 墙体剔槽 φ20 内：1.8m+7m×0.3m=3.9m

3）WX2 回路：BV-3×4-PVC20 FC，WC。

① 配管 PVC20 工程量：29.752m（水平管长）+（1.8m+0.15m）（配电箱垂直）+13×（0.15m+0.3m）（插座垂直）=37.552m

② 配线 BV4mm² 工程量：[37.552m+（0.45m+0.4m）]×3=115.206m

③ 墙体剔槽 φ20 内：1.8m+13×0.3m=5.7m

4）WX3 回路：BV-3×4-PVC20 FC，WC。

① 配管 PVC20 工程量：11.056m（水平管长）+（1.8m+0.15m）（配电箱垂直）+9×（0.15m+1.8m）+2×（0.3m+0.15m）（插座垂直）=31.456m

② 配线 BV4mm² 工程量：[31.456m+（0.45m+0.4m）]×3=96.918m

③ 墙体剔槽 φ20 内：1.8m+9×1.8m+0.3m×2=18.6m

5）WX4 回路：BV-3×4-PVC20 FC，WC。

① 配管 PVC20 工程量：13.598m（水平管长）+（1.8m+0.15m）（配电箱处垂直管长）+3×（1.8m+0.15m）（插座处垂直管长）=21.398m

② 配线 BV4mm² 工程量：[21.398m+（0.45m+0.4m）]×3=66.744m

③ 墙体剔槽 φ20 内：1.8m+3×1.8m=7.2m

6）WX5 回路：BV-3×4-PVC20 FC，WC。

① 配管 PVC20 工程量：10.921m（水平管长）+（1.8m+0.15m）（配电箱处垂直管长）+3×（1.8m+0.15m）+2×（1.3m+0.15m）（插座处垂直管长）=21.621m

② 配线 BV4mm² 工程量：[21.621m+（0.45m+0.4m）]×3=67.413m

③ 墙体剔槽 φ20 内：1.8m+1.8m×3+1.3m×2=9.8m

7）WP1 回路：BV-3×4-PVC20 FC，WC。

① 配管 PVC20 工程量：11.53m（水平管长）+（1.8m+0.15m）（配电箱处垂直管长）+0.3m+0.15m（插座处垂直管长）=13.93m

② 配线 BV4mm² 工程量：[13.93m+（0.45m+0.4m）]×3=44.34m

③ 墙体剔槽 φ20 内：1.8m+0.3m=2.1m

8）WP2 回路：BV-3×4-PVC20 CC，WC。

① 配管 PVC20 工程量：4.375m（水平管长）+（3.3m-1.8m-0.45m）（配电箱处垂直管长）+（3.3m-1.8m）（插座处垂直管长）=6.925m

② 配线 BV4mm² 工程量：[6.925m+（0.45m+0.4m）]×3=23.325m

③ 墙体剔槽 φ20 内：（3.3m-1.8m-0.45m）+（3.3m-1.8m）=2.55m

9）WP3 回路：BV-3×4-PVC20 CC，WC。

① 配管 PVC20 工程量：11.845m（水平管长）+（3.3m-1.8m-0.45m）（配电箱处垂直管长）+（3.3m-1.8m）（插座处垂直管长）=14.395m

② 配线 BV4mm² 工程量：[14.395m+（0.45m+0.4m）]×3=45.735m

③ 墙体剔槽 φ20 内：（3.3m-1.8m-0.45m）+（3.3m-1.8m）=2.55m

10）一层配管、配线工程量小计：

暗配管 PVC16：86.376m

暗配管 PVC20：15.571m + 37.552m + 31.456m + 21.398m + 21.621m + 13.93m + 6.925m + 14.395m=162.848m

管内穿线 BV3×2.5mm²：282.264m

管内穿线 BV3×4mm²：49.263m+115.206m+96.918m+66.744m+67.413m+44.34m+23.325m+45.735m=508.944m

墙体剔槽 ϕ16 内：22.25m

墙体剔槽 ϕ20 内：3.9m+5.7m+18.6m+7.2m+9.8m+2.1m+2.55m+2.55m=52.4m

金属软管（规格10#，每根600mm）：5.4m

（3）二层配管、配线工程量计算：

1）WL1 回路：BV-3×2.5-PVC16 CC，WC。

① 配管 PVC16 工程量：（9.695m+7.014m+1.488m+2.577m+1.106m+1.425m+13.846m+0.857m+0.938m+0.995m+1.373m+8.326m+5.947m+1.394m+7.2m）（水平管长）+（3.3m-1.8m-0.45m）（配电箱处垂直管长）+2×（3.3m-2.5m）（插座处垂直管长）+2×（3.3m-2.5m）（镜前灯处垂直管长）+8×（3.3m-1.3m）（开关处垂直管长）= 64.181m+1.05m+1.6m+1.6m+16m=84.431m

② 配线 BV2.5mm² 工程量：[84.431m+（0.45m+0.4m）（配电箱预留长度）]×3+2.854m+1.425m+1.373m+2.88m+1.417m+1.559m+3×（3.3m-1.3m）-0.857m-2.521m-2×（3.3m-1.3m）+5.4m×3=255.843m+29.708m-3.378m=282.173m

③ 墙体剔槽 ϕ16 内：（3.3m-1.8m-0.45m）（配电箱垂直）+2×（3.3m-2.5m）（插座垂直）+2×（3.3m-2.5m）（镜前灯垂直）+8×（3.3m-1.3m）（开关垂直）= 20.25m

④ 金属软管：（7m+2m）×0.6=5.4m

2）WX1 回路：BV-3×4-PVC20 FC，WC。

① 配管 PVC20 工程量：9.193m+9.146m（水平管长）+（1.8m+0.15m）（配电箱处垂直管长）+10×（0.15m+0.3m）（插座处垂直管长）= 24.789m

② 配线 BV4mm² 工程量：[24.789m+（0.45m+0.4m）]×3=76.917m

③ 墙体剔槽 ϕ20 内：1.8m+10×0.3m=4.8m

3）WX2 回路：BV-3×4-PVC20 FC，WC。

① 配管 PVC20 工程量：16.794m+7.05m（水平管长）+（1.8m+0.15m）（配电箱处垂直管长）+10×（0.15m+0.3m）（插座处垂直管长）= 30.294m

② 配线 BV4mm² 工程量：[30.294m+（0.45m+0.4m）]×3=93.432m

③ 墙体剔槽 ϕ20 内：1.8m+10×0.3m=4.8m

4）WX3 回路：BV-3×4-PVC20 FC，WC。

① 配管 PVC20 工程量：8.605m（水平管长）+（1.8m+0.15m）（配电箱处垂直管长）+3×（0.15m+1.8m）（插座处垂直管长）= 16.405m

② 配线 BV4mm² 工程量：[16.405m+（0.45m+0.4m）]×3=51.765m

③ 墙体剔槽 ϕ20 内：1.8m+1.8m×3=7.2m

5）WX4 回路：BV-3×4-PVC20 FC，WC。

① 配管 PVC20 工程量：13.902m（水平管长）+（1.8m+0.15m）（配电箱处垂直管长）+3×（1.8m+0.15m）（插座处垂直管长）= 21.702m

② 配线 BV4mm² 工程量：[21.702m+（0.45m+0.4m）]×3=67.656m

③ 墙体剔槽 ϕ20 内：1.8m+3×1.8m=7.2m

6）WP1 回路：BV-3×4-PVC20 FC，WC。

① 配管 PVC20 工程量：11.35m(水平管长)+(1.8m+0.15m)(配电箱处垂直管长)+0.3m+0.15m(插座处垂直管长)= 13.75m

② 配线 BV4mm² 工程量：[13.75m+(0.45m+0.4m)]×3 = 43.8m

③ 墙体剔槽 φ20 内：1.8m+0.3m = 2.1m

7）WP2 回路：BV-3×4-PVC20 CC，WC。

① 配管 PVC20 工程量：7.518m(水平管长)+(3.3m-1.8m-0.45m)(配电箱处垂直管长)+3×(3.3m-1.8m)(插座处垂直管长)= 13.068m

② 配线 BV4mm² 工程量：[13.068m+(0.45m+0.4m)]×3 = 41.754m

③ 墙体剔槽 φ20 内：(3.3m-1.8m-0.45m)+3×(3.3m-1.8m)= 5.55m

8）WP3 回路：BV-3×4-PVC20 CC，WC。

① 配管 PVC20 工程量：11.919m(水平管长)+(3.3m-1.8m-0.45m)(配电箱处垂直管长)+(3.3m-1.8m)(插座处垂直管长)= 14.469m

② 配线 BV4mm² 工程量：[14.469m+(0.45m+0.4m)]×3 = 45.957m

③ 墙体剔槽 φ20 内：(3.3m-1.8m-0.45m)+(3.3m-1.8m)= 2.55m

9）二层配管、配线工程量小计：

暗配管 PVC16：84.431m

暗配管 PVC20：24.789m+30.294m+16.405m+21.702m+13.75m+13.068m+14.469m = 134.477m

管内穿线 BV3×2.5mm²：282.173m

管内穿线 BV3×4mm²：76.917m+93.432m+51.765m+67.656m+43.8m+41.754m+45.957m = 421.281m

墙体剔槽 φ16 内：20.25m

墙体剔槽 φ20 内：4.8m+4.8m+7.2m+7.2m+2.1m+5.55m+2.55m = 34.2m

金属软管（规格10#，每根600mm）：5.4m

（4）配管、配线工程量合计

1）暗配管 PVC16：58.439m+86.376m+84.431m = 229.246m

2）暗配管 PVC20：92.354m+162.848m+134.477m = 389.679m

3）暗配管 PVC32：8.7m

4）暗配管 PVC40：14.16m

5）管内穿线 BV2.5mm²：168.794m+282.264m+282.173m = 733.231m

6）管内穿线 BV4mm²：293.562m+508.944m+421.281m = 1223.787m

7）管内穿线 BV10mm²：63m

8）墙体剔槽 φ16 内：11.85m+22.25m+20.25m = 54.35m

9）墙体剔槽 φ20 内：25.65m+52.4m+34.2m = 112.25m

10）墙体剔槽 φ32 内：8.7m

11）墙体剔槽 φ40 内：3.4m

12）金属软管（规格10#，每根600mm）：5.4m+5.4m = 10.8m

（5）电缆工程工程量

1）电缆沟挖填土方：(0.076m+0.3m×2)×0.9m×1.5m = 0.9126m³

2）电缆保护管（SC65）敷设：1.5m+0.25m+2.7m-0.9m-1.8m+1 = 2.75m

3）电缆穿保护管敷设（YJV-5×16）：(1.5m+0.25m+0+1.5m+2m)×(1+2.5%)= 5.3813m

4）电缆穿保护管防水套头制作安装（DN80）：1个

5）电缆终端头制作安装（YJV-5×16）：1个

6）电缆终端头制作安装（YJV-5×4）：2个

7）电缆穿保护管敷设（YJV-5×4）：14.16m

（6）配电装置安装工程工程量

1）配电箱 HAL-1：1台（0.65m+0.45m＝1.1m，半周长）

无端子外部接线 2.5mm^2：3个

无端子外部接线 4mm^2：3×5个＝15个

铜接线端子 10mm^2：5×2个＝10个

2）配电箱 HAL-1：1台（0.45m+0.4m＝0.85m，半周长）

无端子外部接线 2.5mm^2：3个

无端子外部接线 4mm^2：3×8个＝24个

3）配电箱 HAL-2：1台（0.45m+0.4m＝0.85m，半周长）

无端子外部接线 2.5mm^2：3个

无端子外部接线 4mm^2：3×7个＝21个

4）配电箱 WTAT：1台（0.2m+0.2m＝0.4m，半周长）

（7）照明器具安装工程工程量

1）圆球形吸顶灯，灯罩 300mm 以下：22套

2）工厂灯（吸顶）防水防潮灯：14套

3）一般壁灯：5套

4）跷板暗开关（单控）单联：10套

5）跷板暗开关（单控）双联：9套

6）跷板暗开关（单控）三联：6套

7）暗插座 10A，五孔，单相带接地：39套

8）暗插座 10A，五孔，防水防潮单相带接地：14套

9）暗插座 16A，五孔，单相带接地：2套

10）暗插座 16A，五孔，带开关，单相带接地：16套

11）暗装接线盒：41个

12）暗装开关、插座盒：96个

三、编制招标工程量清单

招标工程量清单应以单位工程为单位编制，应由分部分项工程项目清单、措施项目清单、其他项目清单、规费和税金项目清单组成。

1. 招标工程量清单的封面和扉页

招标工程量清单的封面和扉页按照第七章中表 7.1、表 7.2 格式填写。表 9.2、表 9.3 分别为招标人自行编制的招标工程量清单封面和扉页。

2. 招标工程量清单总说明

招标工程量清单总说明参照第七章中表 7.3 格式，并根据工程项目实际编写总说明，见

表9.4。

3. 分部分项工程量清单

根据前面分部分项工程量计算结果，以及《建设工程工程量清单计价规范》（GB 50500—2013）及《通用安装工程工程量计算规范》（GB 50856—2013），并参照第七章中表7.4，编制分部分项工程量清单表，见表9.5。

4. 措施项目清单

根据本工程实际情况，本工程中措施费中，单价措施费只计脚手架搭拆费，按定额人工费的5%计算，其费用中人工费占35%，见表9.6；总价措施费计夜间施工增加费、二次搬运费、冬雨季施工增加费、已完工程设备保护费，见表9.7。

5. 其他项目清单及其附表

根据本工程实际情况，确定暂列金额1项，费用按5000元计，弱电工程为20000元，由专门弱电公司完成。按照表7.7~表7.9的格式要求，列出其他项目清单及其附表（见表9.8~表9.12）。

6. 规费、税金项目清单

根据表7.12规费、税金项目清单与计价表的格式，再按照本工程实际情况，列出规费、税金项目清单与计价表（表9.13）。

表9.2　招标人自行编制的招标工程量清单封面

山东省某接待中心电气照明　　工程

招标工程量清单

招　标　人：　山东省某公司　
（单位盖章）

造价咨询人：＿＿＿＿＿＿＿＿＿
（单位盖章）

××××年　××月××日

表 9.3　招标工程量清单扉页

_____山东省某接待中心电气照明_____工程

招标工程量清单

招　标　人：_____山东省某公司_____　　　　　　造价咨询人：_____
　　　　　　　（单位盖章）　　　　　　　　　　　　　（单位资质专用章）

法定代表人　　　　　　　　　　　　　　　　　法定代表人
或其授权人：_山东省某公司法定代表人_　　　　或其授权人：_____
　　　　　　　（签字或盖章）　　　　　　　　　　　（签字或盖章）

　　　　　　×××签字,并加盖其造价　　　　　　　　×××签字,并加盖其造价
编　制　人：_工程师或造价员专用章_　　　　复　核　人：_工程师专用章_
　　　　　　（造价人员签字盖专用章）　　　　　　　（造价工程师签字盖专用章）

编 制 时 间：××××年××月××日　　　　　编 制 时 间：××××年××月××日

表 9.4　招标工程量清单总说明

工程名称：山东省某接待中心电气照明工程　　　　　　　　　第 页 共 页

1. 工程概况

由山东某公司投资兴建的山东某接待中心,坐落于山东省济南市,建筑面积 987.72m²,建筑高度 6.6m,层高 3.3m,层数 2 层。结构形式为砖混结构;基础类型(此处略);装饰标准(此处略)等。

2. 工程招标范围

本接待中心招标范围为电气照明施工图范围内的照明安装工程。

3. 工程量清单编制依据

1)本接待中心电气照明施工图。

2)《建设工程工程量清单计价规范》(GB 50500—2013)、《通用安装工程工程量计算规范》(GB 50856—2013)、《山东省建设工程费用项目组成及计算》(2016)。

4. 对施工工艺、材料的特殊要求(此处略)

5. 其他

1)招标人供应工程中的成套配电箱,成套配电箱安装(半周长:650mm×450mm×100mm)暂估价为 683.76 元/台;

成套配电箱安装(半周长:450mm×400mm×100mm)暂估价为 427.35 元/台;成套配电箱安装(半周长:200mm×200mm×100mm)暂估价为 85.47 元/台;

2)本工程中的弱电工程由专业弱电公司分包,承包人应配合专业工程承包人完成以下工作;

① 按专业工程承包人的要求提供施工工作面和电源,并对施工现场进行统一管理,对工程竣工资料进行统一汇总管理。

② 配合专业工程承包人进行通电运行试验,并承担相应费用。

表9.5　分部分项工程量清单与计价表（招标工程量清单）

工程名称：山东省某接待中心电气照明工程　　　标段　　　　　　第　页　共　页

序号	项目编码	项目名称 项目特征	计量单位	工程数量	金额（元）		
					综合单价	合价	其中:暂估价
	D.4	电气设备安装工程					
	D.4.4	控制设备及低压电器安装					
1	030404017001	配电箱 1. 名称:照明配电箱 2. 规格:650mm×450mm×100mm 3. 接线端子材质、规格:10 个 10mm² 的铜端子 4. 端子板外部接线材质、规格:3 个 2.5mm²、15 个 4mm² 5. 安装方式:嵌入式暗装	台	1			
2	030404017002	配电箱 1. 名称:照明配电箱 2. 规格:450mm×400mm×100mm 3. 端子板外部接线材质、规格:3 个 2.5mm²、24 个 4mm² 4. 安装方式:嵌入式暗装	台	1			
3	030404017003	配电箱 1. 名称:照明配电箱 2. 规格:450mm×400mm×100mm 3. 端子板外部接线材质、规格:3 个 2.5mm²、21 个 4mm² 4. 安装方式:嵌入式暗装	台	1			
4	030404017004	配电箱 1. 名称:照明配电箱 2. 规格:200mm×200mm×100mm 3. 安装方式:嵌入式暗装	台	1			
5	030404034001	照明开关 1. 名称:单联板式开关 2. 规格:250V、10A 3. 安装方式:暗装	个	10			
6	030404034002	照明开关 1. 名称:双联板式开关 2. 规格:250V、10A 3. 安装方式:暗装	个	9			
7	030404034003	照明开关 1. 名称:三联板式开关 2. 规格:250V、10A 3. 安装方式:暗装	个	6			
8	030404035001	插座 1. 名称:安全型五孔插座 2. 规格:250V、10A,单相带接地 3. 安装方式:暗装	个	39			
9	030404035002	插座 1. 名称:安全型五孔插座 2. 规格:250V、16A,单相带接地 3. 安装方式:暗装	个	2			

（续）

序号	项目编码	项目名称 项目特征	计量单位	工程数量	金额（元）		
					综合单价	合价	其中:暂估价
10	030404035003	插座 1. 名称:安全型五孔防水防潮插座 2. 规格:250V、10A,单相带接地 3. 安装方式:暗装	个	14			
11	030404035004	插座 1. 名称:安全型五孔带开关插座 2. 规格:250V、16A,单相带接地 3. 安装方式:暗装	个	16			
	D.4.8	电缆安装					
12	030408001001	电力电缆 1. 名称:电力电缆 2. 材质、规格、型号:YJV-5×16 3. 敷设方式、部位:穿管敷设 4. 电压等级(kV):1kV	m	5.38			
13	030408001002	电力电缆 1. 名称:电力电缆 2. 材质、规格、型号:YJV-5×4 3. 敷设方式、部位:室内穿管敷设 4. 电压等级(kV):1kV	m	14.16			
14	030408003001	电缆保护管 1. 名称:电缆保护管 2. 材质、规格:SC65 3. 敷设方式:埋地暗敷	m	2.75			
15	030408006001	电力电缆头 1. 名称:电缆头制作安装 2. 规格、材质、类型:铜芯 16mm²、包干式 3. 安装部位:户内	个	1			
16	030408006002	电力电缆头 1. 名称:电缆头制作安装 2. 规格材质、类型:铜芯 4mm²、热缩式 3. 安装部位:户内	个	2			
	D.4.11	配管、配线					
17	030411001002	配管 1. 名称:刚性阻燃塑料管 2. 材质、规格:PVC16 3. 配置形式:暗配,埋地敷设	m	229.25			
18	030411001003	配管 1. 名称:刚性阻燃塑料管 2. 材质、规格:PVC20 3. 配置形式:暗配,埋地敷设	m	389.68			
19	030411001004	配管 1. 名称:刚性阻燃塑料管 2. 材质、规格:PVC32 3. 配置形式:暗配,埋地敷设	m	8.7			

（续）

序号	项目编码	项目名称 项目特征	计量单位	工程数量	金额（元）		
					综合单价	合价	其中：暂估价
20	030411001005	配管 1. 名称：刚性阻燃塑料管 2. 材质、规格：PVC40 3. 配置形式：暗配，埋地敷设	m	14.16			
21	030411001006	配管 1. 名称：可挠金属管 2. 规格：10# 3. 配置形式：吊顶内暗敷	m	10.8			
22	030411004001	配线 1. 名称：管内穿线 2. 配线形式：照明线路，沿墙、顶板穿管敷设 3. 型号、规格、材质：BV2.5mm^2	m	733.23			
23	030411004002	配线 1. 名称：管内穿线 2. 配线形式：照明线路，沿墙、顶板穿管敷设 3. 型号、规格、材质：BV4mm^2	m	1223.79			
24	030411004003	配线 1. 名称：管内穿线 2. 配线形式：动力线路，沿墙、顶板穿管敷设 3. 型号、规格、材质：BV10mm^2	m	63			
25	030411006001	接线盒 1. 名称：灯头盒 2. 材质、规格：PVC 接线盒 86H60 75mm×75mm×60mm 3. 安装形式：暗装	个	41			
26	030411006002	接线盒 1. 名称：开关插座盒 2. 材质、规格：PVC 接线盒 86H60 75mm×75mm×60mm 3. 安装形式：暗装	个	96			
	D.4.12	照明器具安装					
27	030412001001	普通灯具 1. 名称：一般壁灯 2. 规格：18W 3. 安装方式：距地 5m 壁装	套	5			
28	030412001002	普通灯具 1. 名称：圆球吸顶灯 2. 规格：22W，灯罩直径 ≤ 250mm 以内 3. 安装方式：吸顶安装	套	22			

（续）

序号	项目编码	项目名称 项目特征	计量单位	工程数量	综合单价	合价	其中:暂估价
29	030412002001	工厂灯 1. 名称:防水防潮灯 2. 规格:220V,1×22W 3. 安装方式:吸顶安装	套	14			
	D.4.13	附属工程					
30	030413002001	凿(压)槽 1. 名称:墙体剔槽 2. 规格、类型:配管 φ16 3. 混凝土标准:砖混结构	m	54.35			
31	030413002002	凿(压)槽 1. 名称:墙体剔槽 2. 规格、类型:配管 φ32 3. 混凝土标准:砖混结构	m	8.7			
32	030413002003	凿(压)槽 1. 名称:墙体剔槽 2. 规格、类型:配管 φ40 3. 混凝土标准:砖混结构	m	3.4			
33	030413002004	凿(压)槽 1. 名称:墙体剔槽 2. 规格、类型:配管 φ20 3. 混凝土标准:砖混结构	m	112.25			
	D.4.14	电气调整试验					
34	030414002001	送配电装置系统 1. 名称:系统调试 2. 电压等级(kV):1kV 以内	系统	1			
		补充分部					
35	03B001	电缆沟挖填土方 沟深:0.9m 土质:一般沟土	m³	0.91			
36	03B002	电缆穿墙防水套管 1. 名称:电缆穿墙防水套管 2. 材质、规格:DN80 3. 敷设方式:穿墙	个	1			
		合　计					

表9.6　单价措施项目清单与计价表（招标工程量清单）

工程名称:山东省某接待中心电气照明工程　　标段　　　　第　页　共　页

序号	项目编码	项目名称 项目特征	计量单位	工程数量	综合单价	合价	其中:暂估价
1	031301017001	脚手架搭拆	项	1			
		本页小计					
		合　计					

表9.7 总价措施项目清单与计价表（招标工程量清单）

工程名称：山东省某接待中心电气照明工程　　标段　　　　　　　　　　第　页　共　页

序号	项目编码	项目名称	计算基础	费率(%)	金额(元)	备注
1	031302002001	夜间施工	山东省定额人工费			
2	031302004001	二次搬运	山东省定额人工费			
3	031302005001	冬雨季施工增加	山东省定额人工费			
4	031302006001	已完工程及设备保护	山东省定额人工费			
		合　计				

表9.8 其他项目清单与计价表（招标工程量清单）

工程名称：山东省某接待中心电气照明工程　　标段　　　　　　　　　　第　页　共　页

序号	项目名称	计量单位	金额(元)	备注
1	暂列金额	项	5000	明细详见表9.9
2	专业工程暂估价			明细详见表9.11
3	特殊项目暂估价			
4	计日工			
5	采购保管费			
6	其他检验试验费			
7	总承包服务费			明细详见表9.12
8	其他			
	合　计			

注：本表依据的是山东省费用项目组成及计算规则，与按照《建设工程工程量清单计价规范》（GB 50500—2013）所编制的表7.6有所不同。

表9.9 暂列金额明细表（招标工程量清单）

工程名称：山东省某接待中心电气照明工程　　标段　　　　　　　　　　第　页　共　页

序号	项目名称	计量单位	暂定金额(元)	备注
1	暂列金额	项	5000	一般可按分部分项工程费的10%~15%估列
	合　计		5000	

表9.10 材料暂估价表（招标工程量清单）

工程名称：山东省某接待中心电气照明工程　　标段　　　　　　　　　　第　页　共　页

序号	材料名称、规格、型号	计量单位	单价(元)	备注
1	成套配电箱安装　嵌入式半周长≤1.5m　650mm×450mm×100mm	台	683.76	
2	成套配电箱安装　嵌入式半周长≤1.0m　450mm×400mm×100mm	台	427.35	
3	成套配电箱安装　嵌入式半周长≤1.0m　200mm×200mm×100mm	台	128.21	

表9.11 专业工程暂估价表（招标工程量清单）

工程名称：山东省某接待中心电气照明工程　　标段　　　　　　　　　　第　页　共　页

序号	工程名称	工程内容	金额(元)	备注
1	弱电工程	计算机网络系统、有线电视系统、电话系统	20000	
	合　计		20000	

表 9.12　总承包服务费清单与计价表（招标工程量清单）

工程名称：山东省某接待中心电气照明工程　　　　标段　　　　　　　　　　第　页　共　页

序号	项目名称及服务内容	项目费用（元）	费率（%）	金额（元）
1	总承包服务费	20000		
合　计				

表 9.13　规费、税金项目清单与计价表（招标工程量清单）

工程名称：山东省某接待中心电气照明工程　　　　标段　　　　　　　　　　第　页　共　页

序号	项目名称	计算基础	费率（%）	金额（元）
1	规费			
1.1	安全文明施工费			
1.1.1	安全施工费	分部分项工程费+措施项目费+其他项目费-不取规费_合计		
1.1.2	环境保护费	分部分项工程费+措施项目费+其他项目费-不取规费_合计		
1.1.3	文明施工费	分部分项工程费+措施项目费+其他项目费-不取规费_合计		
1.1.4	临时设施费	分部分项工程费+措施项目费+其他项目费-不取规费_合计		
1.2	社会保险费	分部分项工程费+措施项目费+其他项目费-不取规费_合计		
1.3	住房公积金	分部分项工程费+措施项目费+其他项目费-不取规费_合计		
1.4	工程排污费	分部分项工程费+措施项目费+其他项目费-不取规费_合计		
1.5	建设项目工伤保险	分部分项工程费+措施项目费+其他项目费-不取规费_合计		
2	税金	分部分项工程费+措施项目费+其他项目费+规费+设备费-不取税金_合计-甲供材料费-甲供主材费-甲供设备费	11	
合　计				

注：本表所依据的是山东省费用项目组成及计算规则，与按照《建设工程工程量清单计价规范》（GB 50500—2013）
所编制的表 7.12 有所不同。

四、编制招标控制价

依据前面的招标工程量清单，在清单计价软件中，按照清单中对应各项目特征的描述，套用现行山东省安装工程量消耗量定额（2016）和山东省建设工程费用组成及计算规则（2016），进行对应综合单价的组价、计价与合价。其中，电气安装的主材价格中配电箱等按照招标方给出的暂估价计入，电气配管的开关、插座、管、线主材价格按照当时的山东省工程造价信息网上的信息价计入，该工程的管理费费率暂定为 53%，利润率按 20% 计入；由此编制该电气安装工程的招标控制价。

招标控制价计价书一般由招标控制价封面，扉页，总说明，单位工程招标控制价汇总表，分部分项工程量清单与计价表，措施项目清单与计价表，其他项目清单与计价表及其附表，规费、税金项目清单计价表等组成。该工程的招标控制价计价书见表 9.14~表 9.29。

表 9.14 招标人编制的招标控制价封面

_____山东省某接待中心电气照明_____工程

招标控制价

招　标　人：_____山东省某公司_____
　　　　　　　（单位盖章）

造价咨询人：_____
　　　　　　　（单位盖章）

××××年　××月××日

表 9.15 招标控制价扉页

_____山东省某接待中心电气照明_____工程

招标控制价

招标控制价（小写）____39315.78 元____
　　　　（大写）____叁万玖仟叁佰壹拾伍元柒角捌分____

招　标　人：____山东省某公司____　　　　造价咨询人：_____
　　　　　　　（单位盖章）　　　　　　　　　　　　　（单位资质专用章）

法定代表人　　　　　　　　　　　　　　　法定代表人
或其授权人：__山东省某公司法定代表人__　　或其授权人：_____
　　　　　　　（签字或盖章）　　　　　　　　　　　　（签字或盖章）

　　　　　　×××签字,并加盖其造价　　　　　　　　×××签字,并加盖其造价
编　制　人：__工程师或造价员专用章__　　　复　核　人：__工程师专用章__
　　　　　　（造价人员签字盖专用章）　　　　　　　　（造价工程师签字盖专用章）

编制时间:××××年××月××日　　　　　　编制时间:××××年××月××日

表 9.16 招标控制价总说明

工程名称：山东省某接待中心电气照明工程　　　　　　　　　　　　第 页 共 页

> 1. 工程概况
> 　由山东某公司投资兴建的山东某接待中心，坐落于山东省济南市，建筑面积 987.72m²，建筑高度 6.6m，层高 3.3m，层数 2 层。结构形式为砖混结构；基础类型(此处略)；装饰标准(此处略)等。
> 　2. 编制招标控制价所包括范围
> 　本接待中心招标控制价主要包括本接待中心电气照明施工图范围内的电气照明安装工程。
> 　3. 工程量清单编制依据
> 　1)本接待中心照明工程的招标文件所提供的工程量清单。
> 　2)招标文件中规定的有关计价要求。
> 　3)本接待中心电气照明施工图。
> 　4)山东省安装工程消耗量定额(2016)、山东省安装工程价目表(2017)、《山东省建设工程费用项目组成及计算》(2016)。
> 　5)《建设工程工程量清单计价规范》(GB 50500—2013)、《通用安装工程工程量计算规范》(GB 50856—2013)。
> 　6)材料价格采用山东省工程造价管理机构发布的材料信息价，工程造价信息中未发布的材料价格信息则参考材料市场价格。

表 9.17 单位工程招标控制价汇总表 (招标控制价)

工程名称：山东省某接待中心电气照明工程　　标段　　　　　　　　第 页 共 页

序号	项目名称	金额(元)	其中:材料暂估价(元)
一	分部分项工程费	24695.89	1666.67
1.1	D.4 电气设备安装工程	24386.54	1666.67
1.2	补充分部	309.35	
二	措施项目费	1184.2	
2.1	单价措施项目	350.05	
2.2	总价措施项目	834.15	
三	其他项目费	5600	
3.1	暂列金额	5000	
3.2	专业工程暂估价	20000	
3.3	特殊项目暂估价		
3.4	计日工		
3.5	采购保管费		
3.6	其他检验试验费		
3.7	总承包服务费	600	
3.8	其他		
四	规费	2272.86	
五	设备费	1666.67	
六	税金	3896.16	
	单位工程费用合计=一+二+三+四+五+六	39315.78	1666.67

注：在招标控制阶段，专业工程暂估价不计入总造价，所以其他项目费不计入 20000 元，而为 5600 元。

表 9.18 分部分项工程量清单与计价表 (招标控制价)

工程名称：山东省某接待中心电气照明工程　　标段　　　　　　　　第 页 共 页

序号	项目编码	项目名称 项目特征	计量单位	工程数量	金额(元)		
					综合单价	合价	其中:暂估价
	D.4	电气设备安装工程				24386.54	1666.67
	D.4.4	控制设备及低压电器安装				4308.29	1666.67

（续）

序号	项目编码	项目名称 项目特征	计量单位	工程数量	综合单价	合价	其中：暂估价
1	030404017001	配电箱 1. 名称：照明配电箱 2. 规格：650mm×450mm×100mm 3. 接线端子材质、规格：10 个 10mm² 的铜端子 4. 端子板外部接线材质、规格：3 个 2.5mm²、15 个 4mm² 5. 安装方式：嵌入式暗装	台	1	558.16	558.16	683.76
2	030404017002	配电箱 1. 名称：照明配电箱 2. 规格：450mm×400mm×100mm 3. 端子板外部接线材质、规格：3 个 2.5mm²、24 个 4mm² 4. 安装方式：嵌入式暗装	台	1	455.29	455.29	427.35
3	030404017003	配电箱 1. 名称：照明配电箱 2. 规格：450mm×400mm×100mm 3. 端子板外部接线材质、规格：3 个 2.5mm²、21 个 4mm² 4. 安装方式：嵌入式暗装	台	1	438.81	438.81	427.35
4	030404017004	配电箱 1. 名称：照明配电箱 2. 规格：200mm×200mm×100mm 3. 安装方式：嵌入式暗装	台	1	247.4	247.4	128.21
5	030404034001	照明开关 1. 名称：单联板式开关 2. 规格：250V、10A 3. 安装方式：暗装	个	10	21.78	217.8	
6	030404034002	照明开关 1. 名称：双联板式开关 2. 规格：250V、10A 3. 安装方式：暗装	个	9	25.83	232.47	
7	030404034003	照明开关 1. 名称：三联板式开关 2. 规格：250V、10A 3. 安装方式：暗装	个	6	27.57	165.42	
8	030404035001	插座 1. 名称：安全型五孔插座 2. 材质：塑料制 3. 规格：250V、10A,单相带接地 4. 安装方式：暗装	个	39	25.9	1010.1	
9	030404035002	插座 1. 名称：安全型五孔插座 2. 材质：塑料制 3. 规格：250V、16A,单相带接地 4. 安装方式：暗装	个	2	27.93	55.86	

（续）

序号	项目编码	项目名称 项目特征	计量 单位	工程数量	金额（元）		
					综合单价	合价	其中： 暂估价
10	030404035003	插座 1. 名称:安全型五孔防水防潮插座 2. 材质:塑料制 3. 规格:250V、10A,单相带接地 4. 安装方式:暗装	个	14	28.99	405.86	
11	030404035004	插座 1. 名称:安全型五孔带开关插座 2. 材质:塑料制 3. 规格:250V、16A,单相带接地 4. 安装方式:暗装	个	16	32.57	521.12	
	D.4.8	电缆安装				1138.05	
12	030408001001	电力电缆 1. 名称:电力电缆 2. 材质、规格、型号:YJV-5×16 3. 敷设方式、部位:穿管敷设 4. 电压等级(kV):1kV	m	5.38	62.39	335.66	
13	030408001002	电力电缆 1. 名称:电力电缆 2. 材质、规格、型号:YJV-5×4 3. 敷设方式、部位:室内穿管敷设 4. 电压等级(kV):1kV	m	14.16	20.67	292.69	
14	030408003001	电缆保护管 1. 名称:电缆保护管 2. 材质、规格:SC65 3. 敷设方式:埋地暗敷	m	2.75	48.57	133.57	
15	030408006001	电力电缆头 1. 名称:电缆头制作安装 2. 材质、类型:铜芯 $16mm^2$、包干式 3. 安装部位:户内	个	1	181.63	181.63	
16	030408006002	电力电缆头 1. 名称:电缆头制作安装 2. 规格、材质、类型:铜芯 $4mm^2$、热缩式 3. 安装部位:户内	个	2	97.25	194.5	
	D.4.11	配管、配线				14595.44	
17	030411001002	配管 1. 名称:刚性阻燃塑料管 2. 材质、规格:PVC16 3. 配置形式:暗配,埋地敷设	m	229.25	8	1834	
18	030411001003	配管 1. 名称:刚性阻燃塑料管 2. 材质、规格:PVC20 3. 配置形式:暗配,埋地敷设	m	389.68	8.64	3366.84	
19	030411001004	配管 1. 名称:刚性阻燃塑料管 2. 材质、规格:PVC32 3. 配置形式:暗配,埋地敷设	m	8.7	14.23	123.8	

（续）

序号	项目编码	项目名称 项目特征	计量 单位	工程数量	金额（元）		
					综合单价	合价	其中： 暂估价
20	030411001005	配管 1. 名称：刚性阻燃塑料管 2. 材质、规格：PVC40 3. 配置形式：暗配，埋地敷设	m	14.16	18.14	256.86	
21	030411001006	配管 1. 名称：可挠金属管 2. 规格：10# 3. 配置形式：吊顶内暗敷	m	10.8	20.14	217.51	
22	030411004001	配线 1. 名称：管内穿线 2. 配线形式：照明线路，沿墙、顶板穿管敷设 3. 型号、规格、材质：BV2.5mm²	m	733.23	3.38	2478.32	
23	030411004002	配线 1. 名称：管内穿线 2. 配线形式：照明线路，沿墙、顶板穿管敷设 3. 型号、规格、材质：BV4mm²	m	1223.79	3.74	4576.97	
24	030411004003	配线 1. 名称：管内穿线 2. 配线形式：动力线路，沿墙、顶板穿管敷设 3. 型号、规格、材质：BV10mm²	m	63	8.17	514.71	
25	030411006001	接线盒 1. 名称：灯头盒 2. 材质、规格：PVC 接线盒 86H60 75mm×75mm×60mm 3. 安装形式：暗装	个	41	8.91	365.31	
26	030411006002	接线盒 1. 名称：开关插座盒 2. 材质、规格：PVC 接线盒 86H60 75mm×75mm×60mm 3. 安装形式：暗装	个	96	8.97	861.12	
	D.4.12	照明器具安装				2624.38	
27	030412001001	普通灯具 1. 名称：一般壁灯 2. 规格：18W 3. 安装方式：距地 5m 壁装	套	5	82.12	410.6	
28	030412001002	普通灯具 1. 名称：圆球吸顶灯 2. 规格：22W，灯罩直径≤250mm 以内 3. 安装方式：吸顶安装	套	22	52.81	1161.82	
29	030412002001	工厂灯 1. 名称：防水防潮灯 2. 规格：220V，1×22W 3. 安装方式：吸顶安装	套	14	75.14	1051.96	

（续）

序号	项目编码	项目名称 项目特征	计量 单位	工程数量	金额（元）		
					综合单价	合价	其中： 暂估价
	D.4.13	附属工程				1231.71	
30	030413002001	凿（压）槽 1. 名称：墙体剔槽 2. 规格、类型：配管 φ16 3. 混凝土标准：砖混结构	m	54.35	6.83	371.21	
31	030413002002	凿（压）槽 1. 名称：墙体剔槽 2. 规格、类型：配管 φ32 3. 混凝土标准：砖混结构	m	8.7	7.3	63.51	
32	030413002003	凿（压）槽 1. 名称：墙体剔槽 2. 规格、类型：配管 φ40 3. 混凝土标准：砖混结构	m	3.4	15.19	51.65	
33	030413002004	凿（压）槽 1. 名称：墙体剔槽 2. 规格、类型：配管 φ20 3. 混凝土标准：砖混结构	m	112.25	6.64	745.34	
	D.4.14	电气调整试验				488.67	
34	030414002001	送配电装置系统 1. 名称：系统调试 2. 电压等级（kV）：1kV 以内	系统	1	488.67	488.67	
		补充分部				309.35	
35	03B001	电缆沟挖填土方 沟深：0.9m 土质：一般沟土	m³	0.91	76.27	69.41	
36	03B002	电缆穿墙防水套管 1. 名称：电缆穿墙防水套管 2. 材质、规格：DN80 3. 敷设方式：穿墙	个	1	239.94	239.94	
		合　　计				24695.89	1666.67

表 9.19　单价措施项目清单综合单价分析表（招标控制价）

工程名称：山东省某接待中心电气照明工程　　　标段　　　　　　　　第　页　共　页

序号	项目编码	项目名称	计量 单位	工程量	综合单价组成（元）					综合单价 （元）
					人工费	材料费	机械费	计费 基础	管理费 和利润	
1	031301017001	脚手架搭拆	项							350.05

表 9.20　材料暂估价一览表（招标控制价）

工程名称：山东省某接待中心电气照明工程　　　标段　　　　　　　　第　页　共　页

序号	材料名称、规格、型号	计量单位	单价（元）	备注
1	成套配电箱安装　嵌入式半周长 ≤1.5m　650mm× 450mm×100mm	台	683.76	
2	成套配电箱安装　嵌入式半周长 ≤1.0m　450mm× 400mm×100mm	台	427.35	
3	成套配电箱安装　嵌入式半周长 ≤0.5m　200mm× 200mm×100mm	台	128.21	

表 9.21　工料机汇总表（部分）（招标控制价）

工程名称：山东省某接待中心电气照明工程　　标段　　　　　　　第　页　共　页

序号	工料机编码	名称、规格、型号	单位	数量	单价(元)	合价(元)	备注
1	00010030	综合工日（安装）	工日	69.5	103	7158.13	
2	RGFTZ	人工费调整	元	0	1		
3	01010177	带肋钢筋 $\phi10\sim\phi12$	kg	2.72	2.51	6.82	
4	01030007	钢丝 $\phi1.6$	kg	1.84	5.13	9.46	
5	01030039	镀锌低碳钢丝 16#	kg	0.24	6.4	1.55	
6	01030043	镀锌低碳钢丝 14#~16#	kg	17.52	6.4	112.16	
7	01030051	镀锌低碳钢丝 18#~22#	kg	0.25	8.37	2.09	
8	01130029	镀锌扁钢—25×4	kg	4.44	3.29	14.61	
9	01290007	钢板（综合）	kg	0.08	3.48	0.29	
10	01290191	热轧厚钢板 $\delta10\sim\delta20$	kg	3.93	2.92	11.47	
11	01530019	封铅（含铅65%、锡35%）	kg	0.07	22.22	1.5	
12	02190037	塑料胀塞 $\phi6\sim\phi8$	个	68.2	0.06	4.09	
13	02270001	白布	kg	2.99	6.67	19.94	
14	02270021	棉纱头	kg	4.55	5.56	25.28	
15	03010073	木螺钉 M2.5×25	个	43.68	0.03	1.31	
16	03010075	木螺钉 M4×40	个	197.56	0.05	9.88	
17	03010089	木螺钉 M(2~4)×(6~65)	个	112.32	0.09	10.11	
18	03010121	镀锌自攻螺钉(4~6)×(20~35)	个	56.16	0.22	12.36	
		合计				20126.16	
		其中:人工费合计				7158.13	
		材料费合计				11149.53	
		其中:暂估材料费					
		机械费合计				151.83	

表 9.22　措施项目清单计价汇总表（招标控制价）

工程名称：山东省某接待中心电气照明工程　　标段　　　　　　　第　页　共　页

序号	项目名称	金额（元）
1	措施项目清单计价（一）	834.15
2	措施项目清单计价（二）	350.05
	合　计	1184.2

表 9.23　措施项目清单与计价表（一）

工程名称：山东省某接待中心电气照明工程　　标段　　　　　　　第　页　共　页

序号	项目编码	项目名称	计算基础	费率(%)	金额(元)	备注
1	031302002001	夜间施工费	省人工费	2.5	256.8	
2	031302004001	二次搬运费	省人工费	2.1	202.62	
3	031302005001	冬雨季施工增加费	省人工费	2.8	270.16	
4	031302006001	已完工程及设备保护费	省人工费	1.2	104.57	
		合　计			834.15	

表 9.24　措施项目清单与计价表（二）

工程名称：山东省某接待中心电气照明工程　　标段　　　　　　　第　页　共　页

序号	项目编码	项目名称 项目特征	计量单位	工程数量	金额（元） 综合单价	合价	其中:暂估价
1	031301017001	脚手架搭拆	项	1	350.05	350.05	
		本页小计				350.05	
		合　计				350.05	

表 9.25 其他项目清单与计价汇总表（招标控制价）

工程名称：山东省某接待中心电气照明工程　　　标段　　　　　　第　页　共　页

序号	项目名称	金额（元）	备注
1	暂列金额	5000	明细详见表 9.26
2	专业工程暂估价	20000	明细详见表 9.27
3	特殊项目暂估价		
4	计日工		
5	采购保管费		
6	其他检验试验费		
7	总承包服务费	600	明细详见表 9.8
8	其他		

注：本表所依据的山东省费用项目组成及计算规则，与按照《建设工程工程量清单计价规范》（GB 50500—2013）所编制的表 7.6 有所不同。

表 9.26 暂列金额明细表（招标控制价）

工程名称：山东省某接待中心电气照明工程　　　标段　　　　　　第　页　共　页

序号	项目名称	计量单位	暂定金额（元）	备注
1	暂列金额	项	5000	一般可按分部分项工程费的 10%～15% 估列
	合　计		5000	

表 9.27 专业工程暂估价表（招标控制价）

工程名称：山东省某接待中心电气照明工程　　　标段　　　　　　第　页　共　页

序号	工程名称	工程内容	金额（元）	备注
1	弱电工程	计算机网络系统、电话系统、有线电视系统	20000	
	合　计		20000	

表 9.28 总承包服务费清单与计价表（招标控制价）

工程名称：山东省某接待中心电气照明工程　　　标段　　　　　　第　页　共　页

序号	项目名称及服务内容	项目费用（元）	费率（%）	金额（元）
1	总承包服务费	20000	3	600
	合　计			600

表 9.29 规费、税金项目清单与计价表（招标控制价）

工程名称：山东省某接待中心电气照明工程　　　标段　　　　　　第　页　共　页

序号	项目名称	计算基础	费率（%）	金额（元）
1	规费			2272.86
1.1	安全文明施工费			1567.7
1.1.1	安全施工费	分部分项工程费+措施项目费+其他项目费-不取规费_合计	2.34	736.63
1.1.2	环境保护费	分部分项工程费+措施项目费+其他项目费-不取规费_合计	0.29	91.29
1.1.3	文明施工费	分部分项工程费+措施项目费+其他项目费-不取规费_合计	0.59	185.73
1.1.4	临时设施费	分部分项工程费+措施项目费+其他项目费-不取规费_合计	1.76	554.05

（续）

序号	项目名称	计算基础	费率(%)	金额(元)
1.2	社会保险费	分部分项工程费+措施项目费+其他项目费-不取规费_合计	1.52	478.5
1.3	住房公积金	分部分项工程费+措施项目费+其他项目费-不取规费_合计	0.21	66.11
1.4	工程排污费	分部分项工程费+措施项目费+其他项目费-不取规费_合计	0.27	85
1.5	建设项目工伤保险	分部分项工程费+措施项目费+其他项目费-不取规费_合计	0.24	75.55
2	税金	分部分项工程费+措施项目费+其他项目费+规费+设备费-不取税金_合计-甲供材料费-甲供主材费-甲供设备费	11	3896.16
合　　　计				6169.02

注：本表所依据的是山东省费用项目组成及计算规则，与按照《建设工程工程量清单计价规范》（GB 50500—2013）所编制的表 7.12 有所不同。

复习练习题

1. 某办公楼工程内会议室照明插座平面布置图如图 9.11 所示。按照《通用安装工程工程量计算规范》（GB 50856—2013）和《建设工程工程量清单计价规范》（GB 50500—2013）的规定，编制该配电工程的工程量清单，计算结果均保留两位小数。

（1）主要图例

■ 照明配电箱（宽×高×深）：350mm×200mm×100mm，暗装下沿距地 1.5m。

→ 诱导应急标志灯 15W，嵌入式暗装距地 0.5m，走廊内管吊安装距地 2.8m。

⊡ 应急照明灯 32W，壁装，距地 2.5m。

○ 筒灯 12W，直径 150mm，嵌入式安装，距地 3.0mm。

五孔普通插座，15A，暗装距地 0.3m。

三孔空调插座，30A，暗装距地 1.5m。

单联板式开关，10A，暗装距地 1.3m。

（2）楼层高度 3.2m，会议室吊顶高度 0.2m，走廊不吊顶，塑料管为刚性阻燃管，插座导管埋深按 0.1m 计，照明导管埋深按 0.08m 计，进出配电箱管口长度不计。

（3）图中数值为配电管平均水平长度，垂直长度另计。

（4）WL：BV-3×2.5-PVC15-WC，CC；　　　WE：BV-3×2.5-PVC15-WC，CC；

　　WX1：BV-3×4-PVC20-WC，FC；　　　WX2：BV-3×6-PVC25-WC，FC。

（5）图 9.11 中未标注导线根数均为三根，其中未说明的事项，均按定额要求。

2. 已知山东省某办公楼，建筑面积 369.3m²；总建筑高度 11.25m，层数 3 层，一层层高 3.6m，二、三层层高 3.3m。根据该办公楼的电气安装工程工程量清单，计算该电气安装工程的

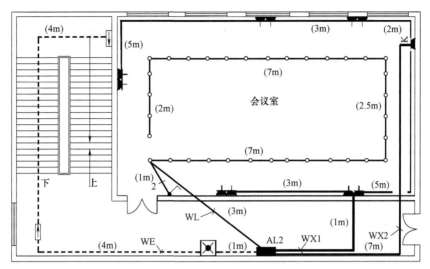

图 9.11 某会议室照明插座平面布置图

分部分项工程费。其中未计价材料均采用当地近期最新工程造价管理信息——材料信息价或市场询价。

表 9.30 某办公楼电气安装工程工程量清单

序号	项目编码	项目名称	项目特征	计量单位	工程量
1	030404017001	配电箱	1. 成套配电箱（420mm×350mm×120mm） 2. 压铜接线端子 16mm² 3. 无端子板外部接线：2.5mm²、6mm² 4. 嵌入式安装	台	1
2	030404017002	配电箱	1. 成套配电箱（420mm×200mm×120mm） 2. 压铜接线端子 16mm² 3. 无端子板外部接线：2.5mm²、6mm² 4. 嵌入式安装	台	2
3	030408001001	电力电缆	1. 电力电缆 2. VV-4×35 3. 穿保护管敷设 4. 220/380V	m	10.5
4	030408003001	电缆保护管	1. 焊接钢管 2. DN50 3. 埋地敷设	m	5.6
5	030408006001	电力电缆头	1. 电缆终端头 2. VV-4×35 干包式 3. 户内 4. 1kV 内	个	1
6	030411001001	配管	1. 焊接钢管 2. DN50 3. 暗配 埋地敷设	m	246.97
7	030411001002	配管	1. 焊接钢管 2. DN20 3. 暗配 埋地敷设	m	335.81
8	030411001003	配管	1. 焊接钢管 2. DN25 3. 暗配 埋地敷设	m	26.6

（续）

序号	项目编码	项目名称	项目特征	计量单位	工程量
9	030411001004	配管	1. 焊接钢管 2. DN40 3. 暗配 埋地敷设	m	9.8
10	030411004001	配线	1. 管内穿线 2. BV2.5mm² 3. 照明线路 暗敷	m	992.5
11	030411004002	配线	1. 管内穿线 2. BV4mm² 3. 照明线路 暗敷	m	595.6
12	030411004003	配线	1. 管内穿线 2. BV6mm² 3. 照明线路 暗敷	m	533.4
13	030411004004	配线	1. 管内穿线 2. BV16mm² 3. 照明线路 暗敷	m	62.9
14	030412001002	普通灯具	1. 半圆球吸顶灯 2. 直径 300mm 以内 1×20W	套	17
15	030412001003	普通灯具	1. 防水半圆球吸顶灯 2. 直径 300mm 以内 1×32W	套	2
16	030412005001	荧光灯	1. 成套荧光灯 2. 1×36W 3. 吸顶式	套	5
17	030412005002	荧光灯	1. 成套荧光灯 2. 2×36W 3. 吸顶式	套	31
18	030411006001	接线盒	1. 接线盒 2. 暗装	个	55
19	030404034001	照明开关	1. 单联单控开关 2. 暗装	个	1
20	030404034002	照明开关	1. 双联单控开关 2. 暗装	个	5
21	030404034003	照明开关	1. 三联单控开关 2. 暗装	个	7
22	030404034004	照明开关	1. 声控延时开关 2. 暗装	个	17
23	030404035001	插座	1. 五孔插座 2. 220V 10A 单相带接地 3. 暗装	个	46
24	030413002001	凿（压）槽	1. 墙体剔槽 2. DN20	m	111.45
25	030413002002	凿（压）槽	1. 墙体剔槽 2. DN32	m	25.3
26	030413002003	凿（压）槽	1. 墙体剔槽 2. DN50	m	9.8

第十章

建筑安装工程造价软件的应用

第一节 建筑安装工程造价软件概述

一、工程造价软件的应用现状及特点

1. 工程造价软件的应用现状

随着建筑业信息化的发展及计算机的迅速普及，20世纪90年代以来，我国工程造价行业信息技术应用飞速发展，电算化管理软件被广泛采用，成为工程计价的有效工具。由于目前国内各地区采用的定额不同，造价软件的应用有很大的地区性和行业性差异。各类造价软件在各地的应用一般要进行本地化开发，要挂接当地现行的定额消耗量和价格，并按当地建设行政主管部门规定的程序进行运算，但基本操作原理都是相同的。

目前市面上的工程造价软件有很多种，每个地区都有不同的软件。发展比较成熟的有广联达工程造价软件、清华斯维尔工程造价软件、神机妙算工程造价软件、鲁班工程造价软件、PKPM工程造价软件等，其中广联达工程造价软件在市场上处于强势地位，其业务覆盖全国。

2. 工程造价软件的作用

（1）准确度高

现在工程造价软件经过十几年的发展，计算的准确度越来越高，计算更加精确。计算机根据所定义的扣减计算规则，采用三维矩阵图形数学模型，统一进行汇总计算，并打印出计算结果、计算公式、计算位置、计算图形等，方便甲乙双方审核和核对。计算的结果也可直接套价，从而实现了工程造价预决算的整体自动计算。

（2）速度快

工程造价相对来讲是各种计算规则的具体运用，传统的手工算量过程比较复杂，计算量大，重复性的脑力活动较多。工程造价软件内置了相应的工程造价计算规则，将建筑工程图输入计算机中，由计算机完成自动算量、自动扣减、统计分类、汇总打印等工作，极大地提高了工作效率，减少预算人员的工作量。

（3）实现工程造价的信息化管理

工程造价以前都是纸质的文档或者光碟，不利于保存，数据之间也不能进行共享，现在通过工程造价数据分析平台可以把全国范围内各种造价文件统一管理，可以长久保存。另外，部分软件已经实现了网上询价的过程，以广联达工程造价软件为例，各种所需的建材市场价格都可以通过软件在其数字造价网站上完成询价过程，方便快速，便于管理。

3. 工程造价软件的分类

一般的工程造价软件主要分为工程算量软件和工程计价软件两大类，先由工程算量软件计算出工程量，其结果导入工程计价软件中，通过数字网站的查询，生成最终的工程造价。

工程算量软件是基于各地计算规则与全国统一清单计算规则，采用建模方式，整体考虑各类构件之间的相互关系，以直接输入为补充。软件主要解决工程造价人员在招投标过程中的算量、过程提量、结算阶段构件工程量计算的业务问题，不仅将使用者从繁杂的手工算量工作中解放出来，还能在很大程度上提高算量工作效率和精度。工程算量软件按专业又可分为土建算量软件、安装算量软件等。

工程计价软件分为定额计价软件和工程量清单计价软件两大类。定额计价软件一般采用数据库管理技术，在数据库管理软件平台上选择不同的定额数据、材料数据等，完成定额工程计价的编制。工程量清单计价是在定额计价的基础上，根据《建设工程工程量清单计价规范》（GB 50500—2013）和本省、自治区或直辖市的有关规定要求，将某一分部分项工程量项目所包括的工作内容及其相应的定额子目综合在一起，使用时则根据实际发生的工作内容选项进行计价。

二、广联达工程造价软件简介

广联达工程造价软件是目前造价市场中最有实力的软件企业之一，堪称中国造价软件行业的"微软"，并且也推出了其软件资格的 GASS 认证，能够将造价人员对软件的运用程度进行明确的划分。下面主要介绍它的安装算量软件和计价软件。

1. 安装算量软件构成及应用

广联达 BIM 安装计量软件（GQI）是针对民用建筑工程中安装全专业所研发的一款安装工程量算量软件。GQI 2018 支持全专业 BIM 三维模式算量，还支持手算模式算量，适用于所有电算化水平的安装造价和技术人员使用，兼容市场上所有电子版图纸的导入，包括 CAD 图纸、PDF 图纸、表格算量、REVIT 模型等。

（1）安装算量软件特点

智能化识别：智能识别构件、设备，准确度高，调整灵活。无缝化导入：CAD、PDF、Magi-CAD、天正、照片均可导入。全专业覆盖：给排水、电气、暖通、空调等安装工程的全覆盖。可视化三维：BIM 三维建模，图纸信息 360°无死角排查。专业化规则：内置计算规则，计算过程透明，结果专业可靠。灵活化统计：实时计算，多维度统计结果、及时准确。全面解决工程造价和技术人员在招投标、过程提量、结算对量等阶段手工计算效率低、审核难度大等问题。

（2）安装算量软件应用流程

新建工程、工程设置（工程信息、楼层管理、其他设置）、导入图纸（添加图纸、分割定位图纸、生成图纸）、识别图元（电气、消防、通风）、汇总查量、报表汇总。

2. 计价软件构成及应用流程

广联达计价软件 GBQ 4.0 是广联达建设工程造价管理整体解决方案中的核心产品，主要通过招标管理、投标管理、清单计价三大模块来实现电子招投标过程的计价业务。该软件支持清单计价和定额计价两种模式，可实现批量处理工作模式，从而使工程造价人员在招投标阶段快速、准确地完成招标控制价和投标报价工作。GBQ 4.0 软件使用流程如图 10.1 所示。

招标人首先进入招标管理模块，新建招标项目，然后进入清单计价模块，在这里以单位工程为单位编制招标工程量清单以及招标标底，最后汇总单位工程招标工程量清单和招标控制价，在招标管理模块，生成招标书和招标标底。投标人在投标管理模块，导入电子招标文件，然后在清单计价模块，以单位工程为单位编制投标报价，最后汇总单位工程的投标报价，在投标管理模块生成电子投标书。

3. 计价软件操作流程

（1）招标人编制招标工程量清单及招标控制价的软件操作流程

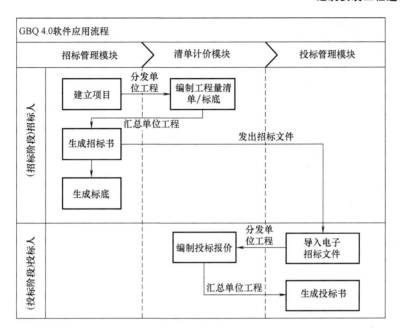

图 10.1　GBQ4.0软件使用流程图

1）新建招标项目。包括新建招标项目工程，建立项目结构。

2）编制单位工程分部分项工程量清单。包括输入清单项，输入清单工程量，编辑清单名称，分部整理。

3）编制措施项目清单。

4）编制其他项目清单。

5）编制甲供材料、设备表。

6）查看工程量清单报表。

7）生成电子标书。包括招标书自检、生成电子招标书、打印报表、刻录及导出电子标书。

（2）投标人编制投标报价的软件操作流程

1）新建投标项目。

2）编制单位工程分部分项工程量清单计价。包括套定额子目、输入子目工程量、子目换算、设置单价构成。

3）编制措施项目清单计价。包括计算公式组价、定额组价、实物量组价三种方式。

4）编制其他项目清单计价。

5）人材机汇总。包括调整人材机价格，设置甲供材料、设备。

6）查看单位工程费用汇总。包括调整计价程序和工程造价调整。

7）查看报表。

8）汇总项目总价。包括查看项目总价，调整项目总价。

9）生成电子标书。包括符合性检查、投标书自检、生成电子投标书、打印报表、刻录及导出电子标书。

第二节　广联达计价软件应用

广联达计价软件整体操作流程包括建立项目、编制清单及投标报价，下面利用计价软件

GBQ 4.0完成整个操作流程。

一、建立招标项目

1. 启动计价软件，建立单位工程文件

首先双击桌面上的 GBQ 4.0 图标打开软件，在弹出的界面中选择工程类型为"清单计价"，

再单击"新建项目"按钮，如图 10.2 所示，软件会进入"新建标段工程"界面，如图 10.3 所示。

2. 新建标段工程

在新建标段工程阶段中，要做下列工作：

1）选择计价方式。计价方式有定额计价和清单计价两种，本工程选择清单计价方式，并确定属于招标阶段。

2）选择地区标准和计税方式。地区标准根据工程所在地实际情况选择，本例选择"2013 年山东清单计价规则"，增值税的计税方式有一般计税方法和简易计税方法，本例选择"增值税（一般计税方法）"。

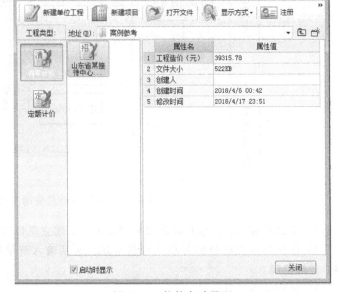

图 10.2　软件启动界面

3）输入项目名称，如"山东某接待中心"，则保存的项目文件名也为"山东某接待中心"。

4）输入一些项目信息，如建设单位、招标代理。单击"确定"按钮完成新建项目，进入项目管理界面。

图 10.3　"新建标段工程"界面

3. 项目管理

在项目管理阶段，完成下列任务：

1）单击"新建单项工程"按钮，软件进入"新建单项工程"界面，输入单项工程名称"1号楼"后，单击"确定"按钮，操作过程如图10.4所示。

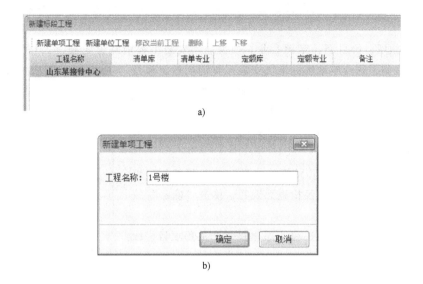

图10.4 "新建单项工程"界面

2）单击"1号楼"按钮，再单击"新建"按钮，选择"新建单位工程"，软件进入单位工程新建向导界面，如图10.5所示。

① 确认计价方式，按向导新建。计价方式有定额计价和清单计价两种，对于使用清单编制工程造价文件的用户，应选择"清单计价"，如图10.5所示。

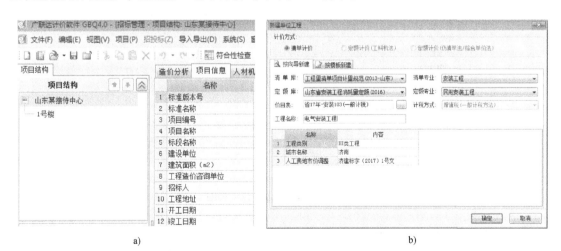

图10.5 "新建单位工程"界面

② 选择清单库、清单专业、定额库、定额专业。根据工程所在地，通过"按向导新建"对

话框中的"清单库"选择适用的××省建设工程工程量清单计价规则。本工程所在地在山东省，则选择"工程量清单项目计量规范（2013—山东）"。

③ 选择清单专业。《建设工程工程量清单计价规范》（GB 50500—2013）将建设工程分为建筑工程、装饰装修工程、安装工程、市政工程、园林绿化工程和矿山工程六类，要根据工程性质选择相应的专业。电气设备安装工程等属于安装工程，应在"清单专业"选项中选择"安装工程"。

④ 选择定额库、价目表、定额专业。根据通用安装工程消耗量定额（2015），各省、自治区、直辖市都编制了适合本地区的电气安装工程消耗量定额及其相应价目表，可根据实际安装工程的专业类型和工程所在地选择适用的定额库、价目表、定额专业。本工程选择了"山东省安装工程消耗量定额（2016）""省17年—安装103（一般计税）""民用安装工程"。

⑤ 输入工程名称，输入工程相关信息，如工程类别、城市名称、人工费地市价调整。经检查无误后，单击"确定"按钮，新建单位工程完成。

根据以上步骤，我们按照工程实际建立一个工程项目，如图10.6所示。

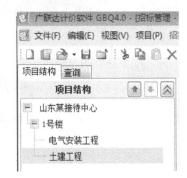

图 10.6　新建单位工程

二、编制清单及投标报价

1. 进入单位工程

在项目管理窗口选择要编辑的单位工程，双击鼠标左键，便进入单位工程（电气安装工程）主界面，如图10.7所示。

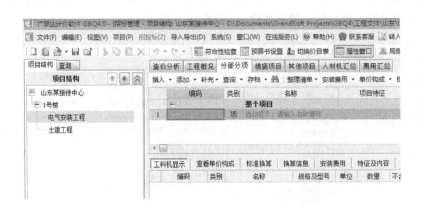

图 10.7　电气安装工程主界面

2. 填写工程概况及基本信息

单击"工程概况"按钮，可在右侧界面相应的信息内容中输入信息。工程概况包括工程信息、工程特征及编制说明。根据工程的实际情况在工程信息界面、工程特征界面、编制说明界面输入相关信息，封面等报表会自动关联这些信息，相关信息如图10.8～图10.10所示。

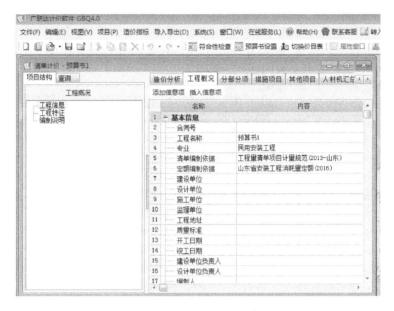

图 10.8　工程概况及基本信息界面

图 10.9　工程特征及基本信息界面

三、编制清单及投标报价

1. 选择并填写工程量清单

单击"分部分项"按钮进入分部分项工程量清单界面后，即可填写"分部分项工程量清单"，如图 10.11 所示。单击"查询"下拉菜单中的"查询清单"，在弹出的查询界面，选择"清单"，再单击选择工程类别和适用的章节，在右侧即可找到与实际工程项目相符的清单项目（包括项目编码、项目名称、计量单位等），双击清单项目，选择所需要的清单项，如"配管"清单，然后双击或单击"插入"按钮输入到数据编辑区，然后在"工程量"列输入清单项的工程量，如图 10.12 所示。

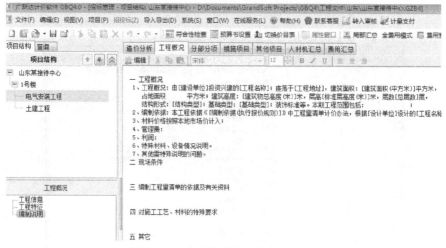

图 10.10　编制说明及基本信息界面

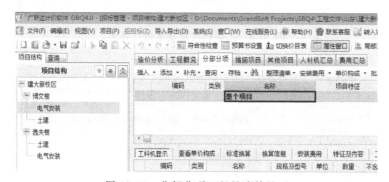

图 10.11　分部分项工程量清单界面

图 10.12　工程量清单的选择与填写

2. 设置项目特征及其显示规则

1）单击属性窗口中的"特征及内容"按钮，根据工程项目实际情况，在"特征及内容"窗口中设置要输出的工作内容，并在"特征值"列通过下拉选项选择项目特征值或手工输入项目特征值，如图 10.13 所示。如果根据工程量清单编制招标最高限价或投标报价时，则不能对工程量清单中已设定的项目特征和工程内容进行修改或补充。

2）然后在"清单名称显示规则"窗口中设置名称显示规则，单击"应用规则到所选清单项"或"应用规则到全部清单"按钮，软件则会按照规则设置清单项的名称。

图 10.13　项目特征及工程内容界面

3. 工程量清单组价

单击"查询"下拉菜单中的"查询定额"，在查询定额界面中根据清单项目的项目特征内容选择相应的定额子目，然后双击输入。本工程中的"配管"清单项目，选择定额项目"砖、混凝土结构暗配刚性阻燃管 DN 15 内"的 4-12-176 定额子目，如图 10.14 所示。在弹出的 4-12-176 定额子目的未计价材料界面输入 PVC15 的不含税市场价，单击"确定"按钮，配管清单子目的组价完成，如图 10.15 和图 10.16 所示。

图 10.14　查询定额界面

4. 安装费用的设置

如工程项目符合高层建筑增加费、安装与生产同时进行增加费、有害身体健康环境施工降效增加费等的计算条件时，或某一清单项目符合超高增加费的计算条件时，应按安装专业分别选择设置取费项目。单击"安装费用"，就出现"统一设置安装费用"对话框，如图 10.17 所示。依据有关计算条件及工程实际情况，在"选择"栏目内选取"安装与生产同时进行增加费""有害增加费""操作高度增加费""脚手架搭拆费"等项目，即在界面左侧方框内打对勾。在"费用类型"栏目内分别确定该计费项目的计费类型，是属于措施费用，还是子目费用，最后单

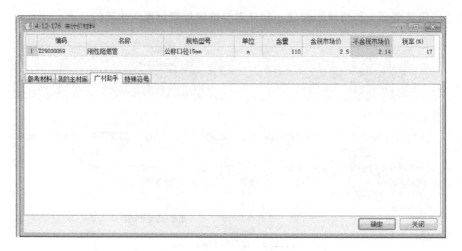

图 10.15　定额子目未计价材料界面

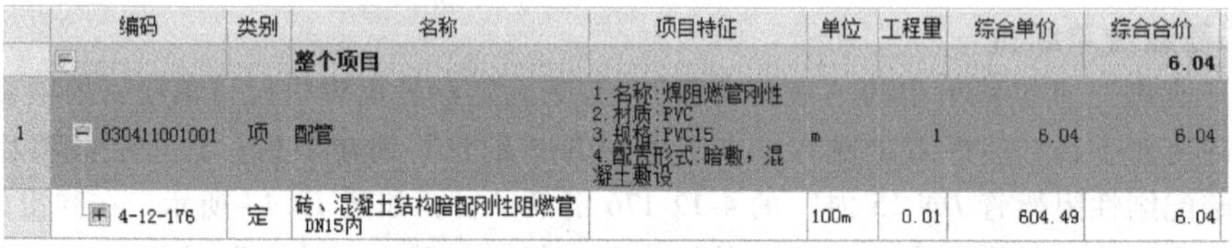

图 10.16　工程量清单组价界面

击右侧的"确定"按钮。本工程选择的措施费用是脚手架搭拆费。

图 10.17　安装费用设置界面

5. 措施项目

单击"措施项目"按钮进入措施项目清单界面，即可填写"措施项目清单"，如图 10.18 所示。总价措施项目中，软件已按专业分别给出，如无特殊规定，可以按软件的计算。

单价措施项目中，单击"查询"下拉菜单中的"查询清单"，选择"安装工程"中的"措施项目"项，在弹出的界面里根据工程实际找到相应措施子目，然后双击或单击"插入"按钮，并输入工程量，如图 10.19 所示。

序号	类别	名称	项目特征	单位	工程量	计算基数
		措施项目				
	1	总价措施项目				
1	031302002001	夜间施工费		项	1	SRGF
2	031302004001	二次搬运费		项	1	SRGF
3	031302005001	冬雨季施工增加费		项	1	SRGF
4	031302006001	已完工程及设备保护费		项	1	SRGF

图 10.18　总价措施项目编制界面

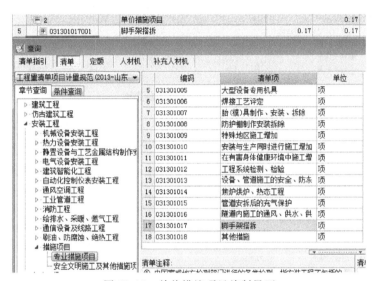

图 10.19　单价措施项目编制界面

6. 其他项目

单击"其他项目"按钮进入其他项目清单界面，即可填写"其他项目"，如图 10.20 所示。根据工程实际情况，在"暂列金额""专业工程暂估价""计日工""总承包服务费"等项目中输入。

	序号	名称	计算基数	费率(%)	金额	费用类别	不计入合价	备注
1		其他项目			0			
2	1	暂列金额	暂列金额		0	暂列金额	☐	
3	2	专业工程暂估价	专业工程暂估价		0	专业工程暂估价	☑	
4	3	特殊项目暂估价	特殊项目暂估价		0	特殊项目暂估价		
5	4	计日工	计日工		0	计日工	☐	
6	5	采购保管费	采购保管费		0	采购保管费	☐	
7	6	其他检验试验费	其他检验试验费		0	其他检验试验费	☐	
8	7	总承包服务费	总承包服务费		0	总承包服务费	☐	
9	8	其他	其他		0	其他	☐	

图 10.20　其他项目编制界面

7. 人材机汇总

单击"人材机汇总"按钮进入人材机汇总界面，进行人材机材料的汇总。

1）直接修改市场价。单击"所有人材机"按钮，选择需要修改市场价的人材机项，单击其市场价，输入实际市场价，软件将以不同底色标注出修改过市场价的项，如图 10.21 所示。

2）载入市场价。单击"广材助手"页面中的"批量载价"，在批量下载窗口，根据工程实际选择所需地区的信息价，单击"确定"按钮，软件将根据选择的市场价文件修改人材机汇总的人材机市场价，如图 10.22 所示。

| 造价分析 | 工程概况 | 分部分项 | 措施项目 | 其他项目 | 人材机汇总 | 费用汇总 |

🔍 🗃 显示对应子目 | 📋 载价 ▾ 📊 市场价存档 ▾ 📈 调整市场价系数 | 锁定材料表 | 其他 ▾ | ☐ 只显示输出材料 | ☐ 只显示有价差材料 | 价格文件

不含税市场价合计: 6.22　　　价差合计: 0.00

	编码	类别	名称	规格型号	单位	数量	不含税省单价	不含税山东省价	不含税市场价	含税市场价
1	00010030	人	综合工日(安装)		工日	0.032	103	103	103	103
2	RGFTZ	人	人工费调整		元	0.05775	1	1	1	1
3	01030043	材	镀锌低碳钢丝	14#~16#	kg	0.02792	6.4	6.4	6.4	7.49
4	03051303	材	刚性阻燃管专用弹簧		根	0.00102	6.77	6.77	6.77	7.92
5	03110167	材	钢锯条		条	0.01	0.34	0.34	0.34	0.4
6	14410057	材	胶合剂		kg	0.0008	13.67	13.67	13.67	15.99
7	29060235	材	阻燃管接头	FST15	个	0.2575	0.43	0.43	0.43	0.5
8	29060275	材	阻燃管入盒接头及锁母	15	套	0.1545	0.5	0.5	0.5	0.59
9	88000053	材	其他材料费		元	0.00698	1	1	1	1
10	CLFTZ	材	材料费调整		元	0.10725	1	1	1	1
11	Z29000069@2	主	刚性阻燃管	公称口径15mm	m	1.1	**2.14**	2.14	2.14	2.5

图 10.21　人材机汇总界面

| 造价分析 | 工程概况 | 分部分项 | 措施项目 | 其他项目 | 人材机汇总 | 费用汇总 |

🔍 🗃 显示对应子目 | 📋 载价 ▾ 📊 市场价存档 ▾ 📈 调整市场价系数 | 锁定材料表 | 其他 ▾ | ☐ 只显示输出材料 | ☐ 只显示有价差材料 | 价格文件

不含税市场价合计: 6.21　　　价差合计: -0.02

	编码	类别	名称	规格型号	单位	数量	不含税省单价	不含税山东省价	不含税市场价	含税市场价
1	00010030	人	综合工日(安装)		工日	0.032	103	103	103	103
2	RGFTZ	人	人工费调整		元	0.05775	1	1	1	1
3	01030043	材	镀锌低碳钢丝	14#~16#	kg	0.02792	6.4	6.4	**4.96**	5.8
4	03051303	材	刚性阻燃管专用弹簧		根	0.00102	6.77	6.77	**20.61**	24.11
5	03110167	材	钢锯条		条	0.01	0.34	0.34	**0.74**	0.86
6	14410057	材	胶合剂		kg	0.0008	13.67	13.67	**5.38**	6.3
7	29060235	材	阻燃管接头	FST15	个	0.2575	0.43	0.43	**0.5**	0.58
8	29060275	材	阻燃管入盒接头及锁母	15	套	0.1545	0.5	0.5	**0.5**	0.58
9	88000053	材	其他材料费		元	0.00679	1	1	1	1
10	CLFTZ	材	材料费调整		元	0.10725	1	1	1	1
11	Z29000069@2	主	刚性阻燃管	公称口径15mm	m	1.1	**2.14**	2.14	2.14	2.5

图 10.22　批量下载市场价后的界面

8. 费用汇总

单击"费用汇总"按钮进入工程取费窗口，如图 10.23 所示。GBQ 4.0 内置了本地的计价办法，可以直接使用，如果有特殊需要，也可自由修改。

| 造价分析 | 工程概况 | 分部分项 | 措施项目 | 其他项目 | 人材机汇总 | 费用汇总 |

插入 | 保存为模板 | 载入模板 | 批量替换费用表　　　　费用汇总文件: 01济南　　　　费率为空表示

	序号	费用代号	名称	计算基数	费率(%)	金额	备注
1	一	A	分部分项工程费	FBFXHJ		6.03	Σ(Ji*分部分项工程量)Ji=人+材+机+管+利
2	二	B	措施项目费	CSXMHJ		0.17	2.1+2.2
3	2.1	B1	单价措施项目	JSCSF		0.17	Σ{(定额Σ(工日消耗量×人工单价)+Σ(材料消耗量×材料单价)+Σ(机械台班消耗量×台班单价)×单价措施项目工程量)}
4	2.2	B2	总价措施项目	ZZCSF		0.00	Σ[(JQ1×分部分项工程量)×措施费费率+(JQ1×分部分项工程量)×省发措施费费率×H×(管理费费率+利润率)]
5	三	C	其他项目费	QTXMHJ		0.00	3.1+3.3+3.4+3.5+3.6+3.7+3.8
6	3.1	C1	暂列金额	暂列金额		0.00	
7	3.2	C2	专业工程暂估价	专业工程暂估价		0.00	
8	3.3	C3	特殊项目暂估价	特殊项目暂估价		0.00	
9	3.4	C4	计日工	计日工		0.00	

图 10.23　费用汇总界面

9. 报表

工程输入完毕，即可按需打印出报表表格，形成招投标文件所需的工程量清单文件和标底计价书。单击"报表"按钮，选择需要浏览或打印的报表，如图10.24所示。

图 10.24　浏览报表界面

复习练习题

1. 简述工程造价软件的分类。

2. 简述计价软件构成及应用流程。

3. 已知山东省某宿舍楼，长为53m，宽为22m，高25m。其中，防雷接地工程的工程量清单见表10.1。根据常规施工方案，按下列条件及要求，利用工程计价软件编制该防雷接地工程的招标控制价。

（1）企业管理费、利润分别按山东省定额人工费的54%、40%计，暂列金额3000元，不考虑计日工费用。计税方法采用简易计税办法，增值税率按10%计。

（2）未计价材料均采用当地工程造价管理机构发布的工程造价信息，工程造价信息没有发布的，参照市场价。

（3）其他未说明的事项，均参考当地行业建设主管部门颁发的计价定额和计价办法。

表 10.1　防雷接地工程工程量清单

序号	项目编码	项目名称	项目特征	计量单位	工程数量
1	030409001001	接地极	1. 名称:接地极制作安装 2. 材质:镀锌钢管 3. 规格:SC50,$L=2.5m$ 4. 土质:普通土 5. 基础接地形式:人工接地	根	5
2	030409002001	接地母线	1. 名称:接地母线敷设 2. 材质:镀锌扁钢 3. 规格:—40×4 4. 安装部位:沟内 5. 安装形式:埋地敷设	m	37.55
3	030409003001	避雷引下线	1. 名称:避雷引下线敷设 2. 材质规格:$\phi 8$ 3. 安装部位:沿建筑物构筑物敷设 4. 安装形式,暗装	m	66.9

（续）

序号	项目编码	项目名称	项目特征	计量单位	工程数量
4	030409003002	避雷引下线	1. 名称:避雷引下线敷设 2. 材质规格:—40×4 3. 安装部位:沿建筑物构筑物敷设 4. 安装形式:暗装 5. 接地卡子:3套	m	5.1
5	030409005001	避雷网	1. 名称:避雷网安装 2. 材质规格:φ8镀锌圆钢 3. 安装形式:沿女儿墙支架敷设	m	155.75
6	030414011001	接地装置	1. 名称:接地装置调试 2. 类别:接地电阻测试	组	3

4. 已知第七章例7.1的某电缆敷设工程,室外电缆沟直埋敷设100m,室内电缆穿管敷设15m,工程量清单见表7.16,现根据常规施工方案,按下列条件及要求,利用工程计价软件编制该电缆敷设工程的招标控制价。

（1）企业管理费、利润分别按省人工费的43%、50%计,暂列金额10000元,不考虑计日工费用。计税方法采用简易计税办法,增值税率按10%计。

（2）未计价材料均采用当地近期最新工程造价管理信息——材料信息价或市场询价。

参 考 文 献

[1] 李英姿，等. 建筑电气施工技术 [M]. 2 版. 北京：机械工业出版社，2017.
[2] 侯志伟. 建筑电气工程识图与施工 [M]. 2 版. 北京：机械工业出版社，2011.
[3] 郎禄平，等. 电气安装工程造价 [M]. 4 版. 北京：机械工业出版社，2014.
[4] 马占散. 建筑电气工程造价原理及实践 [M]. 北京：机械工业出版社，2010.
[5] 邵兰云，袁丽卿，谢秀颖. 建筑电气施工与预算 [M]. 北京：中国电力出版社，2012.
[6] 袁丽卿. 建筑电气安装工程造价 [M]. 徐州：中国矿业大学出版社，2016.
[7] 邵兰云，袁丽卿，焦营营. 电气工程施工技术及案例 [M]. 徐州：中国矿业大学出版社，2016.
[8] 汪冶冰. 建筑电气工程识图施工与计价 [M]. 北京：化学工业出版社，2017.
[9] 李思源. 建筑电气工程清单计价培训教材 [M]. 北京：中国建材工业出版社，2014.
[10] 刘钦. 建筑安装工程预算 [M]. 北京：机械工业出版社，2007.
[11] 谢秀颖. 电气照明技术 [M]. 2 版. 北京：中国电力出版社，2008.
[12] 杨岳. 电气安全 [M]. 2 版. 北京：机械工业出版社，2010.
[13] 中国航空规划设计研究总院有限公司. 工业与民用供配电设计手册 [M]. 4 版. 北京：中国电力出版社，2016.
[14] 中华人民共和国住房和城乡建设部. 建筑电气工程施工质量验收规范：GB 50303—2015 [S]. 北京：中国计划出版社，2015.
[15] 中华人民共和国住房和城乡建设部. 建设工程工程量清单计价规范：GB 50500—2013 [S]. 北京：中国计划出版社，2013.
[16] 中华人民共和国住房和城乡建设部. 通用安装工程工程量计算规范：GB 50856—2013 [S]. 北京：中国计划出版社，2013.
[17] 中华人民共和国住房和城乡建设部. 通用安装工程消耗量定额 第四册 电气设备安装工程 [M]. 北京：中国计划出版社，2015.
[18] 山东省住房和城乡建设厅. 山东省安装工程消耗量定额 第四册 电气设备安装工程 [M]. 北京：中国计划出版社，2016.
[19] 中华人民共和国住房和城乡建设部. 建设工程计价设备材料划分标准：GB/T 50531—2009 [S]. 北京：中国计划出版社，2009.
[20] 全国造价工程师执业资格考试培训教材编审委员会. 建设工程计价 [M]. 北京：中国计划出版社，2017.
[21] 中华人民共和国住房和城乡建设部. 电气装置安装工程 接地装置施工及验收规范：GB 50169—2016 [S]. 北京：中国计划出版社，2017.
[22] 中华人民共和国住房和城乡建设部. 建筑物防雷工程施工与质量验收规范：GB 50601—2010 [S]. 北京：中国计划出版社，2010.
[23] 中华人民共和国住房和城乡建设部. 建筑电气照明装置施工与验收规范：GB 50617—2010 [S]. 北京：中国计划出版社，2011.
[24] 中南建筑设计院. 建筑工程设计文件编制深度规定 [M]. 北京：中国建材工业出版社，2017.
[25] 中华人民共和国住房和城乡建设部. 20kV 及以下变电所设计规范：GB 50053—2013 [S]. 北京：中国计划出版社，2014.
[26] 中华人民共和国住房和城乡建设部. 低压配电设计规范：GB 50054—2011 [S]. 北京：中国计划出版社，2012.
[27] 中华人民共和国住房和城乡建设部. 建筑物防雷设计规范：GB 50057—2010 [S]. 北京：中国计划出版社，2011.
[28] 山东省工程建设标准定额站. 2017 山东省安装工程价目表 [M]. 北京：中国计划出版社，2017.